彩图1-1　防虫网水平棚覆盖生产小白菜

彩图1-2　遮阳网夏季大棚覆盖遮阴降温

彩图1-3　无纺布塌地覆盖畦面保温隔虫

彩图1-4　符合国家标准的EVA长寿流滴保温大棚膜

彩图1-5　大棚内套中棚多层覆盖保温培育越冬茄果类蔬菜苗

彩图1-6　大棚风害

彩图 1-7　黑色防草布覆盖栽培辣椒

彩图 1-8　钢架大棚无色地膜覆盖栽培早春辣椒

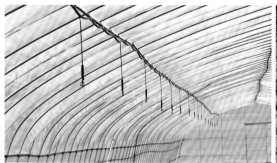

彩图 1-9　大棚微喷灌

彩图 1-10　辣椒菜地膜下滴灌装置局部图

彩图 2-1　大棚内给秋延后辣椒用木炭加温

彩图 2-2　辣椒苗期长期低温阴雨致叶片黄化

彩图 2-3　辣椒秋延后栽培大棚内用
楠竹临时作立柱防雪

彩图 2-4　用雪耙清扫积雪

彩图 2-5　地面覆稻草保水降温

彩图 2-6　受涝害的大白菜

彩图 2-7　大棚膜需要进行清洁

彩图 2-8　鸡粪未腐熟导致分苗的
辣椒苗烧根死苗

彩图 3-1　大棚内长期用小型旋耕机旋耕
易导致整土过细翻耕过浅

彩图 3-2　工作人员采土样进行
测土配方施肥

彩图 3-3　大棚内翻耕前用作基肥的
　　　　　腐熟有机肥

彩图 3-4　湿度大时盐渍化土壤呈现青霜

彩图 4-1　电热加温苗床

彩图 4-2　已进行假植的辣椒苗

彩图 4-3　丝瓜"带帽苗"

彩图 4-4　辣椒越冬冷床育苗用
　　　　　空气加温线加温

大棚蔬菜栽培技术问答

何永梅　王迪轩　孔志强　主编

第三版

化学工业出版社

·北京·

内容提要

  本书以问答的形式，针对大棚蔬菜生产中的几个重要的管理技术要点进行了系统的介绍。在第二版的基础上，增加了大棚配套设施的建设与维护、大棚蔬菜环境调控技术、大棚蔬菜土壤健康的维护、大棚蔬菜定植及田间管理技术要点四部分内容，并对大棚蔬菜育苗技术及主要病虫害防治等相关内容进行了修订补充。

  本书适合广大农技推广人员、菜农阅读，也可供农业院校蔬菜、种植等相关专业师生参考。

图书在版编目（CIP）数据

大棚蔬菜栽培技术问答 / 何永梅，王迪轩，孔志强主编. —3 版. —北京：化学工业出版社，2020.5
ISBN 978-7-122-35976-6

Ⅰ.①大… Ⅱ.①何… ②王… ③孔… Ⅲ.①蔬菜-大棚栽培-问题解答 Ⅳ.①S626.4-44

中国版本图书馆 CIP 数据核字（2020）第 067967 号

责任编辑：冉海滢　刘　军　　　　　　文字编辑：林　丹　王治刚
责任校对：王　静　　　　　　　　　　装帧设计：关　飞

出版发行：化学工业出版社（北京市东城区青年湖南街 13 号　邮政编码 100011）
印　　装：大厂聚鑫印刷有限责任公司
710mm×1000mm　1/16　印张 14¾　彩插 2　字数 277 千字　2020 年 8 月北京第 3 版第 1 次印刷

购书咨询：010-64518888　　　　　　　售后服务：010-64518899
网　　址：http://www.cip.com.cn
凡购买本书，如有缺损质量问题，本社销售中心负责调换。

定　　价：39.80 元

《大棚蔬菜栽培技术问答（第三版）》
编写人员名单

主　　编：何永梅　王迪轩　孔志强

副 主 编：杜金伟　李基光　胡世平　张有民　杨　雄

编写人员：（按姓名汉语拼音排序）

曹建安　杜金伟　符满秀　何永梅　胡世平

黄　庆　孔志强　李基光　李慕雯　刘文斌

彭特勋　王长波　王迪轩　王秋芳　王雅琴

肖建强　肖　鑫　徐丽红　杨　雄　曾娟华

张有民　邹钦旋

前言

自 2009 年以来，在国家对农村专业化合作组织的大力扶持下，从事蔬菜种植的合作社、公司、家庭农场、种植大户越来越多，蔬菜种植面积越来越大。一方面，蔬菜数量供远大于求，露地常规的大路蔬菜"卖难"问题年年出现；另一方面，农业是受天气影响较大的行业，区域性淡旺季的矛盾仍然存在，错开露地常规蔬菜供应旺季的大棚春提早、越夏、秋延后蔬菜供不应求，效益较好，设施农业在蔬菜种植上的前景依然可观。

编者分别于 2009 年和 2013 年出版了《大棚蔬菜栽培技术问答》第一版和第二版。但近几年来，随着大棚蔬菜多年种植，一些新品种、新肥料、新药剂、新设施、新技术的推广应用，以及气候越来越变幻莫测，大棚内特殊的小气候特点、土壤问题、新的病虫害问题、施肥用药问题等出现一些新的变化，因此很有必要对前两版内容进行修订、补充。

第三版将综合第一版和第二版，以第二版内容为主，仍以问答的形式，修订、增加了近几年在大棚蔬菜生产中的几个问答专题，如大棚配套设施的建设与维护、大棚蔬菜环境调控技术、大棚蔬菜土壤健康的维护、大棚蔬菜育苗技术、大棚蔬菜定植及田间管理技术要点、大棚蔬菜主要病虫害防治等。

本书根据编者二十多年来与菜农的近距离接触，针对在大棚蔬菜生产中存在的一些突出疑难问题，以实例的形式进行解析，帮助菜农进一步提高大棚蔬菜种植技术。本书面向基层菜农，可作为基层农技人员培训的参考资料。

由于编者水平和时间有限，书中存在不足之处在所难免，恳请同仁批评指正。

编者
2020 年 4 月

设施蔬菜是指在外界自然条件下不适宜蔬菜作物生产的时候，通过采用增温防寒、遮阳降温、避雨降湿（地膜覆盖、小拱棚覆盖、遮阳网覆盖、防虫网覆盖、塑料大棚和温室）等人工设施改变自然环境，为蔬菜生产提供相对可控制甚至最适宜的温度、湿度、光照、水肥等环境条件，保护蔬菜作物生产，以达到反季节生产，增加蔬菜产量和改善蔬菜品质的目的。可提高产量、改善品质，提高投入产出比，适合周年生产和工厂化生产。在我国南方，常见的方式之一是塑料大棚。在北方，主要是日光温室。近年来，塑料大棚栽培模式得到了长足的发展。

据农业部统计，截至 2008 年我国设施蔬菜面积已达 5020 万亩，比 2000 年增长 78%，总产量 1.68 亿吨，占全国蔬菜总产量的 25%，总产值 4100 多亿元，占蔬菜总产值的 51%，设施蔬菜约吸纳 4000 万人就业，收入是露地蔬菜的 5～7 倍，对农民人均纯收入的贡献额达到 370 元左右。同时，设施蔬菜抑制了病虫害发生，农药用量大大减少，有效保障了蔬菜质量安全。大力推广设施蔬菜可进一步提高市场供应均衡度、产品质量安全水平，促进产业持续健康发展，农民稳定增收。

大棚蔬菜在近二十年来发展飞快，保护措施逐步增多，技术逐渐成熟，但仍存在着许多菜农没有进行系统地学习，缺乏根据大棚蔬菜特殊的小气候环境而针对性地进行管理等问题，这些在一定程度上制约了大棚蔬菜的发展。在总结多年来一线工作经验的基础上，编者参考了大量资料，对大棚设施的建设及注意问题，大棚小气候的调节，防虫网、遮阳网、地膜、杀虫灯等辅助设施的应用技术，大棚节水灌溉技术，苗床制作及大棚育苗技术等进行了重点阐述，解析了制约大棚蔬菜栽培的一些疑难和发展制约因素，详细介绍了几种大棚蔬菜的栽培关键技术，对推动当前大棚蔬菜的发展（特别是南方）具有较好的推广应用价值。

本书注重实际，图文并茂，以较多的实例和通俗的语言，把基本理论溶入解析中，使农民既知其然，又知其所以然，让农民看得懂、学得会、用得上。适合广大农业科技人员、菜农阅读，可供农业院校蔬菜、种植等相关专业师生参考。

在编写过程中，得到了邹永霞、成雄俊、庞圚安等专家领导的大力支持和悉心指导，湖南省农业厅范正国先生，华南农业大学陈国菊教授，益阳市何宇田先生、赵介仁先生，四川遂宁市胥树高先生等提供了许多有益的建议和宝贵意见。

另外，湖南农业大学刘明月教授提供了部分图片，谨此一并致谢。

本书编写时间紧迫，加上编者水平有限，疏漏和不妥之处在所难免，敬请专家和广大读者批评指正。

编者

2009 年 10 月

前不久，办公室来了一个西装革履的小伙子，他原来在山东当兵，目前已复员回来，当兵期间，他在兵营里种过两年的大棚蔬菜，山东那边的蔬菜产量高，效益好，特别是那种琴弦式大棚，年亩收入可达四五万元。他想咨询一下在益阳种大棚菜行不行，效益如何？怎样种？

首先肯定的是，在益阳种大棚菜肯定行。大棚应用于蔬菜生产，从南方来看，从 20 世纪 80 年代至 90 年代初，主要应用于越冬育苗，然后开始进行大棚栽培。90 年代中期，政府开始大力扶持大棚蔬菜生产。21 世纪初以来，大棚蔬菜生产的规模进一步扩展，特别是随着土地流转政策的完善，一大批蔬菜专业合作社在政府的引导下，大棚蔬菜突飞猛进。仅湖南省赫山区，近两三年，就有三个蔬菜专业合作社共发展钢架大棚 1000 余个，纯种植面积达 700 亩左右。

其次，在益阳种大棚菜效益还行。比如 2011 年，某农户种植大棚早春辣椒，比露地蔬菜提早 20 天左右上市，初上市价格达 14 元/千克，至 7 月份罢园，亩产量达 3100 千克，亩产值 11000 元，纯收入达 8000 元左右。会龙山办事处沙河村袁年满种植大棚早春豇豆，商品性好，产量高，一季亩纯收入 6000 元以上。有个菜农在大棚育苗技术上过硬，并采用先进的集约化育苗技术，专门给菜农供应菜苗，仅利用 2 个大棚（960 米^2）育苗，几个月下来，就可赚到 4 万～5 万元钱。

第三，种大棚菜的技术含量高。大棚覆盖棚膜后，棚内形成了特殊的温、光、湿、气等小气候环境，病虫害的发生发展规律与露地不同，防治措施和手段与露地蔬菜也有差别，播种时期，品种选用都要根据大棚的小气候特点进行调整。大棚菜种植中，会出现这样那样的问题，比如低温障害、逆温伤菜、高温热害、气害、肥害、药害等，特别是盐渍和土壤酸化严重，弄得不好，也有大棚菜的效益不如露地的现象，因而影响菜农种植大棚蔬菜的积极性，这主要是大棚种植技术不过关。因此，要系统地进行学习。

第四，大棚不是万能的。外界温度低的时候，大棚内的升温也有限，仅能提高一二摄氏度，在冬季，有时还出现大棚内比露地的温度还低的逆温现象。有些人以为有了大棚的保护，似乎什么菜都能种，随时都能种，结果因盲目播种导致效益不理想。越是外界温度高或有光照的时候，大棚内的升温也快，在冬季有阳光的时候，有时棚内外温差达10℃以上，早春三四月，阳光照射下，有时棚内外的温度相差10～20℃，这个时候如不及时开棚透气，中午一两个小时棚内温度高达四十多摄氏度甚至更高，棚内蔬菜常有高温伤苗现象发生。

第五，南方的大棚蔬菜种植与北方大棚菜有许多的区别，这主要是因为南北气候条件不同，特别是光照条件不同。北方雨水少，南方雨水多，北方冬季虽然外界气温低，但光照多。因此，病虫害的发生发展规律不同，蔬菜适宜播种的季节也有较大差别，不宜盲目套用北方的大棚菜种植技术，有一个基地的种菜技师，说起种菜头头是道，甚至在好几个国家都从事过蔬菜种植，他在益阳11月于大棚内播种黄瓜，结果颗粒无收，成为笑料。市面上介绍大棚蔬菜栽培的书籍，一般都分南方本和北方本。

第六，大棚一年四季都可应用，而且大部分蔬菜均适宜大棚种植。最初主要用于越冬茄子、番茄、辣椒的育苗，后来逐渐发展茄果类蔬菜及黄瓜、西瓜等瓜类蔬菜的早春栽培，再后来逐步发展大棚秋延后栽培，随着大棚设施及适于大棚栽培的新优品种的飞速发展，越夏遮阳降温栽培也得到了发展。而且栽培的蔬菜种类几乎涉及所有蔬菜。常看到有些菜农仅利用大棚进行越冬育苗，然后种植一季早春蔬菜，夏、秋季闲置起来，有些菜农就只种辣椒、茄子和黄瓜，以为其他都不能种。大棚的投入大，要充分利用。种一些其他蔬菜，不但有益于轮作，而且有时还能取得意想不到的效果。

至于怎样种大棚蔬菜，我们在第一版的基础上，为突出实用性，有针对性地对苗床制作和育苗技术进行了较为详细的阐述，重点介绍了集约化育苗等新技术，对34种主要蔬菜的大棚栽培技术进行了较为详细的介绍，并针对大棚的特点，对大棚内容易发生的主要病虫害及生理病害防治技术进行了归纳。本书配有大量高清彩图，通俗易懂，特别适合南方读者阅读。

由于编者水平和时间有限，不足之处在所难免，恳请同仁批评指正。

编者
2013 年 5 月

目录

第一章

大棚配套设施的建设与维护

第一节 防虫网

❖ **1. 防虫网覆盖在蔬菜栽培上的应用有哪些?**

(1) 夏季叶菜栽培 小白菜、夏大白菜、夏秋甘蓝、菠菜、生菜等,这些品种多具有生长快、周期短等特点。但露地生产虫害多、农药污染严重,且夏秋季又是突发性自然灾害的多发时期,所以蔬菜产量极不稳定。使用防虫网覆盖栽培可实现无(少)污染、稳产、高产、优质、高效的生产。这是目前防虫网最主要的一种覆盖应用方式。

据试验报道,夏季结球大白菜覆盖防虫网,与露地栽培相比,生育期延长 3d,开展度增大,球高、球径、单球重均增加,净菜率提高 3.3%,亩产量增加 128.65%,并且对菜青虫、小菜蛾、斜纹夜蛾具有较好的隔离作用,病毒病的发病率为 0。

(2) 伏菜栽培 伏萝卜、伏豇豆、早秋甘蓝、早秋大白菜、早秋花椰菜、早秋青花菜等品种,在夏秋季节生长因虫害和突发性自然灾害产量极不稳定,应用防虫网覆盖栽培技术可为这些品种夏秋栽培时的优质、稳产提供保障。

(3) 茄果类、瓜类蔬菜栽培 这些蔬菜在夏秋季易发生病毒病,采用防虫网覆盖栽培技术,可切断蚜虫等昆虫的传毒途径,有利于减轻病毒病的危害,延长采收期或越夏栽培,同时隔离了棉铃虫、斜纹夜蛾、二十八星瓢虫、茄黄斑螟、黄守瓜、瓜绢螟等,减少了烂果。防虫网覆盖栽培既可满足淡季市场对这些蔬菜的需要,又可促使菜农获得更高的产量和更佳的经济收入。

(4) 秋菜育苗 6~8 月是甘蓝类、茄果类、榨菜类等秋冬蔬菜的育苗时期,也是虫害及高温干旱、台风暴雨等突发性自然灾害的多发时期,所以育苗难度很大,难以育成无病虫感染的壮苗。采用钢管大棚顶部覆盖塑料薄膜,其上再覆盖封闭型的防虫网，可使秧苗免受暴雨袭击，减轻苗床土壤板结和减少肥料流失，有效地提高出苗率、成苗率和秧苗素质，特别是大白菜、秋辣椒、榨菜等易患病毒病的蔬菜品种，效果更为显著。

（5）芥菜栽培　芥菜（尤其是早芥菜）易受病毒病危害，造成产量、质量严重下降。芥菜病毒病主要由蚜虫传染，尤其是有翅蚜。防治该病的关键是苗期及生长前期治蚜。传统的化学治蚜防病的效果较差，使用防虫网隔蚜育苗加地膜覆盖栽培可有效控制芥菜病毒病的发生。据测试，防治效率高达 63.4%～87.3%，增产、增值效果十分显著。

（6）豆类蔬菜栽培　据报道，防虫网对豇豆美洲斑潜蝇及豆野螟的防效均在 95% 以上，提高了豇豆的质量与产量，网内豇豆叶片的叶绿素含量比网外高 5.66%～34.6%，平均叶面积比网外高 77.37%，根系活力比网外高 12.96%，百株产量比网外高 5.96%，单荚重比网外高 20.65%。一般在 6 月上旬梅雨到来之前盖网，不能过迟，选用银灰色网纱，网目宜选用 18～22 目，盖网前需深翻晒垡，深沟高畦，施足基肥，种植密度较露地适当降低 5%～10%。

（7）蔬菜制种繁种　防虫网可防止因昆虫活动造成的品种间杂交，从而避免蔬菜的种子混杂、退化，因此可广泛应用于蔬菜的制种繁种。

❖ 2. 在蔬菜栽培上防虫网的覆盖方式有哪些？

防虫网作为蔬菜设施栽培的一种辅助材料，其覆盖的方式有多种：

（1）浮面覆盖　又称直接覆盖、飘浮覆盖或畦面覆盖，即在夏秋蔬菜播种或定植后，把防虫网直接覆盖在畦面或作物上，待齐苗或定植苗移栽成活后即揭除。如防虫网内增覆地膜，同时在防虫网上面还增覆两层遮阳网，其防虫和抵御突发性自然灾害的效果更佳。

（2）水平棚覆盖（彩图 1-1）　棚架高度一般为 80～100cm，多用架竹搭建，操作方便，高低可以调节。也可用水泥立柱作架材搭成水平棚架，棚高 2m。如遇台风、暴雨可临时降低到 20～30cm，以增强其抵抗台风的能力。棚架四周应用防虫网覆盖压严，覆盖面积一般以 2000m² 左右为宜，有的甚至达 1hm² 以上，全部用防虫网覆盖起来。这种覆盖方式节省防虫网和网架，操作方便，一般用于 5～11 月种植小白菜，一年种 5～6 茬，效果好。

（3）小拱棚覆盖　是目前应用较多的防虫网覆盖方式，高温季节使用，网内温度较高是其不足之处，可通过增加淋水次数达到降温的目的。由于小拱棚下的空间较小，实际操作不方便。一些地方利用这种覆盖形式进行夏季育苗和小白菜的栽培，投资少，管理简单，特别适合在没有钢管大棚的地区推广，同样能起到防虫的作用。小拱棚的宽度、高度依作物种类、畦的大小而异。通常棚宽不超过 2m，棚高为 40～60cm。可选择宽幅为 1.2～1.5m 的防虫网，直接覆盖在拱架上，一边可以用泥土、砖块固定，另一边可自动揭盖，以利于生产操作。也可采用全封闭的覆盖方式。

（4）棚架覆盖　棚架覆盖是利用夏季空闲大棚架覆盖栽培的形式，棚架覆盖可分为大棚覆盖和网膜覆盖等，可根据气候、网和膜的材质灵活选择覆盖形式。

（5）大棚覆盖　用防虫网全程全封闭覆盖栽培，是目前防虫网应用的主要方式。主要用于夏秋甘蓝、花菜等蔬菜的生产，其次可用于夏秋蔬菜的育苗，如秋番茄、秋黄瓜、秋莴苣等。棚架通常由跨度6m、高2.5m的镀锌钢管构成，将防虫网直接覆盖在大棚上，棚腰四周用卡条固定，再用压膜线呈"Z"字形扣紧，只留大棚正门口可以揭盖，实行防虫网全封闭覆盖。但在高温时段，害虫成虫迁飞的活动能力也下降，可揭开两侧的防虫网，有利于通风降温，而且不会因为揭盖管理影响防虫效果。

（6）网膜覆盖　是大棚顶部用塑料薄膜、四周裙边用防虫网的覆盖栽培方式。网膜覆盖提高了农膜利用率，节省成本，能降低棚内湿度，避免了雨水对土壤的冲刷，起到保护土壤结构、降低土壤湿度、避雨防虫的作用。在连续阴雨或暴雨天气，可降低棚内湿度，减少软腐病的发生，适合梅雨或多雨季节应用，也可在秋季瓜类（特别是甜瓜、西瓜、西洋南瓜、西葫芦等）蔬菜栽培中应用。但在炎热天气易引起棚内高温。网膜覆盖栽培可利用前茬夏菜栽培的旧膜进行。

❖ 3. 在蔬菜栽培生产中应用防虫网有何特殊要求?

（1）选好蔬菜品种　防虫网覆盖栽培主要在夏秋高温季节，应选用抗热、耐湿、抗病的蔬菜品种。品种选用适当，覆盖栽培后，较露地栽培的经济效益有显著提高。可选用伏毛菜、伏萝卜、伏豇豆、早秋花椰菜、早秋甘蓝、早秋大白菜、秋番茄、秋辣椒等蔬菜品种。

（2）选择适宜规格　根据菜地的情况和不同作物、季节的需要来选择防虫网，其规格主要包括幅宽、孔径、丝径、颜色等。规格是由目数多少而定，目数即密度，即在25.4mm×25.4mm内经纱与纬纱的根数。如在25.4mm×25.4mm内，经、纬纱各为20根，即为20目。应根据防治害虫虫体的大小选用适当的网目。一般蚜虫的体长2.3～2.6mm，体宽1.1～1.5mm；小菜蛾成虫体长6～7mm，展翅可达12～15mm，故生产上多选用17～25目防虫网。5～10月夏秋季节蔬菜、花卉栽培上多用17～22目白色防虫网，丝径0.18～0.22mm，幅宽1.2～3.6m。防虫网的颜色有白色、银灰色和黑色三种。如需加强防虫网的遮光效果，可选用黑色防虫网。银灰色防虫网的避蚜效果更好。白色防虫网的透光率较银灰色好，但夏季棚内温度略高于露地，适用于大多数喜光蔬菜的栽培。

（3）采用适当覆盖方式　全网覆盖和网膜覆盖均有避虫、防病、增产等作用，但对各种异常天气的适应能力不同，应灵活运用。在高温、少雨、多风或强台风频发的夏秋季，应采用全网覆盖栽培；在梅雨季节或连续阴雨的天气可采用网膜覆盖栽培。

（4）棚高适宜　小拱棚或水平棚覆盖时，棚高宜高于作物，避免菜叶贴紧防虫网而被网外的黄曲条跳甲等害虫取食或产卵于菜叶。若在高温期间进行蔬菜覆盖栽培，则棚内空间越大越好。一般以棚高 2m 的大平棚覆盖栽培为宜，既可人工操作，又利于蔬菜生长。

（5）全期覆盖　防虫网遮光，但又遮光不多，不会对蔬菜作物造成光照不足的影响，不需日盖夜揭或前盖后揭，应全程覆盖，先覆网后播种。两边用砖或土压严实，不给害虫入侵的机会，从而达到令人满意的防虫效果。一般风力情况下可不用压网线，如遇 5～6 级大风，需拉上压网线，防止大风将网吹开。

（6）土壤消毒　覆盖前一定要进行土壤消毒，杀死土壤中的病菌和害虫，切断虫源。

（7）加强田间管理　要施足基肥，减少追肥次数，一般叶菜类生育期短，不需追肥。白色防虫网在气温较高时，网内气温、地温较网外高 1℃ 左右，给蔬菜生产带来一定的影响，故在 7～8 月份气温特别高时，可增加浇水次数，保持网内湿度，浇水施肥以清晨或傍晚为宜，可采用网外泼浇或沟灌，有条件的地方最好采用微型滴灌和喷灌。尽量减少入网操作次数，进出网时要及时拉网盖棚，不给害虫入侵的机会。要经常巡视田间，及时摘除挂在网上或田间的害虫卵块，检查网、膜是否有破损，以便及时加以修补。

第二节　遮阳网及遮阳降温剂

❖ 1. 遮阳网的品种规格有哪些?

遮阳网的品种规格较多，在覆盖栽培时应根据不同的需要加以选择。

（1）颜色　常用的遮阳网有黑色、银灰色、蓝色、黄色、绿色、黑色和银灰色相间的双色网等多种。以黑色、银灰色两种遮阳网在蔬菜覆盖栽培上应用最为普遍。

黑色遮阳网的遮光降温效果比银灰色遮阳网好，一般用于伏暑高温季节和对光照要求较低、病毒病危害较轻的作物，如伏秋季的小白菜、娃娃菜、大白菜、芹菜、芫荽、菠菜等蔬菜的覆盖栽培。

银灰色遮阳网的透光性好，且有避蚜作用，一般用于初夏、早秋季节和对光照要求较高、易感染病毒病的作物的覆盖栽培，如萝卜、番茄、辣椒等蔬菜的覆盖栽培。冬春防冻覆盖栽培，用黑色、银灰色遮阳网均可，但银灰色遮阳网比黑色遮阳网效果好。

对于要求较强光的蔬菜，如瓜类、茄果类蔬菜等，可选用白色遮阳网早春覆盖栽培或育苗。

（2）遮光率　在遮阳网编织过程中可调节纬线密度，生产出遮光率25%～75%，甚至高达85%～90%的产品。在覆盖栽培中可根据不同的需要加以选择。夏秋覆盖栽培，对光照的要求不太高、不耐高温的小白菜和其他绿叶蔬菜，可选用遮光率较高的遮阳网；对光照要求较高、较耐高温的果菜类蔬菜，可选用遮光率较低的遮阳网。冬春防冻防霜覆盖栽培，以遮光率较高的遮阳网的效果好。一般在生产应用中，普遍选用遮光率为65%～75%的遮阳网。在覆盖使用时，应根据不同季节和天气情况，通过改变遮盖的时间及采取不同的遮盖方式进行调节，以满足不同作物的生长需要。

菜农选择的遮阳网遮光率过高，多在70%以上，有些甚至超过90%，这是不合理的。夏季中午前后在阳光直接照射下，光照强度最高可达$1 \times 10^5 lx$（勒克斯），而多数蔬菜的光饱和点在$3 \times 10^4 \sim 6 \times 10^4 lx$。过强的光照会对蔬菜光合作用产生很大的影响，导致蔬菜吸收二氧化碳受阻、呼吸强度过大等，光合"午休"现象就是这样产生的。菜农选择遮阳网时，以遮盖后棚内中午光照最强时的光照强度与棚内蔬菜的光饱和点等同或稍高为宜，切不可贪图省事，随意选择。一般来说，对于辣椒等光饱和点低的蔬菜种类，可以选择遮光率高的遮阳网，如遮光率在50%～70%的；而对于黄瓜等光饱和点比较高的蔬菜种类，则应该选择遮光率比较低的遮阳网，如遮光率在35%～50%的。遮光率超过70%的遮阳网，在蔬菜生产上不宜采用。

（3）幅宽　一般产品幅宽有160cm、200cm、220cm、400cm、800cm等规格，有些厂家根据需要还可定做。可根据不同的覆盖形式加以选用，目前一般幅宽160cm和220cm的使用较为普遍。在覆盖栽培中，一般多采用多幅拼接，形成大面积的整块覆盖，使用时揭盖方便，便于管理，省工、省力，也便于固定，不易被大风刮起。可根据覆盖面积的长、宽选择不同幅宽的遮阳网来拼接。在进行遮阳网的切割时，剪口要用电烙铁烫牢。在拼接时，不可采用棉线缝合，应采用尼龙线，以增加拼接的牢固度。

❖ 2. 在蔬菜生产上遮阳网有哪些作用？

遮阳网覆盖栽培的原理是利用遮阳网夏天的遮光、降温，秋冬季的保温防冻和机械的防风、防雨、防虫等作用，优化覆盖作物的生长环境，广泛性地抵御和减轻灾害天气的影响，实现作物的高产、稳产、优质栽培。其主要作用有以下几点：

（1）遮光　遮阳网根据不同的纬线密度、色泽，其遮光率通常在25%～75%。在夏季，通过覆盖可调节光照强度来满足作物光合作用的需要。纬线密度越大，遮光率越大，反之就越小。同一规格遮阳网的遮光率，黑色遮阳网大于银灰色遮阳网。遮阳网的遮光情况还随天气而变化，一般黑色遮阳网晴天的遮光率高于多云、阴天天气。

（2）降温　夏秋季节遮阳网覆盖后，降温效果显著。在烈日下一般棚内气温可下降4～6℃。气温38℃时，最高可降19.9℃，地温可下降5～8℃，地表温度可下降8～14℃。一般颜色越深，降温效果越好；遮光率越大，降温效果越好；在塑料大棚外覆盖黑色遮阳网的降温效果比银灰色的好；在塑料大棚内覆盖银灰色遮阳网的降温效果比黑色的好。采用浮面覆盖，以黑色遮阳网降地温的效果最好。

（3）防暴雨、抗台风　遮阳网覆盖后，能有效地抵挡夏季台风、暴雨的袭击，并可保护农膜及避免大棚倾斜、倒塌。下暴雨时，雨点经遮阳网编丝破滴分散，成为小雨点散落入网内，有效地降低了暴雨直接冲击而对蔬菜造成的伤害，减少了表土板结，还能防止雨后高温死苗、倒苗。据报道，遮阳网覆盖下水滴对地面的冲击力仅为露地的1/50，棚内雨量减少3.3%～22.8%。

（4）防风保湿　遮阳网在遇到大风时，能减缓风速，减少土壤水分的蒸发，增加湿度。据测定，盖网5d后土壤含水量比露地提高50%以上，空气相对湿度提高5%～10%，露地畦面表土发白时，盖网区土壤仍湿润，可减少灌水次数和灌水量。

（5）增温防冻　冬季或早春，夜间用遮阳网覆盖具有增温防冻、防风、防霜、防寒的效果。用银灰色遮阳网在大棚内覆盖，可使棚内最低气温提高1.4～5.1℃，日平均最低气温提高2.3℃，外界气温越低，增温效果越明显。在露地覆盖，能使网下最低气温提高1.0～2.8℃，日平均最低气温提高1.6℃。在发生霜冻的夜晚进行浮面覆盖，露水或雾点凝聚在网上形成霜，可避免霜对植株造成直接危害。当作物受到低温冻害时，遮阳网覆盖能减缓天晴日出时气温骤然过快地升高，从而减轻了植株因脱水造成的伤害。降雪天气，遮阳网覆盖能将降雪阻挡在网上，形成保护层，使作物免受冻害，也有利于雪后蔬菜的采收上市。早春茄果类、瓜类、豆类蔬菜可提早10d播种、定植。

（6）避病防虫　遮阳网覆盖栽培有避蚜虫、小菜蛾、菜青虫、菜螟、斜纹夜蛾等害虫的效果，实现夏秋叶菜生产不打药、省药、省工、省本，绿色健康。银灰色遮阳网封闭覆盖，避蚜效率达88%～100%，对菜心病毒病的防效达95.5%～98%，对青椒日灼病的防效达100%。同时，遮阳网覆盖后避免雨水直接冲击，使植株病害减少。此外，还有防鸟、防鼠的效果。

❖ 3. 在蔬菜生产上应用遮阳网有哪些覆盖形式？

遮阳网在蔬菜的覆盖栽培中，采用的覆盖形式很多。目前常用的主要有大棚覆盖、小拱棚覆盖、平棚覆盖和地表浮面覆盖等形式。

（1）大棚覆盖（彩图1-2）　即在大棚设施上扣上遮阳网进行覆盖栽培。这是目前应用时间长、应用面较广的一种覆盖栽培形式，又分为大棚顶覆盖、大棚内覆盖和大棚网膜覆盖三种方式。

① 大棚顶覆盖　即与大棚单独配套覆盖，可根据不同季节、不同作物的要求，

采取单层或多层覆盖的方式。遮阳网覆盖大棚外表时，要求棚的两侧近地的空隙不超过1m。如果考虑避蚜，棚两侧的网可盖到地表，用压膜线加以固定。为方便揭盖，也可在棚架两侧用绳将网绑扎固定。

②大棚内覆盖　即把遮阳网盖在棚内预先固定的平架铁丝上，铁丝固定在大棚腰肩处，遮阳网的一边固定，另一边可活动，随光照强度的变化而开网盖网。一般在冬春季节将遮阳网扣在塑料大棚内，防冻效果较好。

③大棚网膜覆盖　即在大棚除去四周裙膜保留顶膜时，在棚架顶膜外再盖一层遮阳网的覆盖形式，主要用于夏菜延后栽培、夏季速生叶菜栽培、秋菜育苗和栽培。在夏秋季节遮阳网应扣在塑料薄膜的外表，这样才能起到较好的降温效果。

(2) 小拱棚覆盖　即利用竹片、竹竿、枝条等架材搭成的小拱棚作支架覆盖遮阳网，如夏大白菜、夏菠菜、夏苋菜等的栽培。对多种作物可短期轮换覆盖，遮阳网的利用率高，覆盖面积大。可小拱棚单体单幅覆盖，也可以连片覆盖。覆盖时遮阳网在棚的两侧与地面的距离不超过10cm。连片覆盖的遮阳网应根据覆盖的面积加以拼接。

(3) 平棚覆盖　即利用竹竿、木桩、铁管、水泥桩、铁丝等作架材搭成平棚后盖网，再用小竹片、塑料绳、铁丝等固定遮阳网的覆盖形式，又分高架和矮架两种形式。

①高架平棚覆盖　棚架高1.8～2.0m，多采用固定式。架材选用木桩、铁管和铁丝，坚固耐用，一次搭成后，可供多年使用。棚体高，耕作管理方便，通风透气性好，但揭盖操作较费事，一次性投资又大。以苗床、耐阴性的蔬菜及花卉苗木、食用菌等的栽培为主。

②矮架平棚覆盖　棚架高0.5～1.0m，多采用非固定式，用短木桩和竹竿绑扎而成。棚体低，投资小，揭盖操作方便，适宜于大面积轮换多次覆盖。

(4) 地表浮面覆盖　即将遮阳网直接平铺于地表或作物的表面进行覆盖栽培。操作方便，无需支架，成本低，使用灵活，可多次轮换覆盖，覆盖面积大，利用效率极高。这是遮阳网覆盖栽培中最简单、最经济的一种覆盖形式，又分地面覆盖和浮面覆盖。

①地面覆盖　即将遮阳网直接盖在畦面上。主要用于蔬菜播种后至齐苗前，夏秋遮阳降温，冬春保温防冻，不用架材，方法简便。在盖网前把稻草稀疏撒布在畦面上，可改善通风，防止地面温度过高。齐苗后揭除或改用搭棚覆盖的方式。

②浮面覆盖　即将遮阳网直接盖在作物上。主要用于夏秋蔬菜移栽至活棵前的覆盖，以及冬季或早春夜间覆盖防冻、防霜、保暖，也可作为台风、暴雨、寒潮袭击时的临时抗灾覆盖。

一般以连片拼接覆盖为主，也可单幅覆盖，但以连片拼接覆盖操作较为方便。可视天气和栽培作物的不同采取单层或双层覆盖。地表浮面覆盖可以在露地，也可在大棚内。覆盖时，遮阳网的四周用小木棍或小竹竿带网插入地下固定，或用

U 形铁丝插入地下固定，还可采用砖块、水泥条等在四周镇压。

❖ 4. 遮阳网在蔬菜栽培上的应用有哪些？

（1）遮阳网覆盖育苗　6～7月，主要用于芹菜、秋番茄、夏秋花椰菜、秋莴苣、秋甘蓝等蔬菜的育苗，用遮阳网覆盖能有效地防御多种灾害性天气，可提早出苗，提高出苗率，幼苗成苗率提高40％，秧苗质量提高60％。可以用大棚覆盖，也可以用平棚或小拱棚覆盖。目前主要采用遮阳网与大棚相配套的覆盖形式。

采用大棚网膜覆盖，薄膜覆盖在大棚上，可起到避雨、降湿、防涝渍的作用，薄膜应与大棚两侧地面保留不少于1m的距离，大棚四周的裙膜应拆除。遮阳网覆盖在棚膜外面，即网在上、膜在下，用压膜线或在棚的两侧用绳子将网紧扣在大棚上，网在大棚两侧与地面的距离不应超过1m。

① 播种至出苗　播种后，遮阳网除在大棚上覆盖外，同时还要在苗床的表面作浮床。要浇透底水，盖网后浇水可用喷壶直接向覆盖在苗床上的网均匀喷洒，防止漏浇。浮面覆盖可视天气情况和作物的不同，采用单层或双层覆盖。播种后盖网，幼苗出土后，及时将覆盖在苗床上的遮阳网揭去。

② 育苗期　遮阳网要勤盖勤揭，晴天盖，阴雨天揭；白天盖，晚上揭。日最高气温在30～35℃时，一般上午9点左右盖，下午4点左右揭；日最高气温达35℃以上时，要提早盖网和推迟揭网时间。播种至出苗及移苗至活棵阶段，遮阳网可全天连续覆盖，出苗后和移苗活棵后，可视天气和苗情变化揭盖。移栽前10d左右开始逐步缩短白天盖网时间，增加光照。移栽前2～3d，撤去遮阳网，整日曝晒锻炼秧苗。

此外，遮阳网还可用于冬春育苗，即将遮阳网覆盖于大棚内的苗床上，能起到保湿防冻的作用。特别是在早春秧苗定植前揭膜炼苗时，为防止夜间低温冻害与晚霜的危害，可在大棚内直接将遮阳网覆盖在秧苗表面作临时性浮面覆盖。覆盖时可单层，也可多层。

（2）遮阳网春夏菜延后栽培　早春定植栽培的番茄、茄子、辣椒、黄瓜等茄果类、瓜类蔬菜，进入高温季节后，可采用遮阳网覆盖，避免高温、强光的影响，防止日灼病、畸形果发生，延缓衰老，延长开花结果期，改善果实品质，提高产量。如辣椒自6月下旬开始覆盖遮阳网，结果期可延长至8月份。

一般都采用大棚覆盖的形式。其技术要点与夏秋季育苗覆盖类似，不同之处是应掌握合适的盖网时间，不宜过早，也不宜过迟。一般在6月下旬至7月初高温来临时，才开始进行覆盖。覆盖时，可在大棚薄膜外盖上遮阳网，也可将薄膜揭除换上遮阳网覆盖，但四周的围裙应拆除。一般至8月中旬结束覆盖。

（3）遮阳网伏菜栽培　6月下旬至8月上旬，对夏季的小白菜、娃娃菜、菜心、生菜、苋菜、蕹菜等速生叶菜、夏黄瓜、夏甘蓝、夏大白菜、夏萝卜等进行覆盖栽培，在遮阳网覆盖栽培中应用最为普遍，具有明显的增产效果。如速生叶菜覆盖栽培后，可提高成苗率，增产幅度在 20%～150%。

夏黄瓜等搭架栽培的蔬菜以大棚覆盖的形式为主，其栽培技术要点可参照夏秋季育苗覆盖。速生叶菜、夏甘蓝、夏大白菜、夏萝卜等的覆盖栽培，一般采用浮面覆盖或浮面覆盖与矮平棚、小拱棚覆盖相结合的方式。其技术要点有以下两点：

① 播种至出苗　播种后要浇透底水，将遮阳网直接盖于地表，并将其四周固定压紧，至出苗前一般不揭网，补水可直接喷浇在遮阳网上，浇水要均匀且要浇透。3～5d 齐苗后，及时将遮阳网揭开，通气见光。

② 齐苗后或移栽后　可继续采取浮面覆盖，晚揭早盖，勤揭勤盖，或可采用矮平棚、小拱棚的覆盖形式。无论采用何种形式，都应加强揭盖管理，做到白天盖，晚上揭；晴好天盖，阴雨天揭；暴雨前盖，暴雨后揭。根据天气情况和作物生长情况灵活掌握。

(4) 遮阳网早秋蔬菜栽培　秋季栽培的莴苣、芹菜、萝卜、小白菜、菠菜、芫荽、茼蒿以及花椰菜、秋甜瓜、秋辣椒、秋甘蓝、秋番茄等用遮阳网覆盖栽培，可提前种植，缩短苗期，促进生长，提早上市 10～20d，增加产量，改善品质。如莴苣覆盖遮阳网后，株高、茎粗增加，上市期比不覆盖的提早 6～10d，产量增加 25.4%；芹菜覆盖遮阳网后，移栽后的成株率比不覆盖的提高 12.9%，单株重增加 16.3%，上市期提早 10d 左右，产量增加 41.2%。其技术要点与伏菜覆盖栽培类似，可参照进行。

(5) 遮阳网秋延后栽培　秋栽的秋莴苣、秋花椰菜、大白菜等通常在 11 月至 12 月上旬采收上市，12 月至翌年 1 月往往会出现气温急剧下降、伴有偏北大风和 −5℃ 以下的寒冷天气，使作物遭受冻害，影响产量和商品性，甚至失去食用价值。应用遮阳网覆盖能防冻、防霜、保温，将秋延后栽培的作物延迟到元旦甚至春节上市，增产 10%，增值 20% 以上。

采用浮面覆盖的形式，一般在首次寒潮来临前或开始出现重霜时覆盖。覆盖前视作物生长情况浇足水和施好肥，覆盖后可连续覆盖直到上市。但遇气温回升、晴好无风天气，白天中午可揭网通风见光，采取昼揭夜盖的方式。可根据天气和作物的情况采取单层或多层覆盖。当遇强寒潮袭击、气温骤降时，在覆盖的遮阳网上还可加盖稻草或草帘。

(6) 遮阳网越冬蔬菜栽培　利用遮阳网覆盖栽培小白菜、菠菜、芹菜等越冬蔬菜，在没有持续较长时间封冻的情况下，具有较好的防冻、增产效果，使蔬菜安全越冬。采取浮面覆盖的方式，早晨揭，晚上盖；遇寒潮大风天盖，晴好回暖天揭；下雪前盖，化雪前揭网并将积雪清除掉。

(7) 遮阳网春提早蔬菜栽培　早春定植的茄果类、瓜类蔬菜常会遇到 3 月下旬至 4 月上旬的"倒春寒"天气的袭击，造成冻害而减产。采用遮阳网覆盖栽培，可提前 10d 定植，提早 5～7d 上市，产量可提高 20% 以上，产值提高 30% 以上。采用

"银灰色遮阳网＋小棚或大棚"的方式，夜间覆盖、白天揭除，清明后彻底揭除。进入高温季节，可重新覆盖，方法与上述相反，白天盖、晚上揭，可延缓衰老。

(8) 遮阳网葱蒜类蔬菜栽培　韭菜、葱、大蒜等葱蒜类蔬菜喜冷凉气候，耐热性差，但耐阴性好。在夏秋高温季节用遮阳网覆盖栽培，可促进生长，提高单产和品质。如韭菜覆盖遮阳网后，叶尖无焦枯，叶片嫩绿，品质明显提高。8月种植的大蒜，用遮阳网覆盖后，成苗率比不覆盖的可提高 44.54％，株高及叶片数明显增加。

在播种后出苗前可采用浮面覆盖，在出苗后采用大棚、平棚或小拱棚覆盖。浮面覆盖可采用多层覆盖或在网上加盖稻草等覆盖物，出苗后及时揭开。大棚及其他搭架覆盖，采取早盖晚揭的方式，但白天的覆盖时间可较其他蔬菜长。大棚覆盖时也可持续覆盖。

夏秋季节利用遮阳网覆盖栽培韭黄，可获得较好的经济效益，方法是从 6～7 月开始利用小拱棚将 2～3 层遮阳网覆盖在韭菜上，遮阳网外再用茭白秸秆或稻草等覆盖，使韭菜形成韭黄。

(9) 遮阳网食用菌栽培　利用大棚、小拱棚覆盖遮阳网进行平菇、香菇、金针菇、草菇等食用菌的栽培，具有良好的效果。生产中多以大棚覆盖栽培为主，遮阳网要与薄膜同时使用，与夏秋季育苗覆盖相类似。但遮阳网覆盖在大棚薄膜外，为常年固定覆盖且无需揭盖。除夏秋季草菇栽培外，多数食用菌栽培利用冬春季节，此时大棚上遮阳网与薄膜应一直盖到棚两侧的地表，使棚内形成一个密闭的环境。在冬春低温阶段，大棚薄膜与遮阳网之间还需加一层草帘覆盖保温。

(10) 利用遮阳网夏菜制留种　5～7月，番茄、辣椒、茄子等杂交制种时，采用遮阳网覆盖后，由于降低了棚内温度，防止种子被高温逼熟，从而有利于种子和果实的正常发育，提高种子的饱满度和产量。同时由于降低了气温，提高了空气湿度，可避免番茄、茄子等开花前花药开裂，从而可提高种子纯度。

❖ 5. 果菜类蔬菜在高温季节使用遮阳网应注意哪些问题？

生产中，为预防高温、强光对蔬菜造成伤害，菜农们会早早地在棚面上覆盖遮阳网。其中，部分遮阳网直接固定在棚膜上。而实际情况是，高温季节昼夜温差较大，当蔬菜处于大量挂果期时，若遮阳网设置不当、遮阳时间过长会对蔬菜产生诸多不良影响。因此，要防止以下情况的发生：

(1) 遮阳网设置不当　遮阳网通常为黑色或银灰色，虽然有较好的遮光效果，但是其本身的吸热能力较强。若在使用遮阳网时，紧贴棚膜，其吸收的热量容易通过棚膜传到棚内，不能很好地降低棚内温度，而且棚内热量散发不畅，导致遮阳网和棚膜自身温度升高，加速两者的老化。

正确的做法是：将遮阳网与棚膜保持一定的距离，以1m左右为最佳，将遮阳网撑起，这样遮阳网既能起到很好的遮阳效果，又能保证棚内热量及时散失。实践证明，遮阳网紧贴棚膜与间隔设置相比，前者棚内温度比后者高5℃以上。

（2）遮光时间过长，影响蔬菜正常生长　在夏季，如果菜农加设遮阳网后，不再揭开，蔬菜白天接受有效光照的时间不足，光合速率低，使得植株体内有机物质积累少，夜间温度高，有机物质又会被消耗。这样一来，有机物质积累少、消耗多，造成植株徒长，使得植株的生殖生长和营养生长不协调，引起养分分配不均，抑制了果实的正常生长，即只长植株不长果。同时，植株徒长使生殖生长减弱，坐果率下降或者不膨果、着色不良。

正确的做法是：高温季节，处于挂果期的蔬菜在覆盖遮阳网时，覆盖时间不要超过4h，一般在晴天上午11点到下午3点前使用，其他时间则要及时揭开。阴天时，要全天揭开不遮盖。

当然，还要用物理措施和化学措施结合的办法来合理抑制植株徒长：一是控制浇水量，合理延长浇水时间间隔，减少追肥；二是傍晚喷水等降低夜温，拉大昼夜温差，连续处理7～10d左右，可以促进植株的生殖生长；三是使用甲哌鎓、多效唑等化学药剂来控制。

❖ 6. 什么是遮阳降温剂？　如何辨别遮阳降温剂的真伪？

与以往传统的遮阳方式相比，专业的遮阳降温剂操作方便，能够起到更好的降温作用，同时不影响作物光合作用的进行，通过遮挡太阳光的部分组成光线（如红外线）来实现遮阳降温。专业的遮阳降温剂可以精确地计算遮光率并根据作物不同生长阶段对光照和温度的需求灵活地调整遮光率，从而创造适宜作物生长的光温环境。利凉遮阳降温剂在荷兰的专业名称是"光温调节剂"。辨别降温剂的真伪可以从以下几个方面着手：

（1）闻气味　目前市场上的假遮阳降温剂多以刷墙涂料、乳胶漆、黏合剂等有毒化工原料简单混合而成，打开包装后有刺鼻气味（或香气过于浓烈）。

（2）看喷雾效果　假遮阳降温剂颗粒大、粗糙、雾化效果差，容易堵塞喷雾器，而利凉降温剂是纳米级颗粒，非常细腻，喷雾效果好，不堵塞喷头。

（3）附着与降解能力　假遮阳降温剂遇雨即掉或长期不掉，腐蚀棚膜，而利凉降温剂只要根据蔬菜生长周期，按照产品说明，使用配比合理的浓度，就可以实现定时降解，而且遇雨水变透明，阴天棚内也很透亮、不黑暗。

（4）看作物生长状况　假品没有科学的光温调节功能，不是遮阳过多就是遮阳降温的效果不明显，导致作物发生徒长等生理性危害。

（5）有无沉淀发生　放置一段时间后，假品容易发生沉淀，而利凉降温剂性状稳定，就算放置1年仍然是均匀的悬浮状，不会发生沉淀。

❖ 7. 如何正确使用遮阳降温剂？

针对耐高温的作物，如黄瓜、苦瓜等，根据使用说明"打点成网状"，形成"白色遮阳网"，更能满足此类作物的光温需要。

针对番茄、辣椒等对光照敏感的作物，可以根据使用说明，配比合理的浓度，用带喷头的喷雾器均匀喷雾。

针对不同季节的光温条件，配比合理的浓度，并确定有效喷施的位置。

针对蔬菜换茬，要在幼苗移栽定植前5～7d均匀喷施专业的遮阳降温剂，将棚内的光照、气温、地温调节到幼苗能够适应的范围内，提高幼苗的成活率，减少生理性病害的发生，培育壮苗。

针对不同的棚膜，尤其是PO（聚烯烃）膜，利凉降温剂可定时降解，不影响PO膜的正常使用。

针对不同的种植面积，选择更实惠的产品。

可有效延长高温季节棚内工作时间（在喷了利凉降温剂的大棚内可工作至上午12点，否则上午10点就会因大棚内温度过高无法工作）。

第三节　无　纺　布

❖ 1. 无纺布在蔬菜生产上的主要覆盖方式有哪些？

（1）浮面覆盖法（彩图1-3）　不需要支架，而以作物本身为支架，把柔软、轻型的（15～20g/m²）无纺布直接宽松地覆盖在作物上。浮面覆盖可用于露地，也可用于温室、大棚和小拱棚中。由于无纺布质量较轻，覆盖在作物上不会影响作物生长。覆盖时，无纺布四周用土块压好，使无纺布不被风吹走，也不易随风大幅起伏飘动。随着作物长高，无纺布也随之上浮，不能盖太紧。无纺布浮面覆盖，冬季可用于大棚或露地保温、增温，夏季可用于遮光、降温，并防虫害、鸟害，还可起早熟、高产、改善品质的作用。无纺布浮面覆盖时，一般不需要揭、盖，较省工、省力。

无纺布的透光、透气、保湿、保温作用在露地条件下发挥得更为出色，它能防止霜冻危害，促进蔬菜生长，提高产品品质，提早上市，如露地栽培的芹菜、生菜、青菜、菠菜、荠菜、塌菜、豆苗等覆盖无纺布，可增产20%左右，提早上市10～20d。

（2）小拱棚覆盖法　主要用于冬春大棚内小拱棚覆盖，可用于蔬菜育苗或蔬菜栽培前期夜间覆盖保温，也可用于春季露地小拱棚覆盖。使用方法有以下三种：

① 一步到位法　多选用宽 3m、100～110g/m² 的布，这种办法一步到位，但一次性投入成本偏高，且透光性略差于薄型布，质地也略硬。

② 旧膜配用法　家中有大量旧棚膜的农户，一般选用宽 3m、70～80g/m² 的布在正常低温时使用，温度低于 -6℃ 时，再临时加盖"二层皮"。这种办法不仅使旧棚膜得到有效利用，而且投入较少。

③ 备用两套法　即通常使用一套宽 3m、55g/m² 的布，同时家中备一套同样的布。备用布仅在 -3℃ 以下时加盖，平常保藏在家，每年实际使用期不到一个月。这种方法的一次投入与一步到位法相比看似一样，但当若干年后须更新时，只需更换一层，相当于一步到位法更新量的一半，从而大幅度提高了使用效率，降低了使用成本，并可较长时间利用薄型布透光性较好的优势；缺点是薄型布强度略低，两层操作时略显费工。

（3）室（棚）内覆盖法　用无纺布在大棚（室）内作二道幕覆盖，即在作物定植或播种前一周左右挂幕，离棚（室）膜约 30～40cm 处搭架盖一层无纺布。作二道幕保温栽培，可提高温度 1～2℃，并可降低棚室内湿度，防止成雾，减少病害发生。每亩需用无纺布约 700m²。无纺布具有保温和遮阴的双重作用，所以开、闭幕时间要安排好，上午棚（室）温 10℃ 以上时拉开幕，午后棚（室）温降到 15～20℃ 时闭幕保温，要求盖布严密，以提高保温效果。气温过高时，可随时闭幕减少阳光透过以降温，避免高温造成危害。作二道幕覆盖宜选用 40g/m² 质量较轻的无纺布。

❖ 2. 无纺布在蔬菜生产上的使用方法有哪些？

（1）在蔬菜育苗期应用

① 整地　将土地深耕 30cm，耙平整细，做成长 3m、宽 1.2m 的苗床后开沟，行距 20cm（每个苗床开沟 13 行），沟深 5cm，逐沟浇透水。

② 播种　条播时将细土与种子混匀，播于沟底，在种子上盖上细土与腐熟有机肥的混合物 1～1.5cm，播后覆土 1cm 左右。

③ 覆盖方式　在播种后，立即将无纺布盖上。在墙面上四角插竹片，竹片高 20cm，拉丝膜线，将无纺布盖上，四周用 10cm 的铁丝弯成三角形插入土中压住。

④ 水肥管理　出苗前一般不需要浇水，出苗后真叶展开，每 2d 揭开无纺布浇一次水，浇水时打开无纺布，浇后盖上。有条件的可以使用滴灌，效果更好。在施用混有复合肥的腐熟有机肥盖种时，在起苗前不需要再追施肥料。如仅用有机肥盖种，则可以视情况喷施 1% 尿素溶液 1～2 次。

⑤ 其他管理　使用无纺布育苗，能有效防止外来的病虫进入育苗床，但施肥、浇水、除草均要揭开无纺布，而且在无纺布遮盖下的温、湿度环境中，一旦有病虫进入，病虫害发展得更快。因此，要注意育苗床中的病虫情况，一旦发现，则应及时防治，否则，覆盖的效果反而不如露地育苗。

出苗后，注意及时除草、间苗、行间松土埋根。在起苗前一周，彻底揭开无纺布，中耕松土，适当控水，炼苗一周，在起苗前 1d 浇透水，第二天则可以起苗移栽。揭下的无纺布可以洗净后晾干储存，备下一次使用。

使用无纺布在夏季育苗，可以显著提高秧苗质量和出苗率、成苗率，生产出无病、无虫、健壮的菜苗。如秋甘蓝、秋花椰菜、秋芹菜、秋莴苣、大白菜、秋番茄、芥蓝等蔬菜的夏季育苗，如遇到高温，也可以在无纺布表面喷水，使其形成水膜，既可以降低温度，又可以提高育苗床的空气湿度。

使用无纺布在春季育苗，结合大棚或小拱棚，可以显著提高苗床温度，减少育苗床表土的水分蒸发，防止土壤板结，利于种子发芽、出土，同样可以生产出无病、无虫、健壮的菜苗。

另外，在嫁接后缓苗前、组织培养成苗的初期均可以使用无纺布覆盖，效果较好。

（2）在蔬菜栽培中应用

① 整地　将土地深耕 30cm，耙平整细，做成长 3m、宽 1.2m 的栽培床，按不同蔬菜的定植要求开沟或打穴，在沟底施足充分腐熟的有机肥，逐沟（穴）浇透水。

② 定植　按照不同蔬菜的要求定植，然后全床喷一次 50% 多菌灵可湿性粉剂 500 倍液。

③ 覆盖方式　估计收获时蔬菜的地上部的高度，再乘 2.5 加 1.2m 后，确定所需要无纺布的宽度和长度（目前市售的无纺布宽度一般为 2m，如 1 幅宽度不够，可以将 2 幅连接在一起使用，方法是将 2 幅无纺布的边缘各取 5cm 卷在一起，用粗线缝在一起即可，用完后，拆开又可以单独使用），在墙面上四角插竹竿，竹竿高度为收获时蔬菜的地上部高度的 1.5 倍，拉丝膜线，将无纺布盖上，四周用 10cm 的铁丝弯成三角形插入土中压住。每天浇水时揭开，浇完水盖上。

④ 水肥管理　同蔬菜育苗期。

⑤ 其他管理　在缓苗后，每周深松耕土一次。同时，视情况追施添加少量硝酸钾的清粪水一次。使用无纺布覆盖栽培，同样能有效防止外来的病虫进入栽培床。但施肥、浇水、除草均不可避免要揭开无纺布，而且在无纺布遮盖下的温、湿度环境中，一旦有病虫进入，病虫害发展得更快，因而更要密切注意育苗床中的病虫情况，一旦发现，则应及时防治，否则，覆盖的效果反而还不如露地育苗。

⑥ 采收　当蔬菜达到采收标准时，则彻底揭去无纺布，进行采收。如需多次采收，在采收时，注意保持无纺布完整、干净，该次采收完后，再覆上无纺布。

该法可在越冬茬白菜、菠菜等耐寒叶菜，以及春茬萝卜、春大白菜、春马铃薯的终生覆盖栽培中应用，可以起到较好的防霜、防寒害、防病虫侵入的效果，还能提早采收、增加产量。同时也可以用于大棚内早春茬西瓜、黄瓜、西葫芦、甜瓜、番茄定植初期的二重覆盖，20～30d 后，春暖即揭去，有很好的早熟、增产效果。

（3）可用作防虫网

① 价格相对便宜　无纺布用作防虫网，其价格只有目前市场上推广的防虫网价格的一半左右，价格低廉。

② 防虫效果十分理想　目前市场上推广的防虫网最大的缺点是对蚜虫、白粉虱、斑潜蝇等体积较小的成虫防御效果不佳，用无纺布作防虫网，由于无纺布自身的结构特性，可以防止任何蔬菜成虫的侵入，防虫效果非常明显，并可有效地预防斑潜蝇、白粉虱、蚜虫、小菜蛾等蔬菜上多种害虫的侵入。但对大棚内已存在的害虫，在盖网后应先进行1～2次农药灭杀处理。用无纺布作防虫网可以减少或者不用喷施农药，降低农药残留，做到无害化生产，而且明显比其他喷施农药的大棚防虫效果好。

③ 环保性能好　目前市场上推广的防虫网较难降解，对环境危害大。而无纺布由于原料的因素，降解速度快，一年之内即可降解完毕，对环境不会造成危害，环保性能良好。

④ 有一定的防御自然灾害的能力　目前市场上推广的防虫网不能防雨和冰雹，雨水和冰雹直接进入菜田，对蔬菜生长不利；无纺布作防虫网，在干旱季节有保墒的作用，雨季能有效防止雨水流入（下小雨时全部滴入棚内，中雨30%雨水外流，大雨或暴雨50%雨水外流）。还可减轻暴雨、冰雹、大风等恶劣天气对蔬菜造成的危害。

⑤ 节支增效　无纺布作防虫网可以减少用药次数，降低农药残留，确保安全生产，提高产品质量，做到无害化生产。

3. 无纺布在蔬菜生产上使用时有哪些注意事项？

无纺布的增产效应只有在与技术配套的前提下才能充分发挥，要根据不同的作物、不同的栽培方式，选择不同的覆盖方式和时间。在大棚内使用时也应该白天揭、晚上盖，以利于白天增光，晚上保温，减少病害发生。露地栽培蔬菜一般也应白天揭、夜里盖，如选用 20g/m² 以下的无纺布，可以昼夜覆盖，但必须盖严，防止被风吹掉。

大棚、温室的架杆等要光滑无刺，以防损伤无纺布。揭盖时要仔细，以延长其使用寿命。

用过后，除掉泥土，卷好，无纺布在紫外线的长期照射下，会逐渐老化，因此应放在阴凉、弱光、干燥的室内架上保存，并尽量避免在光线较强的季节挪作它用。

防高温、日晒、雨淋，避免老化变质。

使用前，无论新旧无纺布，均需要洗净，再用50%多菌灵可湿性粉剂100倍液浸泡1h进行消毒，晾干备用。

一般情况下，无纺布每年冬春约需使用3个半月，且多为夜间覆盖，保存好的可重复使用5年以上。因而，虽然使用无纺布的一次性投入成本约为草帘的2倍，但使用时间却是草帘的3倍以上，其折旧成本也大大低于草帘。

第四节 大 棚 膜

◈ 1. 适宜大棚骨架覆盖的塑料薄膜应具备哪些特点？

（1）透光性能好 由于冬季光照不足、光照时间短、大棚内的温度偏低等原因，要求所用薄膜必须具有良好而持久的透光性，才能确保大棚内的光照需要以及白天增温的需要。

（2）防尘、防结露 这是因为冬季大棚内湿度大，薄膜表面容易结露，以及灰尘对薄膜表面污染严重等。

（3）抗压能力强 要求在积雪等的重压下，薄膜不发生破碎，也不明显变松弛。

（4）保温性能强 由于薄膜的厚度与薄膜的保温能力呈正相关，薄膜的厚度越大，薄膜的保温能力越强。因此，在不明显增加薄膜费用的前提下，要尽量选择厚度大一些的薄膜。

（5）易于修补 要求薄膜必须容易修补，不易老化。

（6）透光成分应对蔬菜生长发育有利 在常用的薄膜中，无色薄膜促进蔬菜生长和结果的优势最为明显，应优先选择无色薄膜，其次为蓝色薄膜。

◈ 2. 用于大棚蔬菜覆盖的塑料薄膜种类有哪些？

目前，大棚蔬菜生产中使用的大棚膜主要有五类：聚氯乙烯（PVC）压延薄膜、乙烯-醋酸乙烯共聚物（EVA）吹塑薄膜、（PO）涂层长效流滴膜、聚乙烯（PE）棚膜和灌浆膜。它们各有优缺点，适用的蔬菜种类也不尽相同。

（1）聚氯乙烯（PVC）压延薄膜 根据需要分为PVC防老化膜、PVC无滴防老化膜（PVC双防棚膜）、PVC耐候无滴防尘膜，这类薄膜加工工艺成熟，透光性好，新膜透光率达85％以上，保温性、无滴性优良，强度高，拉伸强度大，抗风力强，应用面积广。缺点是薄膜密度大，同样面积的大棚，其使用量比聚乙烯薄膜增加1/3，造成成本增加；其次是低温下易变硬、脆化，高温下易软化、松弛；助剂析出后，膜面吸尘，透光性变差，目前使用量少。适宜种植黄瓜、丝瓜、苦瓜等喜温蔬菜。

（2）乙烯-醋酸乙烯共聚物（EVA）吹塑薄膜（彩图1-4） 为当前使用数量

较多的一种大棚塑料薄膜。该类棚膜具有超强的透光性，透光率在92%以上。消雾流滴性好，在消雾流滴的有效时间内不出现起雾滴水的现象，流滴期为4~6个月，超出这个时间就不再具备消雾流滴的功能，所以一般一年一换。这类薄膜具有良好的保温、防尘和耐老化性能（寿命在18个月以上），整体性能较好，使用范围较广，适用于茄子、番茄、辣椒、一年两茬的黄瓜等蔬菜的种植。

（3）（PO）涂层长效流滴膜　PO膜是采用聚烯烃生产而成的高档功能性聚烯烃农膜，一般都是四层共挤，消雾剂、流滴剂就在第三层内，第四层挤压在上面后又用激光打成麻面，在棚膜张挂后，其麻面就开始吸附空气中的水分，通过特殊工艺处理的消雾流滴技术，可让消雾流滴功能随膜的寿命终结。其透光性、持续消雾性、流滴性、保温性、防尘性、抗拉伸能力在各类棚膜当中处于领先地位，性价比较高。

一是其防尘效果突出，消雾流滴性几乎是永久性的，透光率一般在95%以上，是所有农膜中最高的，且可以长久保持，这是一般膜做不到的，强大的透光性在白天使大棚内的棚体、地面及作物吸足了热量，晚间也有足够的热量向棚内空间释放，加上独特的保温处理，可以有效地阻挡红外线向外释放热量（热量要转化成红外线），使其保温能力大大增强。

二是耐老化，使用寿命长。以往的农膜普遍是一年一换，而PO膜可以2~3年一换。但售价较高，晚上降温快，保温性差。当前国内生产PO膜的厂家越来越多，但棚膜质量参差不齐，价格相差较大。在选购时切不可贪便宜，应认准知名品牌。

把PO膜盖在倒满开水的水杯上，可知道其消雾流滴的效果。另外，可用塑料胶带反复粘膜的流滴面，如果是好膜，其消雾流滴功能不会消失；如果是次品膜，反复两三下之后其消雾流滴功能就会消失。

（4）聚乙烯（PE）棚膜　手感一般情况下比较软，透明度越高越好，拉力越强越好，在使用过程中不易出现开裂的现象。PE膜可根据生产需要分为PE耐老化（单防）、PE耐老化流滴（双防）、PE耐老化消雾流滴（三防）等不同的产品类型。PE膜质地轻、柔软、透光性好、质量好、性能稳定、价格较低，具有良好的耐老化和消雾流滴性。PE膜的寿命一般在1~2年，有的可达3年，大部分生产厂家能做到保证1年的使用寿命。缺点是耐候性差，综合透光率低。一般多用于大、中棚早春茬或秋延迟栽培，日光温室一大茬栽培时很少使用。价格低是其最大的优势。

（5）灌浆膜　灌浆膜是在PE膜的表面均匀涂抹流滴剂，从而达到消雾流滴的功效。其与无滴膜的本质区别在于，流滴剂在棚膜表面，因而利用消雾流滴功能的时间就完全取决于涂覆过程的控制情况和涂覆药剂的质量以及农膜的使用寿命。同时这也是灌浆膜存在的缺陷，由于消雾剂、流滴剂是附着在农膜表面的，外力就容易造成对涂层的破坏，影响流滴效果。例如，上棚时，膜内侧与棚上竹竿的摩擦、高作物碰到农膜等都会出现上述情况。但由于其具有使用寿命更长、透光性能更突出、消雾流滴时间更长、价格相对较低等优点而广受欢迎。

❖ 3. 如何选购大棚膜?

（1）选类型　依据蔬菜的生长习性选择合适的农膜。如黄瓜、甜瓜、丝瓜等瓜类蔬菜在生产中对温度的要求较高，应选择保温性好的 PVC 膜；如茄果类蔬菜对温度的要求相对较低一些，但是在果实的转色期对光的要求较高，应选择透光性好的 EVA 膜。

（2）算用量　在购买农膜之前要根据温室或者大棚的长、宽、弧度计算好大约需要购买多少农膜，以防购买过多造成浪费，以及宽度不够给加宽带来麻烦。同时要注意扣除农膜粘连时重叠部分的宽度。

（3）看产品　第一，看生产厂家、厂址、产品合格证、规格、标准、使用期限、膜侧商标（农膜上的印字）等，对没有厂名、厂址、产品合格证以及不符合标准的农膜，不要购买，而且要注意成批、整卷农膜的外观质量。如聚乙烯农膜，质量好的农膜外观呈淡蓝色，整卷匀实、不松散、透明度好，太阳光透过时，光线柔和、分散，而一般农膜的颜色发白、发乌，太阳光透过时有直射的感觉。

此外，建议选购质量可靠、信誉好的大中型企业的产品。大中型企业设备先进，工艺水平较高，有完善的检测手段，产品质量有保证。而部分小型企业生产设备相对落后，技术力量较薄弱，没有必要的检测设备，也无法控制产品质量，通常靠低质低价来参与市场竞争。

第二，检查农膜厚薄是否均匀，是否存在起褶、破损的现象。有的农膜由于生产设备老化，在生产过程中容易导致农膜局部出现过厚或过薄现象。在使用过程中薄的地方容易出现破损，这样不仅影响棚膜的保温效果而且易扯裂；有的农膜在生产中会出现起褶现象，而这些褶一旦破裂，就会形成刀割一样的裂口，如果遇上大风甚至会造成整张农膜破裂。

第三，检查农膜的粘接处是否完好。有的农膜在粘接上下放风口的口袋（用于穿钢丝或放风绳）时，如果粘膜机粘膜的温度调得过高，就会将农膜烫破，影响农膜的保温性；如果温度调得过低，口袋又粘不紧，容易开裂。所以一定要选购粘接合适的农膜。

第四，要反复拉试农膜。好的农膜，横向和纵向的拉力都较好，剪下一小条农膜，拉伸时可伸长 2～3 倍，且不会断裂。而劣质农膜较脆，在拉伸过程中容易产生裂痕甚至拉断。优质农膜的耐候性好，在寒冷的冬天，仍然保持很好的柔软性，而一般农膜则变硬，稍一折就会有白痕。保温性好的农膜拉伸时，拉开的地方会变白，在变白的地方如反复拉，则又会变为透明，说明其保温性好，一般农膜则无此效果。

第五，看牢固度和厚度。从保温性能来说，相同材质的农膜，厚度越大牢固度就越强，保温性能就越高，而成本也越高。如聚乙烯薄膜，市场上有些廉价的聚乙烯膜的透明度、光洁度和牢固度都很差，其实是利用废旧塑料制成的，成本很低。正宗的聚乙烯膜是无色透明的。含废旧塑料多的农膜因透光性差、使用寿命短，有的还含有毒成分，不适合用来覆盖农作物，只能用于短期覆盖。

第六，看产品是否符合国家强制性标准。农膜的国家强制性标准厚度为0.08mm，但市场上销售的有许多是0.04mm的不符合标准的农膜。

第七，试薄膜的消雾流滴性。可在杯子里面装50℃左右的热水，把一段薄膜扣在杯子上面，看看膜的内表面是结露滴还是一层水雾，如果是露滴，则流滴效果较差，属于劣质膜。也可用水喷射薄膜，若水呈珠状，而且沿膜壁流下，说明膜的消雾流滴性好，而一般薄膜用水喷射时，水呈片状。

第八，看棚膜的防尘性。防尘效果好的棚膜无黏性，铺膜方便，而一般农膜黏性强，膜与膜会粘在一起，不易拉开，易粘尘。

（4）多咨询　如功能膜、长寿膜、无滴膜是没有国家标准的，在购买的时候最好问问销售商或者企业是按照什么标准生产的。如果是按企业标准或者没有企业标准，最好能达成一个协议，把使用功能、物理性能要达到什么标准，写进协议。

（5）签协议　购买农膜时一定要签协议，在协议上除了要写清楚农膜的品牌、型号、生产厂家、规格、生产日期、保质期、购买日期、购买量、价格等一些常规的事项外，还要写清若农膜出现问题责任的认定、赔偿措施等细节问题。

◆ 4. 如何正确安装好大棚膜?

（1）掌握好上膜时间　在7～9月份，由于气温高，太阳光照强，农膜的老化速度很快，对棚膜的消雾流滴性能破坏最为严重，这时一个月的老化速度相当于冬春两个月棚膜的老化速度，而一般棚膜的消雾流滴期都在6～8个月。如果在8月份就将农膜覆盖到大棚上，经过8、9两个月的高温期，农膜的消雾流滴期就减少了4个月，再经过2～4个月，农膜的消雾流滴性就过了保质期，以后农膜的消雾流滴性就很难保证了。到了翌年2、3月份有的农膜会出现严重的流滴现象。故覆盖棚膜的最佳时期为每年的10月中下旬，既避开了高温季节，又能延长农膜消雾流滴的期限。

（2）扣棚时要防刺伤　农膜在扣棚过程中，最易被地表残茬与大棚骨架刺伤或划破。因此，在每次扣棚前，一定要将地表农作物（或杂草）残茬认真清理干净，同时将温室或大棚骨架逐一检查，凡是有可能刮破农膜的突出部位都要修理平整并仔细包扎。此外，在扣棚过程中，尽量不要在农膜上践踏。温室或大棚内需要搭架栽培的瓜类蔬菜，最好采取吊绳栽培的方式。若用竹竿搭架，操作时稍不注意，就会将上面的棚膜刺穿。

（3）保持棚膜清洁　农膜被污染后更易老化、破碎。因此，农膜在使用过程中应尽量保持整洁，尤其要防止将杀虫剂、除草剂等化学农药喷洒到农膜上，延长农膜的使用寿命。PVC膜具有很强的吸尘性，在冬季光照弱时，尘土严重影响了棚膜的透光性和蔬菜的光合作用，要注意及时清除棚膜上的尘土。

（4）覆膜时不可颠倒棚膜的内外面　因为棚膜的外侧添加了抗老化剂，能延长农膜的使用寿命，而内侧具有消雾流滴性，如果内外面弄反，农膜就不会起到应有的作用。无滴膜分正反面，购买以后，若没有把无滴功能的一面放在外面，无滴性能不好的一面放里面，则无滴性能达不到最佳效果。

（5）不用时应妥善保存农膜　农膜在夏季不用时应仔细取下，洗净后放在阴凉、干燥、无鼠害处妥善保存，防止高温暴晒。只要使用、保管得当，一般农膜可以使用2年，长寿农膜可以使用3年。

（6）综合利用废旧膜　一般多功能膜连续使用12～24个月后性能变差，机械强度降低，可作为地膜使用。废旧膜要及时回收利用，防止造成白色污染。

❖ 5. 大棚膜在使用过程中要注意哪些问题？

（1）防损伤　大棚搭架用的材料，多为铁丝、铝丝等。这些硬而尖的材料最容易将薄膜戳破。因此，搭架材料一定要做到表面光滑，将竿尖、竹节削光磨平。扎架要用麻绳等材料，不要使用铁丝、铝丝等硬材料。尤其对于PO膜等，出现破损后修补较为麻烦，更要注意做好保护工作，减少物理性的损伤。

大棚骨架连接处喷涂白漆或做防锈处理，与膜面接触的部位不得有毛刺，扣棚时一定要细心，将棚膜抻紧、拉平，不要硬性拖拉薄膜，避免刮、划伤引起的薄膜开裂问题。

同时注意农膜产品正反面的区别，棚外读字为正面，切勿扣反。

温室大棚的骨架多是采用东西向的铁丝串联固定，覆膜后，在膜面南北向压膜绳的作用力下，其内层会与铁丝紧贴，进而出现挡水的情况，形成大量水滴，同时存水也加快了药剂的析出，影响农膜性能的持续性。

（2）除尘　尤其是秋收以后，大片农田的土壤裸露出来，被风一吹，漫天尘土，导致大棚膜不到几天就落上一层厚厚的尘土，棚膜的透光率大大降低。可以在棚膜上安装布条，当风吹动布条时，通过布条的来回摆动，将落在棚膜上的大部分尘土除去。一般情况下，每隔3m左右设置1根布条，松紧度应做到两除尘布条在随风自然摆动的条件下不要相互搭叠或缠绕即可。在整个冬季可适当调整布条安装的位置，调整次数一般在3～4次。待一段时间后，棚膜上下都有布条难以涉及的盲区，此时可将布条沿东西向移动，从而达到全面除尘的目的。

另外，生产上可选择除尘性好的棚膜，这是确保棚膜尘土少的基础。棚膜的生产材料和工艺不同，防尘性存在很大差别。PVC膜防尘性较差，棚膜透光性前优后差；EVA膜防尘性良，棚膜透光性前优后中；PO膜防尘性优，棚膜透光性一直比较优良。建议优先选择PO膜。

（3）防滴水　深冬季节，棚内外温差大，棚内湿度高，棚膜内侧不可避免地产生水珠，棚膜滴水，危害很大。

一是棚膜结露使棚膜的透光率下降 20%～30%，且大量吸收棚内的热量，影响大棚内温度的提升。深冬季节棚内光照弱、温度低、升温慢，棚膜结露滴水对光照影响很大。由于透光率下降，光照变弱，使得棚内接收的太阳热量减少，温度受到影响。

二是水滴溅落在植株上，常常会因水珠温度过低而造成冷害，影响蔬菜的正常生长。同时，露水长期存在还会诱发多种病害，尤其是细菌性、卵菌性病害。细菌性、卵菌性病害的暴发流行，需要液态水和伤口的存在，滴水恰好创造了这两个条件。棚内结露滴水使得棚内湿度增加，也有利于多数真菌性病害的发生。尤其是阴雪天气，棚内温度低、湿度大，病害发生重。

解决棚膜结露滴水的问题，要从大棚结构、棚膜质量等多个方面考虑。新建大棚时，注意改进棚体结构，增大棚面角。薄膜上露珠的产生是不可避免的，增大棚面角可以使得露水沿着薄膜流下，而不是形成大的水珠落下。选择优质无滴膜，在新上棚膜时，将棚膜扯紧，使棚膜平整，也可以减少棚膜滴水。

若换膜后才发现棚膜流滴性差，滴水严重，最好及时联系棚膜厂家，选择晴朗无风、气温较高的天气更换新棚膜，从根本上解决棚膜滴水问题。若外界温度已经很低，最高温度在5℃以下，大棚不适宜更换棚膜，就要想办法减少棚膜滴水对蔬菜的影响。

可以在薄膜内喷洒无滴剂，如有机硅助剂，提高棚膜表面的延展性，避免形成露珠。注意喷雾前先通风，待大棚薄膜上的水珠干后，均匀喷洒到棚膜内表面，每平方米薄膜喷液 120～150mL，待水膜干后再关闭通风口，这样可使薄膜在半个月到一个月内滴水明显减少。

此外，还可在棚内设置套棚膜，滴水不直接接触蔬菜，而是滴落到套棚膜上，在升温后将其引流到地面渗入土壤即可。

（4）防风　大棚的密闭情况是决定棚膜能否承受较大风力的因素之一。当大棚密闭情况好时，进入棚内的空气少，棚内外气压保持一致，就不会对棚膜造成影响；如果大棚部分区域的密闭情况不好，如门口，导致外界气流进入大棚而无法及时排出，棚内压力大于棚外压力，这样棚膜就很容易被鼓破。因此，大风来临前，一定要及时关闭放风口。

上膜的松紧度、通风口的设置对棚膜抗风能力的影响极大。上膜时要选无风晴朗天气，一定要抻紧后再上，不能让棚膜松松垮垮，这样上膜后棚膜的活动幅度小，不容易被风鼓动，也就不容易破损。注意上膜时通风口的设置，两膜重叠的部分最好在 25～30cm，以保证大棚的密闭性。不必太宽，以免影响通风，尤其是夏季高温时通风口开不大，影响大棚降温；也不能太窄，避免遇到大风时通风口关不严，风进入棚内鼓动棚膜，破坏性更强。经常刮大风的地区，可在迎风一面设立简易的防风屏障，以减轻风害。

目前，菜农多采用尼龙绳进行压膜，由于它有一定的弹性，当风力较大时，压膜绳勒坏棚膜的可能性大大降低。建议选择粗度在 0.6～0.8cm 左右的尼龙绳，其与棚膜接触的面积大，产生的破坏性小。一般情况下每隔 1.5m 设置一道压膜绳，但注意要压紧，并在下面垫上软布，以减少压膜绳与骨架对棚膜造成的损伤。为了加固压膜效果，也可在棚膜东西向设置两道横向的压膜绳。

另外，夏季的狂风暴雨常伴随冰雹，冰雹来临前，应及时覆盖与大棚等长、等宽的防虫网或遮阳网，并拉紧，使防虫网或遮阳网与棚表面保持一定距离，可减轻冰雹对棚膜的冲击，避免棚膜被冰雹砸破而进风。

（5）防老化　夏季光照强、温度高，棚膜的老化速度比较快，若在农事操作中不注意保护，很容易加快棚膜的老化速度，影响其使用效果。

① 高温闷棚的时间不宜过长　高温闷棚对棚膜的损害很大。据了解，大棚长时间进行高温闷棚可明显降低棚膜的使用寿命，如果在夏季高温季节闷棚时间超过一个月，棚膜会严重老化，透光率低、保温性差，极易破损。因此，夏季高温闷棚的时间不要过长，一般以 15～20d 为宜。大棚在闷棚前最好先不要更换新膜，应在闷棚结束后下茬蔬菜定植前再换上新膜，这样可减缓大棚膜的老化，保证越冬时棚膜的透光、流滴性良好。

② 夏季高温季节严防钢管等烫膜　大棚骨架上尤其是钢管上一定要事先缠好保护层，可选择薄膜或碎布等包裹，一是防骨架上的铁丝、刺头刮破棚膜，二是防夏季钢管的高温将棚膜烫坏，缩短其使用寿命。

③ 尽量不要用对棚膜有刺激作用的农药喷洒或熏蒸棚膜　某些含有硫或氯成分的杀虫剂、杀菌剂，如甲基硫菌灵、硫黄等，会破坏农膜的稳定性。

在生产农膜时，为了提高棚膜的使用寿命和使用效果，往往会加入多种添加剂，如抗氧化剂、紫外线吸收剂、受阻胺光稳定剂、增白剂、成核剂、阻燃剂、消雾剂、流滴剂等，使得棚膜具有良好的耐老化性、透光性及消雾流滴性。如受阻胺光稳定剂，它的目的是提高棚膜的耐老化性能，但由于其化学特性呈碱性，如果在棚室内大量使用含有硫、氯元素的药剂，易形成酸性物质附着于棚膜表面，与碱性的受阻胺光稳定剂中和后使其效果被钝化，从而降低了棚膜的耐老化性能。

一旦棚膜出现了老化情况，使得膜上的消雾剂、流滴剂、成核剂等成分迅速析出，会使其消雾流滴的持续时间大大缩短。一般优质农膜的消雾流滴持效期在 6 个月左右，在秋季更换棚膜以后，到冬春季节棚内湿度最大时，棚膜的消雾流滴性能便发挥出来。而随着含有硫、氯元素的药剂的大量使用，棚膜的消雾剂、流滴剂、成核剂等析出的速度加快，其消雾流滴的持效期往往达不到规定的时间。

因此，更换新棚膜以后，尽量少使用含有硫、氯等元素的农药，若要使用，最好不要使用弥雾机喷施，避免大量药剂飘散附着在棚膜上。熏棚时也要注意减少硫、氯制剂等的使用，合理安排熏棚时间。

④ 避免 EVA 棚膜与聚氯乙烯膜接触　若上季大棚上用的是聚氯乙烯膜，下季想换用 EVA 膜，要避免两种棚膜接触，否则就容易加快 EVA 棚膜的老化速度。

每年 7～10 月份，因光照强烈、温度过高，薄膜的使用寿命 1 个月按 2 个月计算。使用寿命在 1 年以上的农膜产品，夏季应用降温剂时应明确降温剂的分解时间，以免影响来年冬季农膜的保温性能。

❖ 6. 大棚膜破裂后粘接的方法有哪些?

棚膜的破裂通常是因为在受到较大压力时，棚膜上存在的裂口承受不住压力而继续发生撕裂，导致棚膜大面积破裂。这些伤口在风大时会给棚膜造成巨大的伤害。在安装棚膜的时候，往往是采取多人相互帮忙的方式手工安装，在运送、伸展棚膜的时候，由于不注意地面、棚面等凸起物或者是人为的不小心拉扯以及捆绑固定棚膜四周时操作不当等，都可能会对棚膜造成损伤。而如果被尖锐武器划伤，在棚膜上这些细小的伤口是很难被发现的。要注意检查棚膜的破损情况，有漏洞的及时修补，以免棚内进风，造成棚膜鼓破甚至棚体倒塌。一般可采用临时修补的方法。常用的方法有水补法、纸补法、糊补法、胶补法和热补法五种。

（1）水补法　即把破损处擦洗干净，剪一块比破损地方稍大的无破洞的薄膜，蘸上水贴在破洞上，排净两膜间的空气，按平即可。

（2）纸补法　即农膜轻度破损时，用纸片蘸水后趁湿贴在破损处，一般可使用 10d 左右。

（3）糊补法　即用白面加水做成糨糊，再加入相当于干面粉重量 1/3 的红糖，稍微加热后即可用来补膜。

（4）胶补法　即把破洞四周洗干净，用毛刷蘸专用胶水（或其他黏着剂）涂抹，过 3～5min 后，取一块质地相同的薄膜贴在上面，胶水干后即可贴牢。

（5）热补法　即把破损处洗干净，用一块稍大的薄膜盖住破洞，再蒙上 2～3 层报纸，用电熨斗沿接口处轻轻熨烫，两层膜受热熔化，冷却后便会粘在一起。

一般来说，热补法和胶补法的补膜效果好，其他三种方法容易漏气，而且容易拉开，只适用于临时救急。

❖ 7. 大棚膜在蔬菜生产上的覆盖形式有哪些?

（1）保温覆盖　指 10 月至翌年 4 月的冬春低温季节用农膜全封闭覆盖的栽培方式。主要用于茄果类、瓜类等喜温蔬菜的越冬栽培和春提早栽培，可比露地栽培提前数月，达到早上市、产量高、效益好的目的。宜选用透光率高、保温性好的优质大棚膜。

（2）避雨覆盖　多在 4～5 月天气转暖后，采用继续保留大棚顶膜、拆除四周裙膜的方式。主要作用是避雨防湿，降低棚内湿度，减少疫病等靠水流传播的病害的发生，减少肥水流失，改善棚内环境，可使夏菜采收期延长，产量提高。在7~9月夏秋高温季节还可在避雨棚上加盖遮阳网，既避雨又降温，有利于提高夏秋菜的出苗率和促进其生长，提高其产量和品质。避雨栽培是南方夏季大棚栽培的一种重要形式。

（3）多层覆盖（彩图1-5）　冬春季雨水天气较多，通常采用多层覆盖的保温形式，即在大棚内再搭架盖几层保温材料，以提高棚温。目前，多层覆盖已成为南方大棚栽培的重要形式，生产上应用较多的多层覆盖形式主要有四种：大棚加二道膜套中棚套小拱棚加地膜、大棚套中棚套小拱棚加地膜、大棚套小拱棚加地膜和大棚套中棚加地膜。前两种保温性最好，但操作管理不便；第三种操作方便，但保温性相对较差，边际效应较大；第四种棚内温度均匀，适宜连片种植。各种多层覆盖形式可根据种植作物、保温性要求和架材等灵活选用。另外，还可在大棚四周围一圈草帘增加棚温。大棚顶膜覆盖多采用新型薄型多功能农膜，内层覆盖物可采用新膜，也可采用旧膜，以节省成本。为增加棚内光照，提高棚内蔬菜的光合作用效率，内层覆盖保温材料要做到日揭夜盖。当冷空气来临时，夜间还需在中棚或小拱棚上加盖遮阳网、草帘等覆盖材料保温。

❖ 8. 如何覆盖大棚膜？

塑料大棚膜的覆盖方法有多种，有一棚一膜覆盖、一棚三膜覆盖等。三块薄膜，棚两侧一边一块，宽度在1~1.5m，大棚顶部为一大块，两侧薄膜固定在棚架上。

一个长30m、宽6m、高2.5m左右的标准大棚，顶膜的长度需36m，幅宽7.5m，顶膜总面积270m²，裙膜宽1m，一侧裙膜长为31m，裙膜总面积为62m²。根据棚膜的种类可计算膜的用量，如顶膜为0.07mm厚的长寿无滴膜，裙膜为0.05mm厚的普通膜，则一个标准大棚需要顶膜和裙膜的重量分别约为18kg、3kg。

盖膜应选无风的天气进行，先围裙膜，后盖顶膜。裙膜上部用卡槽固定在边拉杆上或用塑料绳固定在拱杆上，下部用泥土压住。顶部大块薄膜与两侧膜接触时要有30~40cm的重叠，顶膜在上，然后用压膜线压紧，以后可在搭缝处扒缝放风。

❖ 9. 如何预防大风吹坏大棚膜？

（1）破损原因　大棚属于轻型建筑，由于骨架强度不够，薄膜棚面质量不好，或压膜线不紧、不牢、根数少，薄膜覆盖过松，一遇大风薄膜上下摔打，则大棚对风的抵抗力变小，当风力超过大棚承受的压力极限时，大棚膜就会破损，压膜线绷断，骨架上下活动，甚至会出现大棚骨架变形的现象。大棚建在容易招风的风口处。刮风天放风不科学，只揭迎风处薄膜，大风进棚后出不去，没有形成对流，风力集中一处鼓起薄膜。平时不注意修补薄膜破损处，一旦风来了会从破损处刮开大口子（彩图1-6）。

（2）预防措施　建棚地址应选在背风处。大棚周围夹风障，可起防风、防寒的作用。大棚的结构要合理，设计标准要达到能抵御当地可能出现的最大风力，选用骨架的材质要符合要求，不容易变形，要有一定的强度。拱杆的间距不能过大，要求竹木大棚拱杆的间距不大于1.2m，管架大棚拱架的间距要按产品安装说明施工，不要随意加大。拱杆的纵向拉杆要2m左右设一道，并与拱杆紧密连接。拱杆底脚应与基础连接好，基础要有一定的大小，入土深度最低为40～50cm。竹木大棚跨度较大时，中间要设立柱。棚膜，特别是顶膜要拉紧绷平，四边卷好埋入土中踩实。棚膜质量要上乘，选用厚度在0.1mm以上的耐低温、防老化无滴膜。棚膜在施工中要保持完整无损，选择晴天、暖和无风的天气扣棚。扣棚以后要经常巡视检查，发现孔洞、撕裂处要及时修补。每两道拱杆间加一道压膜线，压膜线应绑在大棚两侧已经埋设好的8号铁丝上，或者固定在地锚上。扣棚后相当长的一段时间，每隔2～3d把压膜线重新勒紧一次，防止薄膜上下摇动、摔打。刮大风时大棚门要关好。切忌迎风门大开、背风门关闭，以防鼓破薄膜。大风天也不能揭迎风处的底边薄膜放风。

◆ 10. 如何储存好旧大棚膜？

对使用过的棚膜，搞好回收储存，可延长使用寿命，提高利用率，降低农业生产成本。晾干后的大棚膜及时取下，抚平皱褶，然后用光滑直立的木棒或纸棒卷起来，切忌折叠，防止受折部位破裂。存放地点要阴凉、干燥、通风，避免日晒、雨淋，防止大棚膜霉烂变质。

（1）土存法　大棚膜回收之前，应先洗净、晾干、卷好，用旧膜包装，选取土壤干湿度适中的地方，放入80cm深的土坑内，上面覆土30cm厚即可。

（2）水存法　将用过的大棚膜洗净，卷成捆，立即带水放入容器中，加入清凉水，淹没农膜，上面压上重物，然后用厚膜封口，在室内保存。注意存放期间不能脱水。

（3）袋存法　将用过的大棚膜洗净卷叠起来，装入新塑料袋内，扎紧袋口，放在湿润阴凉处。注意不要放在接近热源的地方，并防止阳光照射。

（4）窖存法　洗净大棚膜，立即带水卷叠整齐，装入清洁的塑料袋中，扎紧袋口，放入地窖即可。

（5）干存法　将洗净的大棚膜放在干燥通风处晾干，之后用一圆木棒卷起，再将卷好的膜放在干燥和温度适中的房内，注意不要放在高温高湿和有鼠害的地方。为防止粘连，卷膜时应适当加些滑石粉。

第五节 地 膜

❖ 1. 如何选择好地膜？

选择地膜时，要注意以下几点：

（1）合格证与生产日期　与以往的地膜产品相比，采用新国家标准生产的地膜在产品合格证上标注了"使用后请回收利用，减少环境污染"的字样。这成为新国家标准地膜与传统地膜最直观的不同点。此外，新标准规定，地膜自生产之日起贮存不宜超过18个月，超过贮存期，经检验合格后方可再销售，为避免种植户买到不合格或品质降低的地膜，与选购其他农资一样，新地膜也要注意选购生产日期较近的产品，以确保使用效果。

（2）外观质量　与生产传统地膜相比，生产新国家标准地膜对企业的技术、设备要求更高。但在实际生产过程中，有些企业由于生产设备老化、原材料不合格、技术不过关等原因，难以生产出合格的产品，导致地膜容易出现厚薄不均的现象。尽管按新国家标准的要求地膜的厚度增加了，但厚薄不均的地膜仍容易出现破损，影响使用效果。因此，购买地膜时要注意尽量不要购买有气泡、水纹或云雾状斑纹的地膜，而应购买整卷匀实，没有明显暴筋，透明度一致，外观平整、明亮，厚度均匀的地膜。不要购买发白、发雾、有杂质或褶皱的地膜，这种地膜透光性较差，会影响作物的生长，而应购买透光性好、光线穿过时感觉较为柔和的地膜。

（3）地膜的膜卷要求　不同的作物、不同的覆盖方式需要不同宽度的地膜，新标准规定的膜卷要求，地膜的错位宽度不高于30mm，每卷段数不高于2段，每段长度不低于100m。为避免购买的地膜过宽造成浪费或过窄无法使用，购买前除了要对实际种植面积进行测算外，还要仔细查看地膜的膜卷要求。根据自己种植的方式、开畦做垄的长度，算出地膜的需要量，过宽和过窄都不行。因此，了解了地膜的膜卷要求，知道了地膜的宽度和用量，在购买时方可做到心中有数。

（4）反复拉试地膜　好的地膜，横向和纵向的拉力都较好，剪下一小条地膜，拉伸时可伸长2～3倍，仍不会断裂。优质地膜耐候性好，在寒冷的冬天，仍然保持很好的柔软性。保温性好的膜当被拉伸时，拉开的地方会变白，在变白的地方如反复拉，则又变透明，说明保温效果好。

（5）购买正规产品，并索要收据　购买地膜，不要只贪图价格便宜，市面上出现的价格便宜的地膜，大部分采用再生原材料加工，外观上表现为薄膜表面杂质较多，透明度不高，朝向阳光观察薄膜，呈浑浊状态。使用再生原料加工的农膜，其物理机械性能较用新原料生产的薄膜下降许多，容易发生破损而影响使用。

另外，也不要购买无生产厂家、无生产日期、无合格证的"三无"产品，最好去正规农资店购买大厂家、大品牌的产品，可在很大程度上保证产品的质量，遇到使用问题或质量问题，也能有良好的售后服务。同时为以防万一，还要注意保存购买发票或相关收据，作为维权证明，以此保障自己的合法权益。

（6）据农作物种类、栽培方式选用地膜　地膜因厚度、颜色、透光率及性质的不同，其作用也不同。比如无色透明地膜，透明度好，增温、保墒性能强，广泛用于春季增温和蓄水保墒；黑色地膜阻挡阳光，透光率低，能有效防止土壤中水分的蒸发和抑制杂草的生长，但增温较缓慢，地面覆盖可明显降低地温、抑制杂草、保持土壤湿度；绿色地膜主要用于以除草为主、增温为辅的时期，适于春、秋季节覆盖栽培；银灰色地膜透光率在60%左右，能够反射紫外线，地面覆盖具降温、保湿、驱避蚜虫的作用，能增加地面反射光，有利于果实着色；蓝色地膜的主要特点是保温性能好，在弱光照射条件下，透光率低于普通膜，保温性能良好。因此，只有根据农作物的种类、栽培方式选用适宜的地膜，才能最大限度地发挥地膜的作用，达到提高农作物产量和品质、增加收益的目的。

❖ 2. 如何选择除草地膜？　在使用时有哪些注意事项？

国产除草地膜含有除草剂1号、敌草隆和扑草净等除草剂，因单位面积薄膜内含除草剂数量不同，又分为各种型号，如敌草隆5号膜、6号膜，除草剂1号膜、7号膜、8号膜等。用除草地膜进行除草试验表明，覆膜后一个月内，除草地膜对菜园中常见的灰菜、稗草、蟋蟀草、野苋、铁苋草、马齿苋、龙葵等杂草的防除效果都在90%以上，但在一个月以后，由于环境条件的改变（主要是植株长大，枝叶繁茂遮阴以及除草剂本身残效期长短的区别），防除杂草的效果逐渐下降，不如最初一个月内高。应用时要根据不同作物的生育期长短去选用不同的除草地膜，对生育期较长的作物如辣椒、茄子、豇豆等，应选用除草剂残效期长的除草地膜，反之要选除草剂残效期较短的除草地膜。使用除草地膜时要注意以下几点：

（1）注意整地做畦的质量，务必做到畦面平整、土细如面。这样盖膜时才能使膜面紧贴在畦面上与表土密接，可直接提高除草效果。如果畦面不平整，从膜面上离析出来的除草剂会聚成较大的水滴流到畦面低洼处，造成局部除草剂浓度过高，不但对作物产生药害，而且还会因局部无除草剂存在而使杂草活下来，影响除草效果。

（2）栽植孔四周必须用土盖严，当因封土不严或透气出现杂草时，应及时拔除杂草并用土封好膜孔及其周围。

（3）由于不同作物和土壤对除草剂都具有严格的选择性，一种除草剂只适用于某一种或几种作物。有些除草剂在黏土上的使用效果比在砂土或砂壤土上好。因此应用前必须先了解所用的除草膜含有哪种除草剂和它本身的化学性质、适用于什么作物，如除草地膜没有附带使用说明书，可查找有关资料或事先进行小规模的对比试验，看是否对作物安全，而后决定采用与否。

◇ 3. 什么是黑色防草布？ 其优点有哪些？

地膜因具有保湿、增温、防草等作用，被广泛应用于大棚蔬菜、露天果树等栽培中。当前市面上常见的地膜主要有白色地膜、黑色地膜、黑白相间地膜、银灰色地膜等，现在使用较多的地膜主要是白色地膜和黑色地膜两种。白色地膜提温快，种植越冬茬和秋茬蔬菜时使用较多；黑色地膜的提温效果不如白色地膜，但是其防草效果较好，一大茬茄子和越夏栽培中使用较多。

不同的地膜在保温、保湿、除草等方面存在一定的差异，但不论哪种地膜都存在透气性不好的问题，不利于作物根系的正常生长。尤其是种植一大茬蔬菜，地膜经无数次踩踏后，与地面紧贴在一起，严重影响了土壤的透气性，阻断了土壤的气体交换，进而导致根系无法进行呼吸作用，蔬菜难以正常生长发育。越夏栽培中，有些菜农为了防除杂草而铺设地膜，杂草虽然防住了，但覆盖地膜后提高了地温，不利于蔬菜根系的生长。

与普通地膜相比，黑色防草布（彩图 1-7）除了具有地膜的保温保湿功能外，还有以下优点：

一是有效防除杂草。与黑色地膜一样，黑色防草布可以有效阻止阳光穿透而抑制杂草生长，省去了使用除草剂防除杂草的麻烦。

二是透水又透气。与地膜相比，黑色防草布可保证作物根部不产生积水，使作物根部的空气具有一定的流动性，不会阻碍土壤的透水透气性，防止沤根的发生。

三是调节地温。冬季铺设防草布具有提高地温的作用，夏季铺设则能有效降低地温，尤其有利于夏季作物的生长。

◇ 4. 如何选购黑色防草布？

当前市面上的黑色防草布主要有聚丙烯（PP）和聚乙烯（PE）两种材料。由于原材料不同，销售价格和使用寿命也有差异。聚乙烯（PE）材料的防草布比聚丙烯（PP）材料的防草布贵，但是使用寿命更长，可达 5～8 年之久。除了原材料上的差别，防草布的密度也不一样。如果是在使用微喷的地段铺设防草布，需要选购密度小一些的防草布，以增大渗水速度。为了使作物栽培更加省工、省力，当前市面上推出了打孔的防草布，选购这类防草布一定要注意孔是否与栽培作物的株距、行距吻合。

据了解，目前防草布在欧美等发达国家应用广泛，国内防草布使用较少，防草布的使用主要集中在露天果树和花卉栽培上。与铺设地膜相比，铺设防草布虽然初期投资较高，但是具有一次投资、多年受益的特点，使用年限可达 3～8 年。

防草布的防草、透气、调节地温的功能，尤其适宜越夏栽培和一大茬蔬菜栽培。

❖ 5. 普通高畦如何进行地膜覆盖？有何优缺点？

普通高畦地膜覆盖，是目前应用最广泛的地膜覆盖方式，即平地起垄后做成畦高 10～12cm、畦面宽 65～70cm、畦底宽 100cm 的高畦，平整畦面后将膜平铺于畦面上，膜四周压入土中，地膜要求铺平、盖紧、埋牢，具有增温快，保温、保湿效果好，能减轻雨季及低洼多雨地区的涝淹危害，减少杂草繁生，增产显著，适于机械化作业等优点。

盖膜之前先用铁锹拍打畦面，使之非常平整，土细碎。如果畦面坑坑洼洼或有大土坷垃，则地膜不能紧贴地面，既影响土壤增温，又容易长杂草。一般定植前 7～10d 盖好地膜，预先提高地温，并可避免肥料烧根。有的菜农施入较多的复合肥或有机肥后盖地膜，并当即栽苗，结果烧死很多苗。盖膜时要先把畦块浇透底水，使得土壤湿度适中，比较干爽。若土壤过湿，黏结成块，盖地膜后地里的水分难以蒸发，栽下去的苗不发根，生长极差，甚至死苗。反之，土壤过干也不利于秧苗生长，并可能因基肥较多而缺水、烧根、灼苗。

普通地膜覆盖不能防霜冻，也不能抵御低温对蔬菜秧苗的危害，因此地膜覆盖栽培的蔬菜只能比露地栽培的提早 7～10d。

❖ 6. 沟栽如何进行地膜覆盖？有何优缺点？

沟栽地膜覆盖，也叫改良地膜覆盖，即先沟栽，盖天膜，后平沟盖地膜。在做好的小高畦畦面上沿畦长开两条 10～12cm 深的定植沟，开沟的土堆放在畦中间，在沟中按株距斜（斜向畦中央）栽秧苗，浇定根水。然后用小细竹在畦面上支起 20～25cm 高的矮拱架，在拱架上盖地膜，将膜四周压入畦帮的土中。

此法既能提高地温，又能提高局部小空间内的气温，使幼苗在小沟内既能避霜又能避风，具有地膜加小拱棚的双重作用，可比普通高畦早栽植 10～15d，提早一周左右上市，同时也便于往栽植沟内直接追肥、灌水，解决普通高畦渗水不充分、容易出现畦心土干及中后期脱肥早衰的问题。比较适合辣椒、茄子、番茄、豇豆、菜豆等的早春栽培。

采用沟栽地膜覆盖，应选用当地的早熟品种，要比普通地膜覆盖栽培提前15～20d 播种育苗。培育矮壮苗，要选择地势较高、地下水位较低、雨后能及时排除积水的地块。秧苗要卧栽或斜栽。

在管理上要经常检查，不让苗接触薄膜，以免烧坏苗。晴天，如果膜下沟中的气温达 30℃以上，应进行通风换气，可在膜上扎一些孔，或揭开部分地膜放风。为便于放风，铺地膜时每铺 15～20m 将膜剪断，接头处地膜重叠 30cm 长。要放风时，只要将畦两头和畦中间接头处的地膜揭开即可。待终霜过后，气温稳定在

15℃以上、蔬菜秧苗大部分将要接触到薄膜时，把地膜从一边掀起，再将定植沟复平，整成龟背形畦面，将膜划破从苗顶部套下来平铺于畦面上。

❖ 7. 在蔬菜生产上进行地膜覆盖的技术要领有哪些?

（1）合理选择地膜　春提早栽培，以提高地温为主要目的，可选用无色透明地膜（彩图1-8）；夏秋蔬菜栽培，因温度高、蚜虫多，可选用银黑双面膜；草害重的地块，宜用除草膜或黑色膜等。

目前生产的地膜幅宽从1.0m到2.0m不等，可根据栽培作物的株行距和整地方式的不同选用幅宽合适的地膜。西瓜、甜瓜等实行露地宽畦栽培，只需沿行覆盖较窄的地膜，可将宽膜剪成两幅使用。

（2）精细整地做畦　准备地膜覆盖栽培的土壤必须提早进行深耕，冻、晒垡。盖膜前结合施有机肥还要浅耕细耙，精细整地，务必使土壤平整、细碎。

应根据不同地区、不同季节、栽培作物的种类来决定畦的宽窄和高低。南方春夏多雨季节一般采用高畦、窄畦栽培，畦宽80～120cm，畦高25～30cm，采用幅宽120～160cm的地膜覆盖；少雨地区和旱季，畦面可适当加宽至150～160cm，采用幅宽200cm的地膜覆盖。使用滴灌或喷灌设备时畦面可稍高并加宽；采用沟灌时，畦面不宜过高或过宽，要留有适当宽度的灌水畦沟，畦沟不应铺地膜，每次灌水应充足。

做好的土畦畦面略呈龟背形，并用铁锹稍加镇压土面，使畦面无大土坨凸出。

（3）做畦时要施足有机肥和化肥　地膜一旦盖好，以后追施有机肥困难，所以结合整地一定要把有机底肥施足，与土壤混合均匀。为充分发挥肥效和防止烧根，肥料一定要腐熟，并在施入时往肥料中加入适当水分，打碎过筛。将有机肥全园撒施，化肥集中施于畦底（沟施），应施一定量的磷肥和钾肥。由于地膜覆盖后土壤挥发性差，而微生物活动强烈，有机物分解会产生氨气，氨气过多对根部有害，所以地膜覆盖栽培一般有机氮肥要比露地少施20%以上。

（4）保证盖膜质量　使土壤疏松、平整，绝对不能有土块，否则畦面不平，盖膜后膜与土表贴不紧，中间有空隙，风吹鼓动，可使膜被刮起或吹破，而且中间空隙还能滋生杂草，影响蔬菜生长。整地时，土壤水分一定要适宜，底墒要足，这样才能整得精细、平坦、干燥时，要浇水造墒。

畦面盖膜要严，畦沟宽度和深度应有利于灌水。视土壤干湿状况，把握时机适时覆膜，南方春季雨水多，覆膜时土壤宜偏干；秋季干旱少雨，覆膜时土壤宜湿润。土壤过湿或过干，均不宜覆膜。

（5）株行距稍大　盖地膜的蔬菜，由于生长快、长势好，其株行距应比露地栽培的稍大一些，定植时可比一般露地栽培深一些。

（6）讲究覆盖方法　普通高畦地膜覆盖定植的方法有两种。一种是先盖膜后定植，即按株行距用刀划破膜或用打孔器打孔，挖定植穴，苗栽下后浇定根水、覆土，将定植孔周围的薄膜压紧，封死孔穴，并稍高出地面呈一小土堆，可防止雨水从定植穴渗进去，造成烂根死苗；防止天晴温度高时，地膜内的热气从定植穴往外溢而灼苗；防止风害，避免苗被吹得摇摇晃晃，茎基部在薄膜上摩擦而受损伤，影响生长。此法操作简便，生产上常用。但当秧苗大、带土多，或采用大营养钵育苗时，定植穴要开得很大，这样会影响地膜覆盖的效果。这时可改用第二种方法，先定植后套膜，即按栽下去的苗的位置，将薄膜划一"十"字形孔，让苗从孔中伸出来，把膜从苗顶部套下来盖在地面上，但此法容易碰伤幼苗叶片，操作较麻烦，也不易保持畦面和地膜的平整。

（7）加强盖后管理　地膜盖好后，要经常下田检查，发现地膜裂口及时用土封严，以免裂口扩大，发现膜边被风掀起，及时埋牢。在苗期，应注意清扫膜面多余的泥土杂物，保持膜面清洁，提高透光率。

（8）最好一盖到底　正常情况下，地膜覆盖一直要到采收结束。但在后期高温或土壤干旱时，为防止高温影响植株生长发育，可在膜上盖土，或在地膜上盖草，以降低地温。也可及时揭掉地膜或把地膜划破，及时追肥灌水，防止植株因早衰而减产。地膜覆盖栽培的蔬菜发生了较严重的土传病害时，应揭去地膜，以降低地温，改变膜下土壤高温高湿的状况，也便于灌药防治；表现为严重缺肥时，也可考虑揭去地膜，以便于补充追肥，增加后期产量；如果由于连作或施化学肥料过多等原因膜下出现盐渍化现象，导致植株长期僵而不发，此时也只能把地膜揭开，通过自然降雨或人工灌水进行洗盐。

（9）结合地膜覆盖使用除草剂　地膜覆盖栽培往往膜下杂草丛生，一般的防治方法是在后期不需盖膜时把膜去掉，中耕除草。为防止杂草滋生，除盖除草膜外，可在盖膜前配合使用芽前除草剂进行除草，选用适宜蔬菜生长的芽前除草剂，均匀地喷到畦面上，再进行盖膜。盖膜前 3d 可根据作物种类的不同选择敌草胺、氟乐灵、乙草胺、精异丙甲草胺、甲草胺等除草剂喷洒畦面。

茄果类及豇豆、菜豆、马铃薯等蔬菜在铺膜前，每亩可用 50％扑草净可湿性粉剂 60～70g，兑水 50～60kg，均匀喷洒畦面后盖膜。番茄地，可用甲草胺除草。要注意除草剂的使用剂量和使用方法，如使用氟乐灵时，喷药不要喷到幼苗上，喷后浅搂畦面使药土混合，耙平后再盖膜。此外，除草剂的剂量要较露地栽培减少 1/3，以防药害。

（10）及时清除残膜　采收结束，应尽量清除残膜，防止土壤被碎膜污染。据调查，每亩残留地膜 3～4kg，蔬菜一般减产 1.8％～10.8％。残膜会影响蔬菜根系发育，使其对养分、水分的吸收能力下降，降低了蔬菜的抗病能力，如番茄劣质果增加，大白菜包心不足，萝卜生长受阻致肉质根弯曲、个小，进而导致蔬菜食用率下降，病情指数增加。因此，在每茬作物收获后，应彻底清除田间废旧残膜碎片。

❖ 8. 地膜覆盖栽培的施肥原则有哪些?

实践证明,在土地肥力好、底肥充足、追肥及时和精耕细管的情况下,能充分发挥出地膜覆盖栽培的技术优势,增产潜力很大。若在土地肥力不足、中低等施肥水平、田间管理粗放的情况下,则生育后期易出现早衰现象,甚至后期的产量比露地栽培的还要低。地膜覆盖栽培施肥要讲究以下原则:

(1) 在施肥总量上,应比露地栽培多施入各种肥料有效成分定量的 15% 左右。因地膜覆盖栽培产量高,蔬菜营养生长旺盛,开花结果多,养分吸收量相应增多。但对于氮素肥料,由于覆盖后分解快且彻底,挥发淋溶也很少,要比露地栽培减少 20%~30%。

(2) 在肥料比例上,要注意氮、磷、钾三要素肥料配合施用的比例,并且对基肥和追肥也要采用适宜的比例。要重点增加磷、钾肥的比例,少施氮素肥料。在全生育期,肥料施用量应突出基肥、兼顾追肥,可按 6:4 或 7:3 的比例施用。对地膜覆盖期长的蔬菜作物种类可按 6:4 的比例施用,即 60% 的施肥量应用于基肥,余下的 40% 作为追肥;对地膜覆盖期较短和生育期不长的叶菜类和部分果菜类蔬菜,可按 8:2 的比例施用。

(3) 在施肥策略上,地膜覆盖后,施肥比较困难,要遵循基肥为主、追肥为辅的原则,不宜采用把全部肥料作为基肥一次性施入土中、以后不再追肥的方法,要注意生育中期的追肥工作,既要突出重点施入基肥,又要考虑中途养分的补充。

(4) 在施肥方法上,对土壤肥力较差的地块应采用全层施肥的办法,使耕层土壤肥力均匀分布。而对土壤肥力较高的地块,宜把肥料集中施于高畦(或大垄)内,条施或穴施于深层土壤中。

(5) 在施用形式上,应以长效肥为主、速效肥为辅。除以有机肥为主作基肥施入外,作基肥用的化肥也应尽可能用颗粒长效肥施入,如颗粒的磷钾肥和氮磷钾三元颗粒肥、磷酸二铵颗粒肥等,也可自制成直径 1cm 左右的大粒球肥。

❖ 9. 地膜覆盖栽培基肥和追肥的施用方法有哪些?

地膜覆盖栽培后再进行土壤施肥很不方便,所以其在施肥方法上有别于一般露地栽培。由于地膜覆盖栽培主张地膜一盖到底,不在生育期中撤除地膜的效益高。若在生育期间撤除地膜,撤除时间越早,效益越低。从管理上说,不撤除地膜,在施加追肥,特别是在追施固体肥料(有机和无机肥)时,则不如不盖地膜方便。为解决地膜覆盖栽培在生育期间既不撤除地膜,又能保证作物中后期不会因营养不足而早衰的问题,可通过以下几种方法进行施肥和追肥:

(1) 要一次性施足优质有机肥 在整地做畦或栽种时,应坚持一次性施足优质有机肥 4000kg 以上,其中缓效肥料占一定比例。若每亩加施氮磷钾三元复合肥作基肥，增产、保苗效果更好。施用时可以用总基肥量的2/3，在翻耙地前，均匀撒到地里，翻入土中，实行全层施肥，待起垄后再隔垄施入余下的1/3基肥，做畦时将两垄合成一高畦，即可把撒入垄沟的基肥埋在畦块中部。也可以把这部分基肥集中施于高畦内，方法是依作物行距及位置开两条深沟（深约10～12cm，宽15～20cm），均匀施入基肥后再平整畦面。此部分基肥最好施入优质的精肥和化肥，如鸡粪、豆饼等预先沤制好的堆肥。有条件的可与部分化肥和适量黄泥制成有机无机混合的复合球肥，采取穴施的方式，深施于两株之间，这样施肥的肥劲持续时间长、肥料利用率高。

（2）及时追肥　地膜覆盖后生育期中进行追肥，不仅覆盖期长的作物需要追肥，覆盖期短的作物也应适当追肥。追肥的时间原则上是掌握在覆盖后土壤中养分含量开始下降、植株刚刚开始表现出脱肥时。茄果类蔬菜可在覆盖后的60～70d，即盛花期开始追肥，叶菜类在覆盖后40d左右开始追肥。其追施方法有以下几种：

① 沟施法　一般结合灌水同时进行，凡是可以用作液态肥追施的肥料，如粪稀、氨水、碳酸氢铵等，可在浇水时随水追施在畦沟里，肥料随水渗入土层中。此法操作方便，追肥后根系吸收面广，增产效果最好，但肥料挥发流失较多，利用率低。

② 埋施法　碳酸氢铵、硫酸铵、硝酸铵、尿素、复合肥和棉籽饼、豆饼等颗粒形及固体化肥和有机肥（先堆沤腐熟后再施用），可采取埋施的方法，即在蔬菜行垄间、四棵（穴）植株的中间部位，挖坑埋施。施肥坑要距蔬菜植株茎基部10cm以上，以防肥料溶液浓度过高而造成"烧根"现象，埋施肥料后要用土把施肥坑埋严。也可采用在畦块的两侧开沟埋施的方法。施肥后应及时在畦沟内浇一次水。追施速效氮肥，要采取"少食多餐"的方法，即少施勤施，避免一次追肥量太大。

③ 根外追肥法　用尿素、磷酸二氢钾、微量元素肥料等作追肥时，可配制成0.3%～0.5%浓度的液态肥，在生育中后期经常用作根外追肥，喷洒于植株的茎、叶、花、果上，每5～7d进行一次，可促进增产，延长蔬菜采收期。此法方便、省肥，适合在地膜覆盖条件下补充养分时应用。

④ 畦中破膜追肥法　选择雨天或灌水前，用小铲或铁锹在畦中部的地膜上，划一口施入化肥或粪水。如膜下杂草丛生，需进行揭膜除草，可在揭膜除草后，及时在行垄间开沟追施化肥和有机肥，将肥料埋严，再重新把地膜覆盖好。

⑤ 注射法　凡是能溶化成液态的肥料，有条件的，可用注射枪把液态肥料注射到作物根系活动的土壤耕作层中，供根系吸收，效果更好。注射时，应在两株之间或畦肩上距植株10～15cm处注入，深达15cm左右。

⑥ 塑料软管滴灌法　如果能采用塑料软管滴灌配以地膜覆盖，再配以施肥器，则技术更完善。只要是液肥就能用施肥器随滴灌浇水施入土壤中。如在大、中、

小棚等保护地内，配套使用塑料软管滴灌带、地膜覆盖，同时安装上施肥器，则可达到"两低"（空气相对湿度低、发病率低，且发病时间推迟）、"三增"（增温、增产、增收）、"四省"（省工、省水达 48%～60%、省药、省肥）的效果，而且浇水、施肥不必人工开沟、挖穴、撒施，这是一项完整、综合、配套、简便、高效益的技术，适于缺水的北方地区或用水量大、供水困难的大城市郊区。

⑦ 畦边开浅沟追肥法　采用畦边开浅沟追肥法，可用耧钩在沟底两边距植株 15cm 处，耧出 5～6cm 深的浅沟，撒入化肥后盖上土即行灌水。此法节省肥料，肥料集中利用率高，操作简便，增产效果较好。

（3）注意事项　不要为了盲目追求地膜覆盖高产，而单一考虑高肥因素，在基肥及追肥中加入过量的氮素肥料，造成地膜覆盖后植株疯秧徒长，不仅浪费了肥料，而且增产效果并不明显。

如果在做畦时化肥用量过大，加上底墒不足，就会造成土壤中肥料溶液浓度过大，使幼苗根系细胞脱水，幼根萎缩，烧根伤苗，甚至发生死苗的现象。

如果施入过量未充分腐熟的有机肥（尤其是马粪）以及拌入了碳酸氢铵化肥作基肥施用，会使覆盖后土壤中氨气累积量过大，使秧苗遭受肥害。

如果施肥量不足，或有机肥质量太差，并且全部作基肥施用，生育中期也不追肥，会出现覆盖中期作物严重脱肥、早衰的现象，造成明显减产。

❖ 10. 地膜覆盖栽培中容易出现哪些问题？　如何解决？

地膜覆盖栽培后，尽管土壤环境条件优越，但有时也会在前期出现个别死苗和已萌芽的种子不出土、植株徒长、容易倒伏及早衰的现象。

（1）死苗

① 原因　地膜质量差，定植孔覆土不严，幼苗基部培土太少，致使地膜下中午高温产生的热气从孔隙冒出灼伤幼苗，使秧苗萎蔫或死亡；在底水不足、土壤含水量太低时匆忙覆盖定植后，秧苗较长时间处于土温较高又干燥的条件下，幼苗根系因严重缺水而发生萎蔫死亡；整地时施入了大量未发酵的生粪或做畦时施入了过多的化肥（尤其是碳酸氢铵），特别是条施或穴施的化肥太集中，遇到地膜下土壤较干旱和高温的条件时，引起肥害烧根；在采用改良式覆盖方式时，未能及时放风，破洞引苗太晚，晴天中午膜下出现短期内超过 50℃ 的高温，同时畦内土壤底水不足，穴内小空间的相对湿度太低，产生高温引起死苗；幼苗本身质量差，栽植不得法，地下害虫及田鼠危害，冰雹、人畜、机械损伤，灌水不及时等。

② 解决办法　出现个别或成片死苗时，应及时补苗或重新播种。

（2）徒长

① 原因　基肥施用量过大，尤其是盲目施入大量速效氮肥，植株营养生长过旺，生育失调；灌水量过大，过早追肥，使中期植株营养生长太快；雨量过于集中和提前进入雨季，加速植株徒长。

② 解决办法　严格按不同蔬菜需要的氮肥数量施用氮肥，覆盖前可按减少20％～30％的量施入，施肥比例上应压减氮肥、多施磷钾肥；灌水及追肥时期不能太早，一般应在开花坐稳果后或团棵期开始追施肥水；选用适宜的株行距，单位面积的栽植株数要比露地栽培减少10％左右。

（3）倒伏

① 原因　地膜覆盖栽培的植株根系分布都比较浅，水平根比较发达，根系主要分布区有上移的现象，垂直根一般生长差，向下扎得不深，大多数根群分布在0～20cm厚的耕层表土中，加上覆盖地膜后的土壤都比较疏松，植株自然支撑力差，遇到刮大风及大雨天，随风雨摇摆而产生倒伏；覆盖栽培的植株地上部分营养生长量都比较大，茎粗，分枝多，叶面积大，平均比露地栽培的植株鲜重增加40％，地上植株和地下根系的鲜重比例失常，植株重心上移，造成头重脚轻，根系固定的能力变弱，遇上多雨大风天气时，植株失去平衡而倒伏；覆盖后幼苗定植过浅，土坨上露，又没有进行分次培土，从而使根系分布更浅，水平根集中于表土，增加了产生倒伏的因素。

② 解决办法　适当深栽，使营养土块低于畦面3～4cm比较合适，并且栽苗后多培土；通过控制灌水、少施氮肥多施磷钾肥以及整枝打杈、喷施植物生长调节剂等措施，来调节植株营养生长和生殖生长的正常关系，防止植株徒长和营养生长过旺；植株过于高大时，立支架固定植株，并用绳子扎紧，植株矮的进行培土即可，还可在栽培行两侧斜插交叉架材固定住植株，或在每个畦的四周架设栏杆。

（4）早衰

① 原因　土壤养分不足，因覆盖栽培植株的营养生长较一般露地栽培旺盛，产量也较高，会从土壤中吸收更多的养分。当前茬地土壤肥力比较低、施肥水平和肥料的质量又较差，而覆盖栽培的作物对养分的吸收量又大于施入量时，就会造成土壤养分的投入和植株吸收之间的不平衡，使覆盖中期植株出现脱肥、早衰的现象。

连续覆盖或重茬栽培，会造成对植株不利的土壤生态环境，引起生理障碍，影响地下部根系的正常生长发育，促使根系提前衰老，导致植株地上部加速早衰。

地膜覆盖栽培的作物最需水时期的到来比露地的早，入夏后遇到高温、干旱天气时，很容易出现旱情。如供水不及时，灌水量不足，地膜下温度又比较高，地上植株水分蒸发量过多，易使植株提前衰老死亡。

病虫危害加速了作物早衰。地膜覆盖后土壤环境条件优越，作物物候期提前，生育进程加快，可促使另外一些病虫害提早发生，并使作物早衰加重。

缺乏某些营养元素，特别是微量元素，引起生理性病害。地膜覆盖后植株对土壤中某些元素，特别是一些微量元素的吸收量比露地栽培的大，微量元素不足，既影响植株正常生育，也影响氮、磷、钾等重要元素之间的平衡关系，导致植株生育过程中各种生理性病害的发生，间接加速植株早衰。

不利的气象因素促进早衰。地膜覆盖初期地温明显提高，对作物生育有利。但5～6月常常出现短期间歇性过高的地温，对根系正常生长有一定的不良影响。特别是入夏后高温、少雨的时间太长，覆盖栽培的植株遭受干热天、土壤干旱、地温过高等不利因素的共同影响，更容易出现早衰。

② 解决办法　按地膜覆盖栽培的蔬菜作物的需肥特性，适时、适量施肥，供足养分；防止连作，避免重茬；掌握在覆盖地膜后作物最需水的时期，及时充分灌水；选择抗早衰品种；及早防治病虫，做到"治早、治小、治了"。

❖ 11. 地膜覆盖栽培的注意事项有哪些？

(1) 采用地膜覆盖栽培以一盖到底为好　蔬菜采用地膜覆盖栽培，是在作物生育期中的某一阶段撤掉覆盖的地膜（指盖地膜而不是指盖天膜），还是直到生育期结束才撤掉？有的认为覆盖地膜后，不少地块均出现膜下杂草丛生的现象，与作物争光、温、水、肥，应揭膜除草，不再覆盖。有的认为，膜下出现杂草丛生的现象，主要是盖的膜质量不好造成的，生长一段时间后作物封垄遮阴，可抑制杂草生长。

实践证明，地膜覆盖地面后，还是一盖到底比中途撤膜的增产效果好，而且撤膜越早，减产越多。因为除了杂草、温度这两个因素外，坚持覆膜到生长周期结束，在作物的整个生育期中，地膜还始终具有保持土壤水分，使土壤疏松不板结，防止露根和保护根系，以及促使肥料发挥作用和减少肥料流失等多方面的良性效应。特别是蔬菜作物，大多只覆盖2～3个月或半年即收获结束，已相当于提前揭膜。即使是全年覆盖的茄果类蔬菜，不提前揭膜影响也不大。所以，还是应坚持一盖到底。

对于膜下草多的情况，可以采取把膜紧贴地面、封严栽苗、膜孔播种的方法来抑制杂草滋生，也可以用除草剂来防止出现草荒。如每亩地用48％氟乐灵或甲草胺120～150g，防杂草的效果都很理想。但氟乐灵使用时应注意：一是喷洒畦面后要使药液与土掺和一下，混入3cm深的表土层，才能真正发挥除草效果，否则药液在土表面易被太阳照晒而光解，失去药效；二是黄瓜等瓜类蔬菜用种子直播时，最好用药拌种后过3～5d再直播，否则会出现轻微药害而影响出苗，因为除草剂药液易被瓜类蔬菜的芽鞘吸收而抑制发芽速度。育苗移栽则无药害问题，可放心使用。

提前揭膜的情况，只有在覆盖中后期干旱缺水，又缺乏灌溉条件，或者低洼积水，或蔬菜本身对成熟期条件的要求，如成熟期早、要求高温干燥等，或在底墒及施肥量不足等情况下，可以适当提前揭膜。揭膜时，尽可能整片揭起，以提高地膜回收率，减轻对土壤的污染。

(2) 地膜"一膜多用"　"一膜多用"是指一块薄膜反复多次利用。这样可提高地膜利用率，降低地膜覆盖栽培的成本，提高经济效益。"一膜多用"的方式有如下几种：

① 地膜柳条小拱棚　用地膜、柳条拱架做成地膜小拱棚代替普通塑料小棚。覆盖栽培越冬菜、早春菜以及冬瓜、笋瓜、西瓜等。

② 多次覆盖或两层覆盖　先以地膜覆盖小棚，提早定植瓜类等蔬菜。气温回升后，就地覆盖地面，或同时用地膜套小拱棚覆盖。

③ 一膜多次覆盖　一膜可覆盖两次以上。如先平地覆盖越冬菜，再覆盖早春菜或马铃薯，还可用来覆盖夏季茄果类、瓜类、豆类等蔬菜。

④ 一膜两茬　可在地膜覆盖栽培的茄子、辣椒等喜温蔬菜行间套种早甘蓝、莴笋、苤蓝、四月白等喜冷凉蔬菜；春茬矮生菜豆或大棚地膜黄瓜收获、拉秧后，复种萝卜、夏秋大白菜、秋菜豆和秋黄瓜等；生长期较短的早甘蓝、莴笋等蔬菜收获后，将田间残根、落叶、杂物清除干净，但不清除地膜，也不耕翻土地，在原来的小高畦上接着播种、定植第二茬蔬菜，如直播（或移栽）夏黄瓜、豇豆等。

⑤ 旧膜覆盖　用大、小棚覆盖后的旧膜或未损坏的废旧地膜进行覆盖栽培，也有明显的增产效果。

❖ 12. 蔬菜地膜覆盖栽培有哪些"不宜"？

蔬菜采用地膜覆盖栽培，特别是早春季节，不仅可以提高地温，减少土壤水分蒸发，防止土壤表面板结，还能抑制地面水分蒸发，降低大棚内的空气湿度，保持土壤湿度，减少病害的发生和传播，有利于蔬菜的生长发育。但在实际生产中，常发现有些菜农采用全园覆盖地膜的方式，或地膜封口紧贴植株茎秆等，致使地膜覆盖的作用未发挥出来，甚至带来其他问题。以下总结出蔬菜地膜覆盖栽培的几个"不宜"：

（1）覆盖地膜不宜全园或全棚　很多菜农在覆盖地膜时习惯将畦面、畦沟等全园或全棚覆盖，他们认为这样做一是可以起到除草的作用，二是方便操作人员行走，三是可以起到降低大棚内湿度的作用。但实际上，这种做法会严重影响土壤的透气性以及膜内水、气体与外界的交换，使蔬菜根系生长受阻，从而导致植株生长发育缓慢。

其实在覆盖地膜时，只须覆盖栽培行即可。畦沟（操作行）内不要覆盖地膜，但可铺设一些作物秸秆，不仅有利于除草，还可以提升大棚内的地温、降低空气湿度，并有利于栽培行与畦沟进行气体和水分的交换。早春蔬菜定植时，如果温度较低，可以将全棚地面用地膜覆盖，有利于降湿提温。当地温不再是影响蔬菜生长的主要因素时，应将畦沟里的地膜全部揭除，恢复只覆盖栽培行的状态，这样保温、透气两不误。

（2）覆盖地膜时不宜紧贴植株茎基部　覆盖地膜并不仅仅是将地膜覆盖在地面上，更不能紧贴植株茎基部覆盖，否则，土壤中的水分蒸发后在地膜上凝成水滴，然后顺茎基部流淌，时间久了多种病菌会侵染茎基部，导致病害发生。在覆盖地膜时，尽量不用刀片划破，可以用手指抠破，保证口子较大（一般以直径5～8cm为宜）且不会弥合，这样可以防止地膜紧贴茎基部。高温阶段，把地膜两边卷起，防止地温偏高；温度下降时，再把地膜拽开，用嫁接夹将相邻的两幅地膜夹起，使得地膜不接触茎秆。

（3）秋延后蔬菜地膜覆盖不宜过早　秋茬黄瓜定植后，在外界温度较高的情况下就开始覆盖地膜，很容易造成地温过高而伤根，或者不利于根系下扎，难以培育壮苗。建议覆盖地膜时考虑当时的天气情况，一般在定植15d后再覆盖，有利于幼苗根系下扎，培养壮棵。

（4）早春蔬菜地膜覆盖不宜过迟　早春蔬菜地膜覆盖的主要作用是提高地温，因此盖膜要早，通常应在定植前7～10d盖好，可以预先提高地温，并可避免肥料烧根。有的菜农施入较多的复合肥或有机肥后盖地膜，并当即栽苗，结果出现多棵苗被烧死的问题。盖膜时要先把畦块浇透底水，使得土壤湿度适中，比较干爽。若土壤过湿，黏结成块，盖地膜后地里的水分难以蒸发，苗栽下去后不发根，生长极差，甚至死苗；反之，土壤过干也不利于秧苗生长，并可能会因基肥较多而缺水、烧根、灼苗。

春季天气转暖后，通风时间延长，地膜具有的提高地温、降低大棚内空气湿度的作用已经不再明显，继续覆盖反而使得土壤透气性一直较差，蔬菜根系生长不良，因此须适时撤除。

（5）地膜封口不宜太松　在晴朗高温的天气，地膜封口不严，膜下产生的水蒸气会从定植穴中冲出，容易灼伤蔬菜。尤其是在中午气温很高的天气，经常会灼伤幼苗或蔬菜的叶片及茎基部。因此，在高温、强光天气覆盖地膜后要用细土压在植株周围的地膜上，将地膜与植株间的空隙封死。

（6）施肥顺序不宜改变　采用地膜覆盖栽培，由于地膜覆盖后追施肥料不方便，因此基肥一定要施足。但在施用基肥时要讲究化学肥料和有机肥的施肥顺序。在生产中，有些菜农认为化学肥料生效快，常将化学肥料旋耕翻在浅表层土，化学肥料一旦与移栽的幼苗接触，容易造成烧根，不但缓苗慢，还有可能导致毁苗。因此，化学肥料应在撒施后深翻入底层，或集中沟施。

有机肥可以与化学肥料一起深翻入底层。在有机肥数量不多的情况下（特别是商品有机肥），也可以在深翻后整地做畦前旋耕入土表或集中沟施。

此外，由于地膜覆盖后土壤透气性差，而微生物活动强烈，有机物分解会产生氨气，氨气过多对根部有害，所以地膜覆盖栽培一般有机肥要比露地栽培少施20%以上。为充分发挥肥效和防止烧根，有机肥一定要腐熟，特别是农家肥在施入时应打碎过筛后施用。

（7）膜面不宜覆土　有的菜农在盖好地膜后，习惯于给整个膜面覆盖一层土，目的是防止大风将地膜吹坏。这种做法其实也不妥当：一是污染了膜面，影响地膜的透光提温效果；二是下雨时，膜面覆盖的土会变成泥浆水并聚集到定植穴，泥浆水干后形成厚厚的一层干泥皮，将定植穴封得过死，根系透气性差，导致植株生长不良，发生缺铁性黄叶现象。

采用地膜覆盖时，首先要保证地膜的质量，其次畦面要平整，盖膜后膜与土表中间的空隙应尽可能小，防止风吹鼓动将膜刮起或吹破。必要时，可以隔几米用土横压地膜，这样防风的效果较好。在苗期，应注意清扫膜面多余的泥土等杂物，保持膜面清洁，提高透光率。

（8）封穴土不宜过多过厚　在早春地膜覆盖定植过程中，常发现有些定植穴封土过多过厚的情形，把幼苗的子叶甚至真叶埋掉，有些甚至只露出幼苗顶尖。有些菜农认为这样可以起到稳定植株、防止倒伏的作用，事实上此种做法等同于定植过深，会导致幼苗根系生长不良，出现缺铁性黄叶，并易发生茎部病害。辣椒、黄瓜等属浅根系蔬菜，早春地膜覆盖栽培时应浅栽，栽后用干细土封好定植穴（封土宜在子叶以下），并保持其他膜面清洁。后期防倒伏，辣椒可以插短杆绑缚植株，黄瓜可及时插架绑蔓。

第六节　喷 滴 灌

❖ **1. 在蔬菜生产上如何正确安装和使用微喷灌？**

微喷灌又称雾灌（彩图1-9），是通过低压管道系统，以较小的流量将水喷洒到土壤表面进行灌溉的一种灌水方法。它是在滴灌和喷灌的基础上逐步形成的一种新的灌水技术。微喷灌时水流以较大的流速由微喷头喷出，在空气阻力的作用下粉碎成细小的水滴降落在地面或作物叶面，可减少灌水器的堵塞。将可溶性化肥随灌溉水直接喷洒到作物叶面或根系周围的土壤表面，提高施肥效率，节省化肥用量。一般可节水50%～70%，减少蒸发和渗漏，防止病虫害发生，既能保证土壤不板结，又能促使蔬菜提前上市，延长产品采收期，减少农药用量，提高产量20%。

（1）设备及安装　微喷灌系统包括水源、供水泵、控制阀门、过滤器、施肥阀、施肥罐、输水管、微喷头等。材料选择与安装：吊管、支管、主管宜分别选用管径4～5mm、8～20mm、32mm和壁厚2mm的PVC管，微喷头间距2.8～3m，工作压力在0.18MPa（压强单位：兆帕斯卡）左右，单相供水泵流量为8～12L/h，要求管道抗堵塞性能好，微喷头射程直径为3.5～4m，喷水雾化要均匀。布管时2根支管间距2.6m，把膨胀螺栓固定在大棚长度方向距地面2m的位置上，将支管固定，把微喷头、吊管、弯头连接起来，倒挂式安装好微喷头即可。

（2）安装后的检查　微喷灌系统安装好后，先检查供水泵，冲洗过滤器和主、支管道，放水 2min，封住尾部，如发现连接部位有问题应及时处理。发现微喷头不喷水时，应停止供水，检查喷孔，如果是沙子等杂物堵塞，应取下喷头，除去杂物，但不可自行扩大喷孔，以免影响微喷质量，同时要检查过滤器是否完好。

（3）微喷灌系统的使用　喷灌时，通过阀门控制供水压力，使其保持在0.18MPa 左右。微喷灌的时间一般选择在上午或下午，这时进行微喷灌后地温能快速上升。喷水时间及间隔可根据作物的生长期和需水量来确定。随着作物长势的增强，微喷灌时间逐步增加。经测定，在高温季节微喷灌 20min，可降温 6～8℃。微喷灌的水直接喷洒在作物叶面，便于叶面吸收，促进作物生长。

（4）利用微喷灌施肥喷药　微喷灌能够随水施肥，提高肥效。宜施用易溶解的化肥，每亩每次 3～4kg。先溶解（液体肥的施用根据作物的生长情况而定），连接好施肥阀及施肥罐，打开阀门，调节主阀，待连接管中有水流即可，一般一次微喷 15～20min，即可施完。根据需水量，施肥停止后继续微喷 3～5min 以清洗管道及微喷头。根据病情将农药溶解于化肥罐中随水喷洒在作物表面，达到治病的目的。

❖ 2. 在蔬菜生产上如何正确安装和使用膜下滴灌？

膜下滴灌技术（彩图 1-10）是滴灌技术的一种，是地膜栽培技术与滴灌技术的有机结合。通过可控管道系统供水，将加压的水经过过滤设施滤"清"后，和水溶性肥料充分融合，形成肥水溶液，进入输水管-支管-毛管（铺设在地膜下方的灌溉带），再由毛管上的滴水器一滴一滴均匀、定时、定量地浸润蔬菜作物根系发育区，供根系吸收。大棚栽培中采用膜下滴灌技术还可大大降低空气湿度，减轻病害的发生和蔓延。

（1）膜下滴灌适用范围　膜下滴灌技术适合所有适宜地膜覆盖栽培、有水源条件（如池塘、井水、水库等）的地区推广应用。特别适宜于宽行大田单一作物规模种植并配合机械化作业同时进行。

（2）膜下滴灌技术要点

① 滴灌带的设置　首先是滴灌毛管的选用。对蔬菜等条播密植的作物，根系分布范围小，对水分和养分的供应十分敏感，要求滴头布置密度大，毛管用量多，因而毛管选用价格较低的滴灌带，可有效地降低滴灌造价，且运行可靠，安装使用方便。

在滴灌设施进棚前，应顺棚跨（或棚长）起垄，垄宽 40cm，高 10～15cm，做成中间低的双高垄，滴灌带放在双高垄的中间低凹处，垄上覆盖地膜。双高垄的中心距一般为 1m，因而滴灌毛管的布置间距为 1m。滴灌毛管的每根长度一般与棚宽（或棚长）相等，对需水量大的蔬菜有时也布置 2 道毛管。支管布置一般顺棚长，长度与棚长相等。在支管的首部安装施肥装置和二级网式过滤器等。

② 灌水定额的确定　根据作物种类及其品种的需水量、降水量等确定灌水定

额。膜下滴灌的用水量是传统灌溉方式的 12.5%，是喷灌的 50%，是一般滴灌方式的 70%。灌水定额确定后可按作物的需水规律，并结合降水情况和土壤墒情确定灌水次数、灌水时期和每次的灌水量。

③ 滴灌肥的合理施用　应根据作物的需肥规律、地块的肥力水平、目标产量确定总施肥量、氮磷钾比例及基肥和追肥的比例。作基肥的肥料在整地时施入，追肥按照不同作物不同生长发育期的需肥特点确定施肥时期、次数及每次的追肥量。追肥应选择可溶性的肥料品种，以免堵塞滴头。采用膜下滴肥技术，随水滴肥，水肥同步，肥料利用率大大提高，作物全生育期的施肥量为传统施肥量的 70%～80%。膜下滴灌设施配置了膜下滴灌施肥系统，施肥装置选择压差式施肥罐等。

④ 配套技术的选择　一是选择优良品种，充分发挥该技术的应用效果；二是确定合理的留苗密度，保持合理的株行距，确保滴灌水肥直达作物根系；三是及时防治病虫害，减少因其造成的损失。

（3）膜下滴灌的管理

① 规范操作　要想达到蔬菜滴灌的最佳效果，设计、安装、管理必须规范操作，不能随意拆掉过滤设施和在任意位置自行打孔。

② 注意过滤　大棚膜下滴灌蔬菜，要经常清洗过滤器内的网，发现滤网破损要及时更换，在滴灌管发现泥沙应及时打开堵头冲洗。

③ 适量灌水　每次滴灌时间的长短要根据缺水程度和蔬菜品种决定，一般控制在 1～4h。由于滴灌能保持地面不板结，且透气性好，因此在不适宜种菜的黏质土壤上种植蔬菜也能获得高产。

（4）注意事项

① 防堵　滴孔堵塞是滴灌管使用中最大的难题，所以供水 10h 后，立即拆下过滤器清洗，换茬拆装时，要防止滴灌带中进入泥沙。

② 防折　滴灌带呈"弓"字形排列时要防止拐弯处出现直角、拧劲，阻碍通水。

③ 防漏　主管道与直通连接处要防止漏水，必要时要用塑料胶密封，防止渗漏影响滴灌效果。

（5）膜下滴灌实施效果

① 节水　地膜覆盖大大减少了地表蒸发，滴灌系统又是管道输水、局部灌溉、无深层渗漏，所以和沟灌比节水 50% 左右；和喷灌比因其是全面灌溉，地表蒸发量大，节水 30% 左右。

② 抗堵塞能力强　大流量、大流道滴灌带的通过能力强，抗堵塞性能好。

③ 抑制土壤盐碱化　膜下滴灌可使水滴圆点形成的湿润峰外围形成盐分积累区，湿润峰内形成脱盐区有利于作物生长。在 0～100cm 深的土层平均含盐率为 2.2% 的重盐碱地上，经过 3 年连续膜下滴灌，土壤耕作层的平均含盐率可降

至 0.35％。

④ 提高肥料的利用率　采用膜下滴灌技术，将可溶性化肥随水直接施入作物根系范围，使氮肥综合利用率从 30％～40％提高到 47％～54％，磷肥利用率从 12％～20％提高到 18.73％～26.33％。在目标产量下，肥料投放量减少 30％以上。

一般是采用先滴水 60％，然后滴溶解了肥料的水 20％，最后滴水 20％的操作方式，即水-肥-水的施肥方式。磷肥移动速度快，在中层土壤内居多，土壤中全磷的平均含量为 1.03％，所以滴施磷肥当年即可见效。

⑤ 提高土地利用率　由于膜下滴灌系统采用管道输水，田间不修水渠，土地利用率可提高 5％～7％。

⑥ 降低机耕成本　由于滴灌改变了传统沟灌所需的田间渠网系统，且垄间无水，杂草少，因此可减少中耕、打毛渠、开沟、机力施肥等作业，节省机力费 20％左右。

⑦ 提高作物产量和品质　在各种作物上的试验表明，采用膜下滴灌技术栽培的作物表现为苗肥、苗壮，膜下滴灌为作物生长创造了良好的水、肥、气、热环境，使作物增产 30％左右。

⑧ 提高劳动生产率　常规灌溉农民管理定额为 25～30 亩/人，采用膜下滴灌后，减少了作业层次，降低了劳动强度，使作物管理定额提高到 60～80 亩/人，农民收入也相应增加。

第二章

大棚蔬菜环境调控技术

第一节 温 度

❖ 1. 监测大棚内蔬菜生长期温度时，如何正确悬挂温度计？

春季随着温度的提升，蔬菜进入快速生长阶段。在此期间，无机养分的补充非常重要，但更关键的还是叶片合成的有机养分，而有机养分的合成量受到二氧化碳、水分、光照和温度的制约。但在生产中对于温度的监测存在一些误区。

当前，大多数菜农对于大棚温度的监测主要依靠温度计，而温度计悬挂的位置和高度不是随意的，更不是固定不变的。大棚温度是以能够反映出蔬菜主要功能叶片的温度为最佳监测温度。那么，不同高度的蔬菜，其功能叶片区的位置是不一样的，随着植株的生长，温度的监测位置也会发生变化。

蔬菜主要的功能叶片区指的是上部 3 片幼叶以下、下部 3 片老叶以上的叶片区域，该区域的叶片发育成熟，光合能力最强，是有机养分主要的合成场所。因此，控制好这片区域的温度才能让蔬菜的品质更好、产量更高。

所以，大棚温度计的悬挂，不能高于植株的生长点，也不能在放风口之下，而要悬挂在大棚靠近中间的位置，长度百米以下的大棚建议悬挂 3 支，百米以上的大棚悬挂 4~5 支。

温度计悬挂的高度要随着植株的生长而不断上移。在幼苗期，温度计可悬挂在植株的上部，当植株生长到 40cm 高后，温度计要悬挂在植株中上部的位置。随着植株的生长，温度计悬挂的位置要不断提高，保证让温度计的位置在植株中部或中上部功能叶片区域。这样监测的温度才是准确的。

另外，温度计最好悬挂在种植行内，或者也可以紧贴种植行。若是在操作行，温度计受阳光暴晒可能导致出现一定的误差。

❖ 2. 冬春低温寒冷季节怎样对蔬菜进行加温、保温和防冻？

大棚内温度的调节主要是指保温和降温两个方面。大棚保温主要是在晚秋、冬季及春季，一般开始于 10 月下旬，结束于翌年 4 月中下旬。常用的温度调节方法是用酿热物、火炉、电热炉、电灯、水暖、风暖、蒸汽、覆盖物等进行加温、保温。在实际操作中，有时需几种方法同时配合使用。应特别注意防冻，在生产中由于冻害常造成 30％以上的损失，为了保温、防冻要随时关注天气预报，另外保温也要解决好与通风降湿、增强光强之间的矛盾。加温、保温、防冻可采取如下综合措施：

（1）合理布局　大棚在搭建时应遵循相应的原则，避免遮阴。特别是在一些山区、半山区以及城市郊区等，必须使大棚具有能充分接受阳光的条件。如标准型高效节能日光温室，东西走向，坐北朝南，多采用拱圆形棚面。最佳采光时段的合理采光屋面角应为 22°～23°。拱圆形日光温室前屋面倾角上沿 12°～14°、中部 22°～23°、前坡 26°～30°、前坡角 35°～40°，后屋面仰角为 135°～140°。

（2）选择适宜的大棚膜　最好选用无滴膜。大棚顶膜必须选用新膜，不能用旧膜。大棚面积越大，温度降低越慢，保温效果越好。经常清洁棚面，保持透光面的洁净。

（3）多层覆盖　冬季外界气候寒冷，大棚内热量散失快，采用多层覆盖技术，能有效地降低热量的散失，延缓热量散失，这是最经济有效的保温技术。在霜冻来临时，最低气温在 0～4℃，在大棚内套小拱棚，并可加盖遮阳网或无纺布；当大棚外最低气温降至 0℃ 以下时，在大棚外围的裙边处加盖草片，大棚内的小拱棚上覆盖两层薄膜，在两层薄膜中间夹一层遮阳网或无纺布，并在靠近大棚两侧处的小拱棚边覆盖一层草片；如果温度还太低，则可在大棚顶膜上覆盖一层遮阳网，甚至在大棚内距顶膜 10～20cm 处覆盖二道膜。据测定，越冬期采用多层覆盖技术比单层覆盖的棚内气温高 4～5℃。

（4）临时加温　当外界温度特别低、采用多层覆盖也不能达到要求时，则应考虑采用临时加温措施。方法有以下几种：

① 明火加温　明火加温不能在大棚内燃烧柴火或煤。可用木炭燃烧加温（彩图 2-1），但也应注意一氧化碳等有毒气体的危害。

② 电热线加温　在大棚土壤内埋入电热线，利用电热线加温以提高土温。该方法普遍用于冬春育苗和大棚蔬菜栽培，效果好，但成本较高。

③ 热风炉加温　在电厂或有锅炉的工厂周围，可利用其余热进行加温。成本低、效果好，特别适合在连栋大棚或大跨度大棚内使用。

④ 水袋加温　白天在大棚内放置水袋，利用水比热容大的特点，白天水袋吸收太阳能，并转化为热能贮存起来，在夜间降温时逐渐释放，从而提高大棚温度。

⑤ 水暖加温　将水送入锅炉内加温，使水变成蒸汽、热水或温水，通过传送

铁管引入大棚内的铁管或暖气片内增温。冷却后从回水管回到锅炉内重新加热，不断循环。

（5）填充酿热物　在整地后、做畦或做苗床时，在土壤中填充酿热物，如新鲜垃圾、新鲜厩肥、牛粪、猪粪等并加稻草，然后再填埋菜园土，播种或定植。利用酿热物的发酵所逐渐释放的热量提高土壤和空气的温度。这种方法在冬季果菜类育苗及蕹菜、落葵等叶菜作物的早熟栽培上具有良好的效果。在南方，常用猪粪、牛粪等作酿热物，掺和一些鸡粪、羊粪或人尿、碳酸氢铵等。酿热物一定要是新鲜的，踩床时分层踩入，厚度20～30cm，含水量70%左右。

（6）生态保温　在冬春季节育苗或栽培上，应在播种或定植前10～30d整地、施基肥、覆盖大棚膜，使大棚预热，提高土温。一般于10月上中旬开始扣棚。

在大棚内四周开防寒沟，宽25～30cm，填入马粪、鸡粪、羊粪、锯木屑、柴草等，上面盖土稍高于地面。

定植时苗坨要与地面相平或稍高于地面，不宜定植太深。定植后速浇定根水，并最好用深井水浇灌促缓苗。

没有覆盖地膜的，生长前期应在行间多次中耕松土，可提高地温、保墒。

（7）及时防冻　寒潮到来前，如果大棚内没有再盖小棚的条件，可在土壤较干时灌水，也有一定的防冻效果。霜冻来临前，在大棚外熏烟，可使棚周围气温提高1～2℃，大棚内气温相应增加。

此外，可选用CR-6植物抗寒剂75倍液喷施，还可在播种前用50倍液浸种，移栽时用100倍液浸根，或叶面喷施。如辣椒苗，在3～4片叶时，7d一次，连喷两次0.5%氯化钙液，防冻效果好。寒潮来临前1～2d，还可叶面喷施1%葡萄糖液。

◆ 3.什么是冷害？ 蔬菜冷害的症状表现有哪些？

冷害一般是指温度尚未达到冰点，低温引起蔬菜生理失常的表现。冷害症状不如冻害那么明显，往往使蔬菜长势不太正常，但通过加强管理仍可恢复。蔬菜受冷害症状的可能表现主要有以下几点：

（1）叶片异常

① 叶片发紫　多集中在大棚的风口下或大棚的入口处，是由于缺磷所致。缺磷的原因一是温度低，磷元素在植物体内被吸收、运输时，受地温影响较大，当温度在21～28℃时，吸收利用率高；在16～17℃时，利用率在60%左右；地温低于12℃左右的情况常有，磷元素在植株体内的吸收、转运受影响较大，大棚内温度偏低地方的植株会先表现出缺磷症状。二是磷元素在土壤中易被固定，吸收受阻，植株同样会表现出缺磷症状。

② 叶片皱缩上卷　主要发生在春季过后午暖还寒时的大棚蔬菜上，其上部叶片皱缩往上卷，在瓜类蔬菜上如黄瓜、甜瓜等表现分外明显。而对于茄子、辣椒、

番茄等茄果类蔬菜此症状表现相对没有那么明显，但会伴随出现叶片发紫、叶小、生长缓慢等症状。

③ 叶片下垂　夜温在10℃以下时，蔬菜植株就会表现为叶片下垂，叶片周缘起皱纹。低温下发育的叶片缺刻深、叶身长、叶色深、生长缓慢。

④ 叶片黄化（彩图2-2）　植株生长缓慢，叶片的颜色普遍变浅、变黄。这种冷害往往是由于植株遭受持续低温、寡照，光合作用变弱，整体缺乏营养所致。因其症状与缺氮有些相似，所以常被误认为缺肥。

⑤ 叶脉间凸起，虎斑叶　低温下，蔬菜叶片主脉间叶肉会出现褪绿变黄或者凸起的症状，果实膨大受阻，生长缓慢。这是由于夜温过低，光合作用制造的碳水化合物不能及时向外部转运，在叶内沉积下来造成的。如果温度回升并维持一段时间，碳水化合物能顺利而充分地转运，果实便可顺利膨大，叶片也能慢慢恢复。

⑥ 叶片白干　大棚内湿度大，植株夜间露水重，清晨叶片边缘会有明显的露珠。大棚内白天温度高、夜间温度低，加上放风后会有冷风侵袭，反复几日后，就会出现叶片白干的冷害症状。这种症状的出现往往是在受害的晚期，遭受冷害的组织不能恢复所致。

⑦ 叶背面水渍状　低温持续的时间长，大棚内湿度大而较少通风时，叶背面可能会出现水渍状，尤其是黄瓜、辣椒等表现较为突出。这是由于夜间气温低，而当地温尚高时，叶片细胞里的水分流到细胞间隙引起的。植株长势好时，水渍状可在太阳出来后消失。但若植株衰弱或完全衰弱，白天温度升高水渍状也消失，这样几经反复，就会造成细胞死亡、叶片枯死。

（2）花芽分化不良　要让蔬菜果实发育良好，促进花芽分化非常重要，而对花芽分化影响较大的因素之一是温度，如中温作物番茄、茄子等，花芽分化时温度要求白天在24～25℃，夜间在15～20℃；对高温作物如瓜类蔬菜等可适当提高温度，白天在27～28℃，夜间在15～20℃。若大棚温度过低，较长时间白天温度低于17℃、夜间低于10℃，蔬菜花芽分化就会受到严重影响，僵果、裂果、弯瓜、细腰瓜等畸形果率大大增加。

（3）花打顶　即植株的生长点聚集大量雌花或小瓜，植株停止生长。花打顶是由于低温使叶片生产的光合产物外运受阻，过多的光合产物滞留在叶片中，使叶子变厚、藤蔓节间变短不能伸长，造成雌花聚集在植株的顶端。

（4）果实转色慢　大棚内温度低，地温也低，根系吸收功能受到影响，各种营养元素的吸收量减少，吸收速度也会降低。白天植株进行光合作用时，没有充足的营养供应，合成有机物的量就会不足。如果夜温再低，有机物往植株各器官的运输也会受阻，果实得不到充足的营养，就会出现膨果慢的情况。同时，果实转色需要一定的积温，积温不足，转色自然会慢。

❖ 4. 如何预防大棚蔬菜冷害？

（1）保温增温

① 提早设置套棚膜　棚膜导热率低，保温效果好，多覆盖一层膜，就可以提高棚内温度 2~4℃，这在遇到寒流时显得特别重要。套棚设置设施简单，大棚内可以在吊蔓钢丝上进行设置，晚间覆盖，白天揭开。也可设置套棚膜，对于一年中初霜冻后最后一茬辣椒或茄子来说，储藏时间越长，价格越高，除了设置套棚膜外，还可以解开吊绳，直接压倒植株，靠近地面，然后再覆盖一层地膜，即为活株保鲜技术。

② 大棚两侧盖草帘等保温　寒流到来时，最先受到冷害的肯定是大棚两侧邻近棚膜的地方。棚膜透光性强，夜间有很多热量以红外线的形式散失出去，在大棚两侧棚膜上，覆盖草帘或无纺布等，有些采用黑色膜等进行保温覆盖，可以大大提升大棚的保温能力，减少冷害发生。

③ 增光提温　光照决定温度，大棚保温设施再好，也仅仅是保证热量散失减少，而光照是棚内温度升高最主要的途径。选用透光率高的无滴膜，定时清扫除尘，减少棚膜结露，可以提高薄膜透光率，一般能达到 90% 左右，而同样厚度的普通膜比无滴膜透光率低 5%~15%。无滴膜具有一定的防尘功能，其上尘土较少，但在使用一段时间后，薄膜上不可避免地附着一些尘土等，影响透光效果，设置除尘布条，可以明显提高薄膜透光率。棚膜结露是影响透光率的重要因素，普通薄膜无滴性差，易结露滴水，危害很大。

④ 大棚增温燃料块提温　蔬菜受冷冻害，多是受寒流影响，而寒流影响的时间短，只要做好寒流到来 1~2d 内的保护工作，避免蔬菜受冷冻害，待天气转晴后，蔬菜就可以继续保持生长。棚膜只能保温，但红外线等散热不可避免，想要减轻冷冻害，提高棚温，通过燃料、空调等升温是非常有必要的。综合考虑成本等因素，最适合大棚升温的方法就是用大棚增温燃料块提温，其主要由锯末、助燃剂等加工而成，点燃后无烟，不会对蔬菜正常生长造成影响，安全高效。

一般来说，每亩大棚使用 6~8 块，即可在短时间内提高棚温 4~5℃，可有效减少冻害发生。寒流较强时，可以在半夜到凌晨四点钟前后连续点燃两次，即可保证蔬菜安全不受冻。

燃料块使用简单方便，用火柴或打火机一点就着，将其放到两块立起砖上的筛网上，离地高度不低于 15cm，确保给风正常，燃料块叠加后燃烧时间更长，而且没有烟产生，使用方便又安全，是应对寒流的不错选择。

该燃料块燃烧迅速，火苗高度在 30~40cm，要确保燃料块离棚膜、干燥物料 2m 以上，确保使用安全。遇到较强寒流需要使用燃料块连续增温时，要注意适当通风，以补充空气中的氧气，排出部分二氧化碳，避免出现气害。棚内温度已经降低到 5℃ 以下时，要注意缓慢增温，减轻对植物叶片的损伤。蔬菜开花期尽量不要使用。

　　大棚中使用此方法，在适当提高夜温的基础上，还可以大大提高棚内的二氧化碳浓度，增加第二天的光合速率，提高产量。

　　(2) 降湿　降低棚内湿度从两个方面着手：一是减少水分蒸发，通过种植行盖膜、操作行铺草，合理整枝摘叶，膜下滴灌，改进喷雾设施等措施，可以大大减少水分蒸发，为降低棚内湿度打好基础；二是排出棚内湿气，降低湿度。冬季降雨少，外界空气干燥，合理通风，让棚内空气出来，外界空气进去，可以在最大程度上降低棚内湿度。冬季通风，在尽量减轻对棚温影响的基础上，要尽量增加通风，可以通过分次通风、通小风等手段，延长通风时间，增加空气交换次数。

　　(3) 养护叶片　多数蔬菜进行光合作用最适宜的温度范围是 $25\sim30℃$，上午是光合产物形成的最佳时间，若棚温长期低于 $22℃$，遇到寒流时有些老棚温度甚至还达不到 $22℃$，这就会严重减弱蔬菜的光合作用。叶片内的叶绿素含量也是决定光合作用强弱的关键因素，而叶绿素在叶片内更新很快。据研究，菠菜内的叶绿素 72h 后可以更新 95％ 以上。叶绿素合成所需的多种酶受温度影响很大，若长期处于低温，酶的活性下降，叶绿素合成受阻，这时光合作用也将大大降低，从而引发一系列的生理性问题，如黄叶、叶片变小等。叶片养护工作分为以下三个方面：

　　一是加强叶部病害预防，尤其是灰霉病、叶部斑点病等。

　　二是喷施叶面肥。在寒流到来前，提前喷洒好的叶面肥，可以迅速提高叶片内的养分含量，增加细胞活性，增强叶片的抗寒能力。一般来说，寒流到来前可以喷洒海藻酸 500 倍液、腐植酸叶面肥 1000 倍液等。钙是细胞膜的重要组成成分，补充钙肥可以提高细胞膜的稳定性，减少细胞受害后细胞液的渗出，因此钙肥是最好的防冻剂之一。海藻酸、腐植酸、氨基酸等成分，能够提高细胞活性，增加养分积累，提高叶片的抗寒能力。在寒流来临之前，喷施 27％高脂膜乳油 $80\sim100$ 倍液、甲壳素 1000 倍液及天达 2116 等，可提高植株的抗逆能力。

　　三是喷施或冲施 1.8％复硝酚钠水剂（爱多收）。在防冻害、冷害方面，复硝酚钠具有促进细胞质环流的作用，使流速增加 10％～15％，赋予细胞活力，增强作物的各项生理代谢功能，从而使因霜冻引起的作物细胞和组织受伤得以修复，促使作物迅速恢复生长。因此，为预防作物受冻害、冷害，在寒潮来临前，要及时喷施复硝酚钠，以提高作物抗冻、抗寒的能力，促使作物健康生长。若不慎发生冻害，及时补喷复硝酚钠，也能起到缓解冻害的影响，但这只是补救措施，避免霜冻的关键还在于预防。在使用上，可叶面喷施：苗期用 1.8％复硝酚钠水剂 5000 倍液喷雾，开花期用 1.8％复硝酚钠水剂 2500 倍液喷雾；也可灌根冲施：苗期每亩用 50mL 冲施，开花结果期每亩用 $150\sim200mL$ 冲施。

　　(4) 养护根系　适宜的地温是保持蔬菜根系正常生长的关键。冬春低温季节，棚温低，地温也偏低，棚内最高地温大约只有 $13\sim15℃$，有时甚至更低，会对蔬菜根系造成严重影响。如地温降低到 10～12℃，黄瓜根毛原生质就停止活动，根系吸收水肥的能力受阻，特别是磷、硼、镁、钙和铁元素的吸收最容易受到抑制，元素吸收受阻，植株表现出异常，这些生理性病害在低温根系活力下降时表现尤为突出。

为防止缺磷，可在深冬季节补充磷元素时，施用易吸收的磷肥，采用冲喷结合的方式进行。

提高根系活性，建议减少单次水肥用量，并配合功能性养根产品，如腐植酸、甲壳素、氨基酸、微生物菌剂等，配合全水溶性肥料，补充营养的同时，还要促进根系再生，保持根系吸收功能的稳定，避免营养供应不足影响植物根系的抗寒能力，或者直接选用具有暖根功能的水溶肥，如禧赢赢系列产品，地温高了，根系吸收功能自然强了。

（5）预防病害　随着气温渐冷，光照时间缩短，通风时间更是大幅减少，造成大棚内湿度迅速升高。此时是一年中灰霉病、霜霉病等喜温性病害发生的高峰，要注意提前预防。

① 空气消毒　灰霉病、霜霉病、菌核病等病害，绝大多数都是通过空气进行传播的。空气消毒片可以在很大程度上减少空气中的病原菌数量，减少病害的发生，是当前最为实用的空气消毒技术，操作简单，成本低廉，安全性高，无残留。在病害高发期，可以每隔 2～3d 处理大棚一次，每亩使用 30 片。晴天病害较少时，可每周熏棚一次。使用时，可在棚内立柱上悬挂一个矿泉水瓶，倒入 50℃的温水，加入 4～6 片空气消毒片，迅速离开大棚，第二天正常通风即可。

② 及早预防　病虫害的发生条件不同，其开始发生的地点也是不同的。一般可以分为两类：霜霉病、灰霉病、蔓枯病等在高湿条件下易发的病害，多发生在大棚内湿度最高、持续时间最长的地方，进棚观察上下部叶片情况，可对着太阳察看，若病害发生，多在叶片上有病害的初期症状，如霜霉病、细菌性角斑病初期呈水浸状小点；白粉病、病毒病以及粉虱、蓟马等害虫，多在湿度变化较大或干燥的地方发生，可通过观察上下部叶片、花等判断。

◆ 5. 大棚蔬菜发生冷害后的补救措施有哪些?

（1）慢提温、慢放风　寒潮过后，天气晴朗，光照强烈，温度升高快，而植株尚未恢复生长，过快升温只会加重蔬菜受害，要循序渐进地增加光照、提升气温，保证叶片功能逐渐恢复。大棚内温度过高必须放风时，一定注意放风口不要一次开得过大，要缓慢地把温度降下来，以防放风过急，造成更大的危害。

（2）加强肥水管理　植株受冷害后，不要立即浇水追肥，可在天气转好后 3～4d，追施甲壳素、氨基酸等养根性产品，配合高氮全水溶性肥料，促进根系再生。另外，要注意叶面追肥，可在受害后立即喷洒甲壳素 1000 倍液、全营养叶面肥500 倍液、白糖 100 倍液等配合施用芸苔素内酯，既能改善作物的营养状况，又能增加细胞组织液的浓度，增强植株的耐寒、抗冻能力，促使植株恢复生长。

（3）适度遮阴　植株受冷后，天气晴好时，若直接让强光照射，极易发生组织迅速失水、干缩萎蔫的现象，情况严重时，植株便会死亡。因此要对其进行遮挡，减轻阳光照射强度，避免升温过快。

（4）防治病害　经过冷害后，蔬菜抗病性降低，易引起病害流行，如灰霉病、根腐病等，应当注意及时进行病害防治。针对真菌等主要通过空气传播的病害，可以用空气消毒片熏棚，减少病菌传播。若病害已经发生，要提前用药喷雾防治，不要等到病害暴发后再防治。

❖ 6. 为什么早春大棚蔬菜遇阴雨天气棚内温度不宜太高？

阴雨天气过后，降温幅度较大，光照弱，若大棚内温度偏高的话，植株容易徒长。所以，应尽可能地保持棚内稍低的温度，避免植株徒长。

以番茄为例，结果期白天适宜温度为 25～28℃，夜间为 15～20℃。而当温度降至 12～20℃时，在全天阴雨的情况下，白天大棚内温度稍高于外界温度，下半夜大棚温度与外界温度保持一致。那么，对于处于膨果期的番茄而言，果皮坚实，以当前的温度来说，大棚风口尽量保持敞开状态。这样做有两大好处：一是尽可能降低棚内温度，避免植株徒长；二是保证足够的通风时间，确保大棚内的湿度不至于过高。当然，对于已经开始转色的番茄来说，果皮变薄，温湿度变化明显的话，容易裂果，在夜间将前风口关闭，顶端风口关小，次日放风时，渐次敞开风口，陆续加大通风量。

当然，对于喜高温的瓜类作物来说，处于生长期时风口全天均可处于敞开状态，而对于处于转色期的瓜类，如甜瓜，夜间最好关闭风口，提高温度，促进果实快速转色。对于黄瓜等不断生长、不断结果的作物来说，要保持相对偏低的温度，避免植株徒长。

一般情况下，大多数蔬菜在温度为 10～12℃ 的情况下生长会停滞，所以只要棚内最低温度在这之上，完全可以保持风口处于敞开状态。若夜间气温较低，可以先关闭棚门风口，利于大棚保温；当夜间气温低至 10℃ 以下时，也要尽可能地晚关闭大棚顶端风口，降低大棚上半夜的温度。

❖ 7. 雪灾前大棚蔬菜的预防措施有哪些？

下雪是水在空中凝结再落下形成的自然现象。在农业生产上，雪对大棚蔬菜的影响最大，几乎年年都有由雪导致的大棚垮塌的现象，但那些提前做好防护工作、及时清扫了积雪的大棚完好无损，再通过雪后加强管理，常能产生较好的经济效益，雪对这些有准备的大棚户来说，不是灾难，而是让蔬菜卖出好价钱的契机。

（1）提前养根护叶促壮棵　在不良天气下，提高蔬菜自身的抗逆能力是应对低温冻害等恶劣环境、减少病害发生的重要手段之一。

① 养护根系　要把冬季大棚蔬菜的养根贯穿于蔬菜生产的整个过程，如调控适宜的大棚温湿度环境以及调节水肥供应、进行植株调整等，通过追施含腐植酸、甲壳素、微生物菌剂的肥料，配合全水溶性肥料，补充营养，促进根系再生，保持根系吸收功能的稳定，避免营养供应不足影响蔬菜的抗寒能力。

② 养护叶片　阴雪天气棚内温度低，影响根系对矿质养分的吸收，导致植株缺乏无机营养，光合酶的活性弱；棚内光照弱，能源不足，植株的光合作用有限，合成的有机养分不足，植株自身的抗病性弱。因此，要在大雪到来之前，提前喷洒好的叶面肥，提高细胞活性，增强植株的抗寒能力，如喷洒石原金牛悬浮钙1500 倍液、海藻酸 500 倍液等。钙是细胞膜的重要组成成分，补充钙肥可以提高细胞膜的稳定性，减少细胞受害后细胞液的渗出，因此钙肥是最好的防冻剂之一。喷施海藻酸、腐植酸、氨基酸等叶面肥，能够提高细胞活性，增加养分积累，提高植株的抗寒能力。

（2）合理留果与整枝　果实发育需要消耗大量的有机养分，雨雪期间，合理留果也是保证植株安全度过雨雪天的重要措施。下雪时间不长时，为保证蔬菜产量和上市时间不受很大的影响，可正常留果。但是雪天持续时间长时，蔬菜的坐果和留果数就要减少。否则，果实消耗的营养过多，植株营养匮乏，会造成植株越长越弱。

此外，为了减少营养消耗，应在大雪到来前将植株底部的老叶、黄叶、病叶及时打掉，并全棚喷洒一遍保护性杀菌剂防病。下雪时禁止再从事任何的整枝打叶工作。

（3）加固和维护棚体　有立柱的大棚，要检查立柱是否直立，立柱和竹竿或钢管的连接是否牢固，如果松动要及时重新绑扎结实。没有立柱的大棚，大雪来临前，要根据大棚的宽度，在主架上每隔 3m 加一根临时立柱（彩图 2-3），以加强棚架的承受能力，减少雪天大棚坍塌的风险。对钢管生锈或竹竿老化、断裂的要及时维修或更换，确保大雪到来时棚面的支撑安全。

（4）加强保温增温　雨雪天气，外界温度降低，在确保大棚安全牢固的前提下，要高度重视大棚的保温工作。可采取多层覆盖保温的方式：一是设置套膜，增加一层薄膜覆盖，可以提高棚内温度 2～4℃，套膜设置方法简单，大棚内可以在吊蔓钢丝上进行设置，晚间覆盖，白天揭开；二是大棚两侧覆盖无纺布、草帘等，可提升其保温性。

另外，备好大棚增温块。大棚增温块主要由锯末、助燃剂等加工而成，点燃后无烟，不会对蔬菜的正常生长造成影响，安全高效。每亩棚室可使用 6～8 块，即可在短时间内提高棚温 4～5℃，可有效减少冻害发生。寒流较强时，可以在半夜到凌晨 4 点钟前后连续点燃 2 次，即可保证蔬菜安全不受冻。

还可在大棚内用电炉加温，越冬育苗可铺设地热线或架设空气加温线等加温。

❖ 8. 雪中大棚的除雪工具和除雪方法有哪些？

清扫积雪，一方面是为了防止棚顶被压塌，另一方面也是为了防止积雪融化后再次结冰。下雪之初，由于棚膜温度较高，雪花落在膜上会立即融化成雪水，随着棚膜温度逐渐降低，雪水凝结成冰，冻在塑料膜上，会给第二天清扫积雪造成很大不便，或损坏塑料膜，降低其使用寿命。因此，要随时关注天气预报，如果是中、小雪，可在停雪后清扫积雪；如果是大雪或暴雪，哪怕是深更半夜，也要及时起床扫雪，做到边下边清扫，防止积雪过厚压塌温室。同时，应及时清除棚室周围的积雪，并清沟排水，预防融雪危害。

（1）除雪工具　从近几年除雪成功和失败的案例来看，有些蔬菜合作社的大棚多，而人手不多，工具又不够，通常只能保留少量的大棚。但只要用心和及时清除了积雪，大棚是可以保住的。但生产中，大多是徒手或用棍子拍打棚膜除雪，有的干脆为保大棚骨架，而划棚膜。因此，对大棚数量较多的，要多准备好必备的除雪工具。

一种是雪耙（网上有出售，30元左右一个，也可以自制），一般宽50cm左右，柄长2～4m，利用积雪的自重，可以较为轻松地将积雪拉到棚前部位集中处理。雪耙使用方便，应用范围广，是当前使用最为普遍的除雪工具。尤其是在中、小棚上，使用雪耙除雪方便快捷。

还有一种是吹雪机（网上有出售的，几百元至一千元左右一台），主要通过强风力将雪吹走。使用吹雪机时，要注意早用，不能等到积雪很厚时再去吹，尤其是气温较高降雪时，雪很快融化，附着在薄膜上，甚至再次冻结，这时使用吹雪机的效果就差了。

（2）除雪方法　一是不结冰时及时清扫（彩图2-4）。降雪量少，或者是温度较低时的降雪，都不会出现结冰的情况，这时应及时清扫积雪。降雪量大时，应边降雪边清扫，防止积雪过厚压塌棚室。同时，应及时清除棚室周围的积雪，并清沟排水，预防融雪危害。

二是融冰后再清扫。对于降雪融化造成覆膜表面结冰的情况，降雪少时，可以等出太阳温度升高、冰融化后，再进行清扫。降雪量较大时，最好先清扫中上层的积雪，减轻大棚的大部分压力，然后再重复前面的清扫工作。

三是除雪时要从下到上。在清扫积雪时，不能一味从上往下推雪，这样会导致大棚前端的积雪不能及时下滑，使其负担过重，严重时会出现坍塌。所以，建议在扫雪时应该先清扫大棚的下半部分，然后再从上半部分往下扫，这样可防止大棚下半部分承受压力过大出现坍塌。

也有菜农在大棚棚面上安装喷灌装置，与井水相连。降雪后，可以利用14～17℃的井水喷洒棚面，起到溶解降雪并使其滑落的作用，不妨一试。

❖ 9. 雪后如何及时修复大棚设施并加强大棚蔬菜的管理？

（1）设施修复　暴雪后出现最多的就是压塌棚室，只要不是完全被压塌，仍然可以进行适当修补，确保本茬蔬菜继续生长，减少损失。棚膜出现破损的地方，应及时修补或者更换棚膜，提高棚体的保温性，确保后期蔬菜正常生长。设施部分坍塌的，要将坍塌的部分尽量撑起，增加空间，在采收蔬菜后再进行彻底修复。

（2）加强温、光、水、肥等的管理

① 逐步提温　雪后转晴，温度要逐渐提升，应避免蔬菜突然快速失水，出现萎蔫的现象。若出现萎蔫的现象，应立即喷洒温水，并加入阿司匹林、全营养叶面肥等，可以提高棚内的空气湿度，促进叶片气孔关闭（阿司匹林的作用），减少水分蒸腾，养护叶片，促进叶片功能尽快恢复。

② 逐渐增光　雪过天晴，光照往往特别强烈，若一次性全部揭开草苫或保温覆盖物，易导致植株出现急性萎蔫，严重时出现大面积闪秧、死棵的现象。因此，雪后骤晴，应采用隔 1～3 个草苫揭开 1 个的方法，使蔬菜逐步见光，避免秧苗打蔫和闪苗。如此反复数次或数天，揭苫数量由少到多，至蔬菜生长正常为止。进入正常管理后，在温度允许的情况下尽量早揭或晚盖草苫，揭草苫的时间应以揭开草苫后大棚内温度不明显下降为宜，盖草苫的时间应根据季节和室内温度而定，应在棚内温度降至 17℃时盖草苫为宜。

③ 合理放风　阴雪天气期间由于未开棚透气，棚内有害气体聚集，湿度较大。因此，雪后可在中午 12 点左右，打开放风口，由小及大逐渐放风，将棚内积累的有害气体排出，保证空气新鲜。逐渐放风可保证棚内温湿度不发生剧烈变化。放风时间不宜过长，可控制在 0.5～1h。

④ 缓解冻害　剪除枯枝，人工喷水，但以低温、少光为主进行管理，逐步增加光照和提高棚内温度。对长势较弱或结果多的植株，及时采收，并适量疏花疏果，以减少营养消耗。当连续下雪导致棚内温度过低，以至于影响蔬菜正常生长，出现冷冻害时，建议转晴后 3～4d，喷施甲壳素以及光合动力等叶面肥，或使用 1‰蔗糖混磷酸二氢钾 500 倍液，以增加蔬菜抗逆性，促进植株恢复正常生长。

⑤ 灌生根剂　持续雨雪天后，蔬菜根系变弱，若想促进蔬菜根系生长，在天气转晴后及时灌养根护根肥料，如"果利多"等，促进根系生长发育。

⑥ 植株恢复正常后再适时浇水　持续的雨雪天气，大棚内土壤温度降低，根系变得较弱，吸水、吸肥的能力降低。天气转晴后，因为土壤的容积热容量大，土壤温度上升缓慢，根系仍然较弱，而空气的容积热容量小，天晴后温度上升较快，蔬菜叶片的蒸腾作用加强，需水较多，若此时立即浇水，容易导致根系窒息，蔬菜叶片变黄，有的落叶严重。所以，应在植株长势恢复正常后再进行浇水，在浇水时最好冲施生物菌肥，以促进根系生长，增强植株的抗逆能力。

（3）及时防病　阴雪天气后，虽然雪过天晴，但经过阴雪天气，蔬菜营养消耗大，抗逆性差，易发生病害。蔬菜防病要从补充营养和杀灭病菌两方面同时入手，才能取得较好的效果。

① 补充营养　应以氨基酸、核苷酸、海藻酸、甲壳素等有机功能性营养和钙、铁等吸收较为困难的中微量元素为主。一般可叶面喷施 0.3％磷酸二氢钾加 0.3％硝酸钙、1％葡萄糖液。

② 减少病菌　应根据大棚内病害发生的情况，若没有病斑，可以喷施枯草芽孢杆菌、哈茨木霉菌等生物菌剂，高效安全。若已经有病斑产生，则应选择针对性的广谱杀菌剂搭配，如氟啶胺、咯菌腈、噻唑锌等，全面防治茎叶部病害。用药时，还要注意阴天后蔬菜抗逆性下降，更容易出现药害，应减少复配药剂，选择安全高效的杀菌剂。发病时可选用烟剂、粉尘剂防治，以利于均匀施药，避免大棚内空气湿度过高。

恶劣天气后，补肥防病可选用如下配方：海藻酸 700 倍液、石原金牛悬浮钙 1500 倍液、500g/L 氟啶胺悬浮剂 1500 倍液、20％噻唑锌悬浮剂 500 倍液。在补充营养的同时，可以防治多数真菌性、细菌性病害，杀菌谱广，防病效果突出。

❖ 10. 夏季高温对大棚蔬菜有哪些影响？

从 5 月份开始至 9 月底，中午大棚内气温常有超过 40℃ 的现象。高温和强光是制约蔬菜生长的两大因素，在高温时，蔬菜容易发生日灼现象，造成花芽分化不良，加剧植株的呼吸作用，消耗大量的养分，导致蔬菜质量差、产量低，不利于果实转色，病毒病容易发生等。因此应特别注意夏秋大棚的高温热害。

(1) 容易发生日灼现象　在强光直射下，蔬菜叶面和果面的温度很高，若降温不及时，会导致瓜类蔬菜叶片发生日灼现象，即叶片褪绿变白，后枯黄；茄果类蔬菜的叶缘会有干缩、枯死的表现，在果面上，会直接表现出日灼的症状，即向阳的一面表现为黄白色，严重的呈干白薄皮状。

(2) 花芽分化不良　瓜类蔬菜虽喜高温，但是过高的温度会影响花芽的分化，导致丝瓜、黄瓜等瓜类蔬菜雄花增多、雌花减少；辣椒等茄果类蔬菜在高温下花芽分化畸形，花小、果小，甚至落花落果，菜农常误认为是种子的原因。

(3) 消耗有机养分　在高温下，蔬菜的呼吸作用强烈，高温不仅会抑制光合作用的持续，减少有机养分的合成，同时还会加速呼吸作用，分解消耗大量的有机养分，使植株的花芽、幼果等得不到足够的营养而出现畸形、空洞，甚至凋落。落花落果导致营养生长与生殖生长不协调，加剧了植株徒长。

(4) 不利于转色　番茄、辣椒等茄果类蔬菜的果实在转色时，茄红素在 24℃ 左右可快速生成。一旦温度超过 30℃ 或达到 35℃ 以上，将严重阻碍茄红素的生成，即使有的已经开始转色，果实也会表现为黄白色。

(5) 病毒病易发生　蔬菜虽然感染了病毒病，但在适温壮棵时一般不会呈显性状态。而一旦出现高温等逆境情况，或原本强壮的植株长势受到抑制，则病毒病就会呈现显性状态，植株表现出花叶、蕨叶、条斑等各种症状，且显性状态一旦出现，是不可逆的。

❖ 11. 夏季大棚内温度难降的原因可能有哪些？

（1）棚体造型　不同的大棚，在相同的时间里，放风口敞到同样大小，大棚内的温度是不一样的，这是由大棚结构不同造成的。由于大棚的高度、拱度不同，通风时气流的变化就不同，放风降温的效果相差也很大。

拱度较小的大棚，棚内的热气不能很好地通过顶风排出，即使将顶部放风口弄得再大其降温能力也有限，即在同样的天气条件下，对于高度、拱度大的大棚，只要将顶部的放风口开到 40cm 就可将大棚内的温度降下来。而对于拱度较小的大棚，即使将放风口加大到 60cm 宽，也不一定能将温度降到同一水平。

（2）棚间距　大棚之间的距离对通风好坏影响很大。在大棚密集的地方，每个大棚之间的距离仅为 80～100cm，且棚面多较宽、较平，大棚内的高温气体排出后又会进入其他大棚，导致通风降温效果大大降低。

（3）遮阳设施　空气在大棚内形成对流，热空气从顶部放风口排出才能带动冷凉空气从大棚放风口进入，而有的菜农在大棚膜面上覆盖遮阳网时，为达到防虫的效果，往往会对大棚全棚覆盖遮阳网，这样就影响到了大棚内空气的流通，从而使大棚的通风效果降低。

因此要注意在覆盖遮阳网时，不可将大棚的放风口遮住，以免棚内的热气排不出去，影响降温效果。另外，防虫网也会影响通风效果，一般防虫网密度越大通风效果越差，若使用高密度防虫网则可能会影响到通风效果。

❖ 12. 夏季降低大棚内温度的技术措施有哪些？

在蔬菜生产上，目前常用的降温措施主要有覆盖遮阳网、喷洒降温剂、泼泥浆、加强放风管理、畦面盖草等几种，生产中有时采用一种措施，有时几种措施配合使用，降温效果更佳。但若使用不当，不但不能很好地发挥遮阳降温作用，反而影响蔬菜的正常生产。

（1）覆盖遮阳网　覆盖遮阳网是生产上应用最多的大棚降温方法。进入 6 月份后，气温上升快、温度高，对叶菜类蔬菜、秋冬菜秧苗生长不利，应采用遮阳网覆盖降温。在 8 月下旬或 9 月上中旬，秋冬季栽培秋延后瓜果蔬菜时，有时会遇到"秋老虎"天气，大棚内温度较高，应采用遮阳网进行棚顶覆盖降温。

遮阳网有良好的遮光降温效果，当大棚内温度长期处在 35℃以上时，就应该设置遮阳网。

一般在大棚顶覆盖遮阳网（如果采用小拱棚育苗，也可在小拱棚顶覆盖遮阳网），使大棚（或小拱棚）两侧通风。其正确的使用方法是：晴天盖，阴天揭；中午盖，早晚揭；生长前期盖，生长后期揭。

在使用遮阳网覆盖时要注意以下事项：

一是如果是阴雨天气多，温度不是过高，可全天不再覆盖，但久阴乍晴的天气一定要及时覆盖，避免蔬菜受害。

二是遮阳网覆盖时间不宜过长，夏季不宜超过5h，在外界光照强度降低后要立即揭开，确保光照充足，提高蔬菜产量。

三是设置遮阳网时，要注意与棚膜间隔一定距离，在覆盖遮阳网时，可将遮阳网撑起来，留出与棚膜相距20cm左右的空隙，这样形成一个通风带后，遮阳降温的效果更好。

四是遮阳网或遮光布的颜色要搭配好。在夏季，遮阳网不是单一的遮光设施，有些还使用遮光布。遮阳网使用最多的颜色是黑色，同时还有灰色、银灰色以及黑白相间等多种颜色。在夏季不同地区应根据当地的光照强度选择合适的遮阳网颜色，如在光照强的地区可选择纯黑色遮阳网，而一些地区仅中午光照较强，可选择黑白相间的遮阳网。而无论选择哪一种遮阳网，应首先保证大棚内有适宜的光照，不能为了降温而严重避光，进而影响到蔬菜正常的光合作用。

五是不宜滥用遮阳网。如有的菜农不仅把遮阳网直接覆盖在棚膜上，同时还用遮阳网将棚头通风口遮盖起来，让遮阳网替代了防虫网的部分功能，这样不仅不能够阻挡害虫进棚，形成的弱光、冷凉环境反而更吸引害虫蛰伏。

（2）喷洒降温剂　与覆盖遮阳网相比，大棚降温剂的优势在于通过遮挡阳光中的部分光线（如红外线）来实现降温，可以比较精确地计算并根据所种蔬菜的需光特点决定遮光率，创造最有利于蔬菜生长的光照环境。

降温剂使用方便，降温效果好。要根据蔬菜对光照的不同要求，通过调配不同比例的降温剂而对光的透过率形成影响，并选择不同的喷洒厚度和喷洒形式。目前生产上推广应用的遮阳降温剂主要是利凉遮阳降温剂，可根据不同季节的温度情况确定合理的勾兑比例。不同的季节光照不同、温度不同，因此降温剂的使用浓度也不同。当白天温度高达30℃左右、晚上温度在15℃左右时，一天当中有较大的温差，因此要使用低浓度降温剂，如500g利凉降温剂兑水5kg左右，可达到23%的遮光率。后期随着光照的增强、温差的减小，降温剂的使用浓度逐渐增大。

在喷涂降温剂之前，如果棚膜积累较厚的灰尘或者上面有未清理干净的泥浆，就会对降温剂的使用产生较大影响。在喷涂降温剂之前应关注当地的天气情况，在确定当日没有雨的情况下使用，并在温度较高的中午及棚膜表面干燥的情况下进行喷洒，以免棚膜表面有露水影响降温剂的附着效果。喷洒时要求使用的设备喷头雾化性能好，以确保雾点细小，喷涂均匀。

（3）泼泥浆　泼洒泥浆是土办法，其效果虽不如遮阳网，但也能降低大棚内的温度。光照很强的时候多泼，不强的时候少泼。该方法的缺点是容易喷洒过厚，等同于全天覆盖遮阳网，时间长容易形成弱光危害。另外，为了防止泥浆被雨水冲刷，可在泥浆中添加一定量的面粉，能大大提高其抗冲刷的能力。

（4）以水降温　高温时，常导致干旱，结合浇水降温，一举多得。

一是浇水降温。夏季大棚蔬菜浇水一方面是给蔬菜补充水分，另一方面还起着为大棚降温的作用，因此在浇水方面要注意大水与小水相结合。特别是对于刚定植的小苗尤为重要，大水浇透可促进发根，小水湿地皮可降温。浇水可带走大量的热量，但切莫在中午高温时段浇水，易炸根，导致毛细根受伤，严重时造成植株萎蔫死亡。夏季一般选择在早晨浇水，确保土壤湿度适宜。

二是喷水降温。为了提高降温增湿的工作效率，不少大棚都安装了微喷设施进行喷雾降温。喷水降温时要注意间隔喷水，不可一次性喷水过多。在高温天气来临后，一般从上午9点左右，棚内温度有时接近30℃甚至更高，就需要开始喷水，建议每次喷水10min，间隔半个小时后再喷水10min，每次保证蔬菜叶片上有水但不滴落，如此反复进行。要注意1d喷水最好不要超过4次，否则容易导致棚内湿度过大，使棚内蔬菜感染其他病害。

三是降温帘降温。该法主要应用于连栋大棚中。

（5）放风、疏枝打叶　在采取遮光、喷水等措施的基础上，还可采取放风、疏枝打叶等措施降温。

大棚放风一般采取拉大顶部通风口和卷起大棚通风口棚膜放风的方法。在种植越夏蔬菜时，为了避免棚内蔬菜出现高温障碍，要注意将大棚的上、下通风口全部打开，让棚外冷空气与棚内的热空气形成对流，加速热空气的排出，从而有利于棚内温度的降低。

需要强调的是，大棚顶部一定要设置通风口，以便于通风降温。在设置顶部通风口时，要注意在大棚顶部通风口处安装40目、宽度为60～80cm、长度与大棚等长的防虫网，以免蚜虫、蓟马等害虫进入棚内，传播病毒病。

放风时要注意从棚脊与棚两侧放风，实现空气流动。若单从两侧放风，则效果不佳，难以降温。

夏季多雨，雨后要及时打开通风口，否则棚内高温高湿，易导致病害发生。

疏枝打叶时切莫过狠，适当地留叶以遮挡光照，一方面预防日灼果，另一方面遮挡地表土壤，减少阳光直射，降低土壤储热量，避免夜温过高。

（6）操作行铺设秸秆降地温　夏秋季栽培茄果类、瓜类蔬菜时，在畦面覆盖稻草（彩图2-5）或秸秆，可有效地降低土温，并可保持土壤水分及土壤疏松，有利于根系的生长。在蔬菜操作行内铺盖作物秸秆，有效改变了大棚内高温干旱的环境，从而减少大棚蔬菜病毒病的发生，并且操作行内的土壤不容易被踏实，透气性较好，有利于蔬菜根系的生长发育。

铺设秸秆前，可以先浇一遍小水，彻底润湿土壤，然后再铺秸秆，这样既能减少水分蒸发，保持土壤湿度，又可以减少热量储存。

有些菜农在种植越夏黄瓜的时候，一般会把底部叶片留下，这些叶片可将地面覆盖起来，起到对强光的阻隔作用，防止种植行附近的土壤温度过高。需要注意的是，底部叶片病害较少，但虫害会相对增多，需要严加防范。

（7）与蔓生植物合理套种　比如辣椒和丝瓜套种。在辣椒定植以前，可在大棚内前端提前25d左右定植1～2棵丝瓜，当丝瓜顺绳爬蔓至钢丝处时，会沿着辣椒吊绳的两根钢丝由南向北爬伸，爬到最后一个立柱时打头，这样就形成了一层天然的"遮阳网"。

大棚较长时，可以在大棚内后端再定植一行丝瓜，让其由北向南爬蔓，进行遮阳，能有效降低夜温。

（8）喷施功能性产品提高蔬菜的耐热能力　除了在高温季节栽培耐热性好的品种外，可使用甲壳素、海藻精等功能性产品，以提高蔬菜对高温逆境的耐受能力。一般连续喷施3次以上海藻肥，蔬菜可表现出明显的抗逆性。另外，可喷洒27%高脂膜乳剂100倍液、氨基酸、黄腐酸等叶面肥，在叶片表面形成保护膜，提高叶片的抗高温能力。

第二节　湿　度

◆ 1. 大棚蔬菜对湿度环境的基本要求有哪些？

（1）湿度与大棚蔬菜的生长发育　蔬菜进行光合作用需要有适宜的空气相对湿度和土壤湿度。多数蔬菜作物进行光合作用的适宜空气相对湿度为60%～85%。当空气相对湿度低于40%或大于90%时，蔬菜的光合作用就会受到阻碍，从而使其生长发育受到不良影响。而蔬菜作物进行光合作用对土壤相对含水量的要求，一般为田间最大持水量的70%～95%，土壤过干或过湿对光合作用都不利。

水分严重不足易引起植株萎蔫和叶片枯焦等现象。水分长期不足，植株表现为叶片小、机械组织形成较多、果实膨大速度慢、品质不良、产量降低。开花期水分不足则引起落花落果。

水分过多时，因土壤缺氧而造成根系窒息、变色而腐烂，地上部茎叶会因此而发黄，严重时整株死亡。高湿高温易使植株徒长，高湿低温又易诱发沤根，造成植株死亡。

（2）湿度与病虫害的发生　大棚栽培蔬菜病虫害的发生与空气相对湿度以及土壤水分含量有着密切的联系，大多数蔬菜病虫害的发生均与空气相对湿度有关。有些蔬菜的病虫害易在干燥的条件下发生，病害如病毒病、白粉病等，虫害如叶螨、瓜蚜等。而蝼蛄则在土壤潮湿的条件下易于发生。几种蔬菜主要病虫害与湿度的关系见表2-1。

表 2-1　几种蔬菜主要病虫害与湿度的关系

蔬菜种类	病虫害种类	要求相对湿度/%
黄瓜	炭疽病、疫病等	>95
	枯萎病、黑星病、灰霉病、细菌性角斑病等	>90
	霜霉病	>85
	白粉病	25~85
	花叶病(病毒病)、瓜蚜	干燥
茄子	褐纹病	>80
	黄萎病、枯萎病	土壤潮湿
	叶螨	干燥
番茄	叶霉病	>80
	早疫病	>60
	枯萎病	土壤潮湿
	花叶病、蕨叶病	干燥
	绵疫病、软腐病等	>95
	炭疽病、灰霉病等	>90
	晚疫病	>85
辣椒	疫病、炭疽病、细菌性角斑病	>95
	病毒病	干燥

❖ 2. 如何降低大棚内的湿度?

大棚越冬冷床育苗,如果大棚内湿度偏大,会造成秧苗长势不好、病害较多。通过对大棚内湿度的调节,要求达到的适宜空气相对湿度是:白天 50%~60%,夜间 80%~90%,尤其是夜间湿度不可过高,否则不但影响大棚内温度的提高,也极易使蔬菜发生病害。大棚内湿度的调节,应根据季节、天气状况、作物种类及其生长发育阶段以及病害的发生情况等综合条件,依据干湿温度计对应的相对湿度,采用多种方法及时调节大棚内的相对湿度,以利于作物生长。

(1) 通风换气　通风换气是最有效、最常用的大棚降湿措施。作物对湿度的要求是空气相对湿度低,而土壤湿度要适当高些。一般每次灌水后,在不影响温度条件的情况下,都要加大通风量,降低大棚内湿度。一般应在中午前后气温高时进行,以放顶风和腰风为主,不能放底脚风,以防大棚内温度过低和"扫地风"伤苗。

在早春和晚秋,由于外界气温较低,通风降湿常与闭棚保温相矛盾,即闭棚保温常会使大棚内湿度增加,而通风降湿又会使棚温降低,可依靠通风时间的早晚、长短和通风口的大小来解决该矛盾。

高温季节降温、排湿,需早通风、通大风、晚闭风,甚至昼夜通风。

即使在雨天或大雪天等恶劣天气条件下,大棚内的温度比较低,一般以保温为主、降湿为辅,但也必须通风降湿,只是可比平时迟通风,通常在中午前后进行短时间通风,早闭棚,揭膜时应在背风面进行,只有在大棚内温度过高时才在通风面通风。通风引起的降温应以作物不发生冷害为前提。

（2）加温降湿　有时由于大棚内温度较低，而湿度又较高，仅采用通风的方法来降低湿度，其效果可能不是很理想。可以采取加温的方法来降低大棚湿度。假如棚内湿度为 100%，棚温为 5℃，每提高 1℃，湿度约降低 5%；棚温在 5～10℃时，每提高 1℃，湿度降低 3%～4%；温度 20℃时，湿度为 70%；温度 30℃时，湿度为 40%。可通过采取各种保温和增加光照的措施，防止大棚内气温下降。如每天早晨用干布擦除棚膜内表面附着的水滴，不仅能增加透光率，提高棚温，还能减少大棚内的空气相对湿度，降低病害发生的概率。另外，当外界气温太低，大棚内出现低温高湿时，可采取临时辅助加温的措施来提高棚温，使大棚内的相对湿度降低，防止植株叶面结露。

（3）采用无滴膜或消雾膜覆盖大棚　无滴膜能增加棚膜的流滴性，使棚膜内表面形成的水滴顺着薄膜流入土壤，这样既避免了冷凉的水滴直接滴到蔬菜植株上，也降低了棚内的湿度；消雾膜能有效地消除夜间或灌水后蒸发形成的水雾，降湿效果显著。

（4）地膜与秸秆配合覆盖　在种植行铺设地膜，能减少土壤水分蒸发，降低空气湿度 10%～15%，同时还可以增加土壤湿度和提高地温，减少浇水次数，对大棚内的蔬菜有利。特别是浇水后，效果更加明显，同时结合在操作行铺设秸秆，夜间湿度大时，秸秆可以吸收部分水分；湿度低的白天，秸秆能释放出自身储存的水分，起到调节空气湿度的作用。秸秆还可避免人工操作时踩硬地表。

（5）合理浇水　灌水应根据天气、土壤状况以及蔬菜的种类、生长期及生长势，正确地掌握浇水时间、浇水次数、浇水量及浇水方法。一般应浇小水或隔沟轮浇，切忌大水浇灌或漫灌。如果是菜类蔬菜，定植水和缓苗水要浇透，在结果期供水要充足，其他时期则一般不需浇水。在大棚内温度较低，特别是不能放风通气时，应尽量控制浇水，不能用畦灌的方式灌水。

① 浇水时间　以早晨日出之前或日出之后尚未晒热蔬菜时浇水最为适宜，如在下午浇水，最好选日落之后或无日光直晒蔬菜 1h 后进行。不可在下午、阴天或雨雪天浇水，以防浇水后出现连续阴雨天。

② 浇水量的多少　除取决于蔬菜种类以外，还与温度、土壤和风力有关，应根据实际情况灵活掌握，一般应浇至田间最大持水量为止。大棚内的灌溉水温度不能太低，应与空气温度基本一致。

③ 浇水方法　可采用喷灌、沟灌、壶灌、渗灌及滴灌等。

a. 喷灌　采用全圆式喷头的喷灌设备，用 $3kgf/cm^2$ 以上的压力喷灌，$5kgf/cm^2$ 压力的雾化效果更好，安装在温室或大棚顶部 2.0～2.5m 高处。也有的采用地面喷灌，即在水管上钻有小孔，在小孔处安装小喷嘴，使水能从地面喷洒到植物上。

b. 水龙浇水法　即采用塑料薄膜滴灌带，成本较低，可以在每个畦上固定一条，每条上面每隔 20～40cm 有一对直径 0.6mm 的小孔，用低水压也能使 20～

30m 长的畦灌水均匀。也可放在地膜下面，降低室内湿度。

c.滴灌法　在浇水用的直径 25～40mm 的塑料软管上，按株距钻小孔，每个孔再接上小细塑料管，用 0.2～0.5kgf/cm² 的低压使水滴到作物根部。该方法可防止土壤板结、省水、省工，并能降低棚内湿度，减少病害发生，但需一定的设备投入。

d.地下灌溉　把带小孔的水管埋在地下 10cm 处，直接将水浇到根系内，一般用塑料管，耕地时再取出。或选用直径 8cm 的瓦管埋入土壤深处，靠毛细管作用长期供给水分。此法投资较大，花费劳力，但土壤保湿及防止土壤板结、降低土壤及空气湿度、防治病害的效果比较明显。

e.软管微灌　由供水装置和输水管道组成。供水装置可用水缸、水泥槽等，容量 0.5～1.0m³，距地面 1.0～1.5m。输水管道由主管（直径 80～100mm）和出水支管（直径 40mm）组成，支管上方每隔一定距离各有两个直径为 0.5～0.7mm 的小孔，此装置以压差式不断地将贮水罐中的水慢慢地灌入蔬菜根际。应用软管微灌系统可以防止水分向深层土壤渗漏，也可减少地表径流和水分蒸发，从而减少灌水量，比沟灌节水 35％ 左右，也可将药、肥随水施入，减少用工量，节约肥、药用量，节省成本。

f.膜下暗灌　在整好的畦中间开一"V"形水沟，使一头稍高，上面覆盖地膜，"V"形沟两边定植蔬菜，从膜下沟中灌水。此法简便易行，成本低，用水节约，并能显著降低棚内湿度，减少病害发生。

（6）开沟排水　除了在大棚内采用深沟高畦外，在大棚四周应开排水沟，确保大棚外面的水分不倒灌到棚内，做到雨停沟干。下雪天，应将从大棚上清扫的积雪及时清除，可降低棚内湿度，避免大棚土温的进一步降低（特别在融雪期）。

（7）及时盖棚　冬春时，应注意盖棚的时间。如果在土壤很湿的情况下盖棚，易使作物经常处于高湿的条件下，对其生长极为不利。应在秋末冬初，土壤干燥时即盖棚，便于日后对棚内土壤和空气湿度进行调节。这点在生产中应引起高度重视，特别是越冬育苗。

早春气温回升后，即使是阴天或雨天，当大棚内湿度大时，也应及时揭膜通风降湿。

春夏之交，顶膜不要过早揭除，迟揭顶膜可防止雨水的冲击，控制大棚内土壤和空气的湿度，利于作物的生长结实和防止病害传播蔓延。为解决棚温过高的问题，可撤掉裙膜，加大通风量并日夜通风。必要时还可在棚顶加盖一层遮阳网降温，只有在棚内春夏作物收获之后才揭顶膜，然后深耕晒土，准备秋种。

（8）选择用药　在大棚内，宜选用粉尘剂或烟剂来防治蔬菜的病虫害。防治大棚病虫害时，若用喷雾的方式，势必增加棚内湿度。建议在晴天喷药时，最好从下午 3 点左右开始，尽量在天黑以前喷完，保证药液被吸收完全。在连阴天时，可以选择采用全自动喷药机、弥雾机，减少用药量。此外，根部使用的药剂，最好采用灌根的方式，可以在保证药效的同时降低土壤湿度。

（9）其他措施　可在大棚内畦面或畦沟中撒（铺）砻糠灰、砻糠等吸水能力强的材料，既能防止土壤水分蒸发，又可吸收空气中的水分，降低空气湿度。据试验，每1000g砻糠灰可吸收2000g的水分。在苗床内，降低湿度还可以采用撒干土和松土等方法。在育苗和定植初期用无纺布扣小拱棚或在植株表面覆盖无纺布，不但具有透光、保温的作用，还有透气、吸湿的功能。在建大棚时，应选择地下水位高的地块。扣棚膜前，若雨水过多，可预先用旧膜覆盖地面，以防过多雨水渗入地下；若降雪过多，应及时清除地面积雪，并晾晒数日。所用棚膜可根据实际条件进行选择，最好选用无滴膜。

❖ 3. 冬季大棚浇水菜农有哪些顾虑？ 如何正确浇水？

（1）冬季大棚蔬菜浇水的顾虑　冬天浇水，菜农往往会有以下顾虑：

一是冬季温度低，浇水后，地温下降幅度大，短时间内难以恢复，会使根系活力降低。

二是冬季大棚通风时间短，浇水后棚内湿度增加，易给致病菌创造侵染、繁殖的条件。

三是对于未进入坐果期的蔬菜，前期减少浇水量，能起到控制旺长的作用。

这样一来，菜农往往会尽量延长浇水时间间隔，并减少单次浇水量，用以避免上述提及的问题。不过，冬季温度低，植株自身活力差，一旦控水过度，会使得土壤水分不足，营养元素吸收受阻，进而导致蔬菜生长出现异常。

资料显示，水分是蔬菜生长的重要条件，蔬菜各器官含水量多在90%以上，且多数蔬菜都是在较短的生育期内形成大量的组织器官，虽然冬季它们的生长速度放缓，但各种元素的运输也离不开水，如越冬黄瓜因缺钙造成的生长点坏死很多都是前期控水过度造成的。所以，要想连续坐果，必须保证充足的肥水供应，特别是在蔬菜花芽分化期、坐果期、果实发育期，养分供应不足往往会造成落花落果、出现畸形果等。

（2）冬季大棚蔬菜浇水的方法　正确的做法是根据蔬菜的生长状况、天气情况和土壤墒情及温度进行科学浇水。

① 根据蔬菜生长特性合理控水　一般茄果类蔬菜的果实发育时间长，生长速度较慢，可15d左右浇一次水，而瓜类蔬菜如越冬一大茬黄瓜，则要10d左右浇一次水，并以水带肥，以养根膨果为主，可用甲壳素、海藻酸等养根类肥料配合平衡型水溶肥一起冲施。

② 选择合适的浇水时间　浇水前要关注天气预报，要在晴天进行，浇水后至少要保证能有2～3个晴天，要选择上午进行浇水，尽量让水温与地温的温差小，避免伤根。

③ 浇水注意排湿防病　浇水后当天下午和次日上午，适当加大通风量。同时，

通风时注意先提温，然后再通风，这样能有效排出棚内湿气。采取膜下浇水，有条件的可安装滴灌设施，尽量降低土壤蒸发量。同时浇水后应及时用烟剂熏棚，茄果类蔬菜可用含异菌脲或菌核净、腐霉利的烟剂着重预防灰霉病，而瓜类蔬菜可用百菌清、烯酰吗啉烟剂，预防霜霉病、蔓枯病。

◆ 4. 冬季大棚蔬菜浇水有哪些注意事项？

进入初冬时节，温室大棚也进入了低温高湿的环境，且天气多变，浇水环节一旦出现问题，很容易引起多个环节出现问题，在浇水时要注意以下三点：

（1）注意不要按天浇水　按天浇水是非常不合理的，尤其是在进入冬季后，按天浇水是造成根系发育不良、植株叶片发黄的最主要原因。因为冬季地温偏低，按天浇水往往浇水量比较大，很容易造成地温长时间偏低，根系发育不良，并且容易造成裂果、裂茎等症状的发生。

（2）注意保持土壤水分平衡　土壤过干或过湿都容易对植株产生影响，因此维持好土壤中的水分平衡是关键。冬季浇水一定要根据土壤墒情来决定浇水量，因为土壤含水量低于40％时，不利于养分的吸收，而含水量超过80％时，很容易导致土壤透气性变差，根系缺氧，造成沤根。

（3）注意观察植株长势及环境变化　有些菜农怕植株旺长，喜欢以水控旺，但是如果控水过度，反而会导致植株叶片卷曲、萎蔫，因此该不该浇水要根据植株的生长状况，尤其是观察叶片的角度、柔韧度、平整度及茎蔓的柔韧度，避免浇水过多或不足。

此外，浇水时还要看植株的生长环境，即天气及地温。冬季阴雨雪天不浇水，浇水一般选在晴天进行，因为阴雨雪天地温往往短时间内升不上来，如果浇水，很容易导致根系受损。同时冬季浇水时还要注意地温，晴天中午浇水容易炸根，所以往往选在早上、地温维持在15℃左右的情况下浇水，此时地温与水温的温差较小，浇水对根系的影响也相对弱一些。

◆ 5. 冬季大棚蔬菜浇水后如何做好通风管理？

冬季大棚随着外界气温的降低，闭棚时间增长，棚内湿度增加，尤其是浇水后，因为通风管理不当，出现沤根、病害多发等问题，这些问题都是由于放风太急引起的。因此，要特别注意浇水后的通风管理。

（1）常见问题

① 浇水后马上打开通风口　浇水后，大棚内地温降低明显，若在浇水后接着通风，会使棚内温度一直保持在低位，地温自然也提升不上来。根系长时间处于地温较低的环境下，就容易出现伤根的情况，进而导致其吸收肥水的能力变弱，蔬菜生长发育受阻。

② 浇水后提温过高而不通风　浇水后提高棚内温度是对的，但绝不能为了提高大棚温度，长时间不通风。浇水后要求关闭通风口，就是为了提高温度后利于湿气排出，如果一直关闭通风口，大棚内的湿气排不出来，到夜间温度降低时，就会形成较多的露水，更有利于病原菌的侵染。而且一直不开通风口，会使棚内二氧化碳缺乏，光合作用停滞，造成植株营养匮乏，抗逆性下降，不利于蔬菜的正常生长。

（2）正确方法　浇水应选晴天上午拉棚后进行，保持通风口关闭，直到棚内温度升高至30℃以上时，开小口放风半小时，然后关闭通风口，保持棚内温度一直在30℃左右，半小时后再开小口通风，持续至下午2：30～3：00，大棚温度降低至23～25℃，关闭通风口。待大棚内温度降低到20℃左右时，再开小口通风15min左右，然后关闭通风口，覆盖棉被或草苫进行保温。

◆ 6. 为什么蔬菜定植后一定要浇定植水？　如何浇好定植水？

蔬菜从定植后一直到开花前，管理的重点是培育壮棵，为后续的稳产、高产奠定基础。此时期内，植株以营养生长为主，而营养生长不单是茎、叶，还包含着根。从某个方面来说，培育强大的根系要比养好茎、叶更重要。因为根系的强壮与否，将直接关系到花果期的营养供应、后期的抗逆和高产。其中，定植后的两水在打造强根时显得至关重要，这两水是定植水和缓苗水。浇定植水的目的是满足土壤的水分要求，使育苗基质与土壤快速融合，使根顺利地由基质扎到土壤中，避免因根系吸水不足造成的植株萎蔫、死亡。因此，定植水浇得是否合理，关键要看三个方面：

（1）水量要大，要浇透土壤　高温季节进行的土壤处理一般时间较长，大棚内蒸发量大，土壤深层水分减少，因此定植水需达到一定的量才能够弥补深层土壤缺失的水分。浇透定植水的另一个作用是在施用了较多的肥料后，充足的水分可将养分带到较深层的土壤中，避免养分过于集中于耕作层，从而产生肥多烧根的危害。

（2）先浇后栽，利大于弊　通常定植水的浇法是先干栽，后浇水，即定植后立即浇灌定植水。无论是高温季节还是低温季节，该方法都存在以下弊端：一是水温低，易导致地温大幅度下降；二是可能会出现土壤耕作层表层水肥充足、中下层水肥不足的状况；三是表层土肥效高容易产生植株过度繁茂的现象；四是不利于有益微生物的快速繁殖。

那么采用先浇后栽的方式，就避开了以上的诸多不利。其好处是：一是确定水平线，避免定植后秧苗旱涝不均的情况发生；二是地温稳定，不会让地温变化剧烈的问题发生；三是耕作层中下层水肥更充足，根据根系向水向肥的特性，可诱导主根深扎；四是土壤湿度适宜，更利于生物菌肥发挥其先入为主的优势。

（3）便于控制根系生长的土壤温度　定植后根系初次接触土壤，土壤环境至关重要，而土壤温度无疑是最关键的。需要注意的是，不论是定植时还是生长期，地温的控制均非常关键。控制好地温，使其适宜根系生长的需求，是强根的关键措施之一。从第二个方面可以看出，定植水对土壤温度的影响很大。因此建议先浇水后定植，在高温季节可以降低土壤温度，而在低温季节采用先浇水提温后定植的方式，可大大降低沤根的风险。

❖ 7. 为什么蔬菜浇定植水过多过勤易沤根？ 其预防措施有哪些？

（1）蔬菜浇定植水过多过勤易沤根 浇定植水过多过勤，常会使蔬菜产生沤根现象。如某菜农在大棚内刚刚定植 4d 的茄子出现了萎蔫的情况，并且早晚不可恢复。从大棚内的土壤情况来看，土壤比较湿润，显然并不是缺水造成的。拔出幼苗看根系，毛细根数量较少，主根和侧根呈黄褐色，且根部表皮极易脱落。据菜农反映，因担心苗期缺水，4d 之内灌溉了三次，导致了茄子幼苗沤根。

茄子等蔬菜幼苗从苗盘定植到土壤后有一个适应的过程，这个过程就是缓苗。在这期间，幼苗无论是对水分还是养分，需求量都较少，浇水次数过多、浇水量过大，土壤透气性差，就极易造成沤根。

（2）解决办法 定植水在质不在量。定植水是幼苗定植后的第一水，目的是为了创造一个与秧苗在穴盘里相似的生长环境，避免幼苗因缺水出现萎蔫或死亡。水量能够保持土壤湿润即可，不宜大水漫灌。

❖ 8. 如何浇缓苗水？ 如何结合浇缓苗水配肥促强根？

缓苗水灌溉要合理。秋茬作物一般在定植之后 3～5d 开始缓苗，此时应灌溉缓苗水，浇缓苗水不宜早也不宜晚。由于秋茬作物在定植时气温仍较高，水分蒸发量大，再加上幼苗定植到土壤中后需重新适应环境，根系吸收水分的速度低于自身的蒸腾作用消耗水分的速度，以至于中午时分会出现轻度萎蔫，这是作物自身正常的生理反应，一般早晚时分便可恢复。若作物实在萎蔫严重，可进行喷淋或小水浇灌，切忌多次大水漫灌，避免作物根系因缺氧而沤根，因小失大。另外，注意随水补充功能性产品。氨基酸、甲壳素、海藻素等功能性产品，对促进根系生长、增强根系的抗逆能力都有很好的作用。最后，浇缓苗水之后要注意控水划锄，打破板结的土壤表层，增强土壤的透气性，利于根系深扎。另外，对于沤根严重的幼苗要及时拔除、补苗，避免对后期产量造成影响。

菜农多采用小苗定植，定植后 2～3d，新根外露，标志着秧苗缓苗成活。定植后 5d 左右，即可浇缓苗水。缓苗水宜在早上浇灌，因为这时水温与地温最为接近，不会因温度变化剧烈而造成伤根。若在上午八九点钟或下午浇灌，常因地温高而水温低造成伤根。

在浇缓苗水时要注意两点：一是缓苗水水量不宜过大，一般以水流到种植行的前端即可。若缓苗水水量过大，容易造成田间积水，使刚刚生出的新根因缺氧窒息而受伤。二是根据根系在土壤中不同的生长状态以及根系养护的目的不同，可使用不同类型的护根、养根、生根类产品。

为预防根部病害，可用生物菌剂进行冲施。利用生物菌剂以菌抑菌的特点，防止土壤有害菌的繁殖及其对根系的侵染。

为防治根结线虫，可用菌剂（如放线菌、芽孢杆菌、淡紫拟青霉等）混加甲壳素，也可单用甲壳素类产品进行冲施。某些菌剂对线虫有较好的抑制作用，同时甲壳素在抑制线虫方面也有诸多优势。

为补充根系生长所需的必需元素，可用营养型生根类产品冲施。一些新建大棚或老大棚，大多存在土壤养分不均衡的情况，尤其是如氮、磷、钾、钙、锌、硼等必需营养元素，若缺乏或部分过量都不利于打造强根。

为提高植株的抗病、抗逆能力，可用海藻类生根产品冲施。

为促进蔬菜必需营养元素的吸收和转化，增加干物质的积累，可用氨基酸类生根产品冲施。

在实际应用中，也有不少厂家或菜农将不同机理、不同功能、不同种类的生根产品混合或混用，以此来达到更好的效果。

❖ 9. 为什么大棚蔬菜按天（数）浇水的方法是不合理的？

在无土栽培中，目前已基本实现了对光照强度、蒸发量和基质含水量进行实时监测来达到合理浇水的目的。晴天时，一天之中有时会浇多达20多次的水。而在有土栽培的情况下，菜农依然采取按天浇水的办法。其实，按天浇水是极不合理的，特别是在冬季，按天浇水是造成根系发育不良、养分缺乏的直接因素。

一方面，冬季地温偏低，一次性浇水量过大容易造成地温大幅度下降，并且提温缓慢，对根系生长不利，容易伤根；另一方面，按天浇水容易出现过干、过涝的情况。对于透水性强的土壤，按天数浇水，容易造成水分少，土壤颗粒对水分、养分的吸附能力增加，阻碍了根系对养分和水分的吸收，久而久之，根系发育不良、植株早衰、蔬菜减产。数天后一次性浇水过多，水分过多，降低了土壤中的氧气含量，不利于根系正常呼吸而发生伤根。此外，按天数浇水形成的旱涝突变，是造成裂果、裂茎等症状的诱因。

❖ 10. 如何根据"四看"对大棚蔬菜进行合理浇水？

在有土栽培的条件下，浇水要"四看"，即看天、看地、看长势、看地温。"四看浇水"就是根据天气状况、土壤干湿状况、蔬菜生长情况以及地温的高低情况进行浇水，避免浇水不当或一次性浇水过大造成伤根。

（1）看天浇水　看天，即看天气状况。天气的好坏决定了光照强度、蒸发量的大小。天气晴好时，光照强，棚内温度高，蒸发量大，土壤水分蒸发较快，因而浇水也比较频繁。天气阴冷、气温低时，土壤蒸发量小，失水慢，因而浇水间隔的时间也长。对于晚秋、冬季、早春等温度较低的时节来说，浇水必须要看天气，它一方面决定了浇水的量，另一方面也决定了大棚内病害的发生程度。

因此，在浇水之前一定要收看天气预报，不但要选择晴天浇水，还要保证浇水后有 2~3d 的晴天，以防浇水后遇到阴雨天气，导致棚内湿度增加、地温降低、病害多发。深冬季节更需特别注意，在连阴天后骤晴的前两天，也不适宜浇水，应先提高棚温和地温，待根系的吸收能力恢复后再浇水。

（2）看地浇水　看地，即看土壤墒情。矿质养分的吸收是以水分为载体，植株吸收水分的同时也把养分吸收上去。因此，土壤含水量是否稳定决定了作物对养分的吸收利用是否均衡。在按天浇水而不看土壤墒情的条件下，土壤含水量低于 40% 时，不利于养分的吸收。若突然浇水容易发生裂果、崩瓜的现象。当土壤含水量保持在 70% 以上时，容易导致土壤透气性变差，致使根系缺氧，降低根系的活力，造成沤根。

看土壤墒情浇水，一般的判断方法是取位于地面 5cm 以下的土壤，手握成团，自然下落后观察土团的破碎情况，若握成团后手掌没有湿润感，下落后立即散开，则须浇水。一般来说，保持蔬菜根际土壤含水量在 50%~70%，既能够满足作物对养分、水分的需求，又不会造成土壤缺氧、棚内湿度过高。

（3）看长势浇水　看长势，即看植株长势。通过观察叶片的角度、柔韧度、平整度以及茎蔓的柔韧度等判断植株的水分供应情况。缺水时，叶片会表现出卷曲、萎蔫等状况。缺水导致的叶片卷曲，多出现在蒸发量大的功能叶上，在生产中会发现 1m 左右高的植株的中下部叶片缺水时率先出现上卷的情况。

与卷叶、萎蔫相反的是，在高温季节，肥料用量大、供水量充足的情况下，可能出现旺长的情况，表现为茎秆细长、叶片脆嫩，使植株生长失衡。因此，在这样的情况下，应进行适当控水，减少养分特别是氮素的供应，利于植株维持生长平衡。当然控水的时机要把握好，既要控制旺长的情况，又不能出现卷叶、萎蔫的情况。

（4）看地温浇水　看地温浇水，这是冬季大棚蔬菜栽培非常重要的内容。适宜蔬菜根系生长的日平均地温在 22℃ 左右。高温季节地温通常会达到 30℃ 以上，而深冬季节，大棚内地温多在 15~20℃，如果浇水过量或浇水时机不对，就会使地温迅速下降，使根系受伤，危及植株地上部的生长。

例如高温季节浇水，水温一般在 14℃ 左右，若在地温超过 30℃ 时浇水，就容易有炸根的情况出现。因此高温季节浇水通常选择在晴好的清晨进行。冬季浇水的道理也是如此，冬季夜温要保持在 15℃ 左右，此时地温一般在 15~18℃，与地下水的温差较小，而如果在中午或下午浇水，此时地温在 25℃ 以上，就容易出现炸根的情况。因此，低温时期浇水最好在早上进行。

❖ 11. 夏季暴风雨突袭大棚蔬菜后的补救措施有哪些?

夏季,特别是梅雨季节,极易发生暴风雨,且暴风大雨来得急,降雨集中,常导致大棚内的蔬菜受涝害(彩图2-6)。一旦发现雨水进棚或田间积水,应及时加强雨后蔬菜的管理,使蔬菜尽快恢复生长,减少损失。

(1)雨后及时排水防涝 大雨过后,大棚内或田间积水过多,土壤透气性变差,蔬菜根系在较长时间内进行无氧呼吸,会产生很多自毒代谢物,对根系造成伤害,因此雨后一定要抓紧疏通排水沟渠,抢排田间积水。

平时要确保深沟高畦,雨前应及时疏通"三沟",雨中导流,及时排除渍水,确保下雨时能迅速排除田间积水,最好能做到雨停时沟内积水及时排完,最大限度地减少蔬菜受渍涝的时间。此后待地面不再泥泞时,要及时中耕松土,避免土壤表层板结,促进根系恢复生长。

(2)抢收存园菜 将成熟或即将成熟的蔬菜及时采收上市,做到应收尽收,防止由暴雨或雨后暴晴导致蔬菜在田间损伤、腐烂和病害加重,加大对市场的有效供应,降低因灾损失。

(3)加强存园菜的培管 及时扶正蔬菜植株,防止倒伏的蔬菜因挤压受损;及时疏松土壤,增加土壤的通透性,并培土护根;及时喷施叶面肥促生长,降雨易导致土壤养分流失和蔬菜根系受伤,从而使根系吸水、吸肥能力降低,可在排出积水后,结合防病用全营养叶面肥300倍液、海藻酸叶面肥1000倍液等进行根外追肥,促使蔬菜尽快恢复生长。

(4)早防病害 对于受灾严重的大棚或田地,要立即清除蔬菜残枝败叶,大雨过后,蔬菜伤口多、抗性差,田间湿度大,蔬菜易感染细菌性软腐病、猝倒病等多种病害,并导致枯萎病、根腐病、疫病、青枯病等土传病害的迅速传播蔓延,要及时喷药防治。可在晴好天气时迅速喷洒百菌清、苯醚甲环唑、多菌灵、松脂酸铜等广谱杀菌剂,防止病害发生。防虫药剂可选用甲维盐、啶虫脒、溴氰菊酯、高效氯氟氰菊酯等,为提高防效,可将防病剂与防虫药剂混配使用。

(5)秋播及抢播速生菜 对于毁种的,可抢播速生菜,或培育秋季蔬菜苗。在大棚上覆盖一网一膜,及时进行甘蓝、花椰菜、青花菜、辣椒、番茄、茄子、瓠瓜、黄瓜、小南瓜、莴苣、西芹等秋季蔬菜的育苗。选择地势高、排水通畅的大棚,最好能采用穴盘育苗,一般苗龄20~30d,当幼苗能够定植时梅雨季节基本已过去,此时可用大苗定植,减轻因灾损失。

对于毁种后的大棚,可抢播速生菜应市,如大白菜秧、小白菜、夏大白菜、生菜、油麦菜、菜心、蕹菜、苋菜、芹菜、萝卜芽、芫荽、菠菜等,也可点播秋毛豆、秋菜豆、秋豇豆等。抢播速生菜可采用以下三法,加快上市进程:

一是为保证蔬菜在暴雨中正常生长,采用避雨栽培的方式防暴雨冲刷,在大棚顶上全部覆盖薄膜,四周不覆盖以便于通风降温,有条件的在薄膜上再覆盖一层遮阳网。二是采用免耕法直播，因梅雨季节连续降雨，土壤中含水量较大，不利于翻耕。采用免耕法，在播种前不施肥、不开沟，直接把种子播在土壤里，播后 20d 即可上市。如肥料不足，在出苗后 7d 左右再撒施 1 次氮肥。此法简单实用，能赢得抢播时间。三是错期播种，做到每天有播种、每天有上市，拉长播种期，延长供应期，做到淡季不淡。

(6) 及时维护设施　灾后要及时对大棚、薄膜和农机具进行维护和抢修，为恢复生产、抢排渍涝提供排灌保证。迅速修复受损的蔬菜大棚，对因浸泡时间较长而松动的棚脚及时检修，防止大棚倒塌。对棚架整体进行加固。修补破损棚膜，受损程度大的，应及时更换。对农机具等进行清洗和检修。

❖ 12. 夏季高温雨水进棚沤根的补救办法有哪些？

夏季高温多雨，尤其是雷阵雨多，若来不及进棚关闭通风口，就会让雨水进棚造成沤根，出现黄叶、根系腐烂等问题。雨水进棚危害很多，不仅会影响土壤透气性，直接伤害根系，还会带来很多病原菌，造成植株根部病害多发，发生黄叶、烂根等现象。

(1) 少量雨水进棚的补救办法　多数情况下，雨水进棚都是通过通风口、棚膜破损处等位置，虽然面积小，但对少数植株伤害大。一旦发现雨水进棚，可立即使用枯草芽孢杆菌、哈茨木霉菌等生物农药，按照用量及时进行灌根或冲施，可确保根系生长良好，避免根部病害发生。已经发生沤根、死棵的，可用咯菌腈、吡唑醚菌酯、噻唑锌等药剂进行灌根，然后冲施生物菌剂，防治根部病害。

(2) 大量雨水进棚的补救办法　若出现暴雨，雨水大量进棚时，应立即着手排出棚内积水，撒入干秸秆、稻壳等吸水，降低棚内湿度。在地表稍干时，应立即使用枯草芽孢杆菌、哈茨木霉菌等进行灌根，并全面喷淋地表，保护主要根系，避免烂根、死棵。

第三节　光　照

❖ 1. 提高大棚内光照的技术措施有哪些？

大棚蔬菜一旦遇到连阴天气，或出现阴雨天的次数增多时，光照不足就成为影响蔬菜产量提高的重要因素，这种情况在冬季和早春季节出现较多。弱光使植株的光合作用效率降低，而呼吸作用却照常进行，消耗植株营养，久而久之导致植株提早衰亡。而采取了增光措施的大棚，大部分越冬苗长势较好。因此，通过增加大棚内的光照，保证光合制造大于呼吸消耗，就等于解决了植株的生存危机。

增加光照的技术措施可从以下几个方面综合进行：

(1) 优化大棚结构 好的大棚，在建设时首先就要考虑到能充分利用太阳能，既能充分利用太阳直射光，又能充分利用散射光。因此，在建设大棚时，应选择在背风向阳、周围无高大建筑物遮阴的地方。在保持原有采光、保温性能的基础上，适当增加大棚的顶高以及跨度。尽量增加采光面的倾斜度，因为倾斜角度越大，冬季日光射入量越多，大棚内光照条件越好。尽量减少大棚内的支柱、拱架、拉杆的数量，或采用悬梁吊柱式结构，节约材料，减少大棚内的遮阴面积，可大大改善光照条件。

(2) 尽量开棚，延长见光时间 在冬、春季节遇长期阴雨天时，要充分利用好散射光，只要温度条件尚可并且不下雨，就应开棚门或开裙膜缝使蔬菜见光，但又要兼顾保温，因此建议开棚时间比晴天晚 0.5~1h，下午棚门关闭时间要比晴天早 0.5~1h。如果开棚后棚温下降较快，超过 3~5℃，可暂不开棚。

(3) 选用防尘性好的大棚膜 在购买大棚膜时应选择防尘性好的大棚膜。大棚膜的生产材料和工艺不同，防尘性存在很大差别。例如，PVC 膜防尘性较差，透光性前优后差；EVA 膜防尘性良，透光性前优后中；PO 膜防尘性优，透光性一直比较优良。

(4) 及时清扫大棚膜（彩图 2-7） 大棚膜越干净，光的透过性越好，因此应擦亮大棚膜，多争取散射光。对于大棚膜外部灰尘的清除，可采用设置除尘带的方法。除尘带可以用长的布条等制作，将其一端固定在棚顶，另一端固定在棚下，长度略长于棚的宽度（一般比棚膜宽度长 0.5~0.7m 即可）。这样布条会随风摆动，从而擦掉棚膜上的附着物，保持棚膜清洁，增加棚膜的透光度。一般情况下，每隔 3m 左右设置一根，松紧度应做到两根除尘布条在随风自然摆动的条件下不要相互搭叠或缠绕即可。可适当调整安装的位置，调整次数一般在 3~4 次左右。除尘带中间摆幅大，则除尘效果好；两头小，则除尘效果较差。尘土较多时还需结合抹布将尘土抹去。

(5) 减少大棚膜内面的结露 减少大棚膜内面的结露，可减少对透光率的影响。大棚膜内侧容易结露，若大棚膜的消雾流滴性能差，大量水滴积累在大棚膜上面，对光线形成折射，使原本透过大棚膜的直射光变为散射光，从而降低了棚内的光照强度。

大棚膜上的消雾剂、流滴剂是有持效期的。一般来说其持效期为 3~6 个月，当消雾剂、流滴剂散逸消失后，大棚膜将失去流滴功能。因此无论是大棚膜的选择还是使用都必须保证大棚膜的消雾流滴性能在其持效期。另外，如果棚面较平，且膜下有钢丝、竹竿等物体阻挡，也会导致棚膜的流滴性能变差。如果发现大棚膜结露严重，在做好大棚内降湿工作的情况下，可使用有机硅兑水喷雾，提高水滴在大棚膜上的延展性，避免结露。

(6) 张挂反光膜 挂好反光膜，可达到增光、提温的作用。反光膜增光的有效范围一般为距反光膜 3m 以内，地面增光率在 10%～40%，距地面 60cm 高的空中增光率在 10%～50%。反光膜增加了棚内的光照强度，使地表吸收更多的太阳辐射能，因而也明显提高了地温和气温。

遇到晴天光照强度大的时候，反光膜附近产生的高温可能伤及附近的蔬菜植株，因此建议在晴天光照好的条件下将反光膜及时收起。

（7）安装补光灯　在连阴天的情况下，安装了补光增温设施的大棚蔬菜要比未安装的好些。

① 灯具类型　并不是所有的灯都可用于补光增温。补光灯要选择产生 400～700nm 波长的光源，虽然以红、蓝光为主，但要配以其他颜色的光，如橙光、紫光、绿光及黄光等。在生产中，许多菜农使用的是普通白炽灯和日光灯，这两类灯能够为蔬菜提供有限的光源和热源，普通的灯泡产生的利于蔬菜生长的红、蓝、紫光等光线非常少，因此作物利用也有限。如功率较高的白炽灯，增温效果可以但补光效果较差。

目前有多种补光灯可以选择，如农用高压钠灯、LED 补光灯等，遇到连阴天时可在中午前后开灯补光 2～3h，促进光合作用，避免植株营养匮乏，影响后期长势。若大棚内使用的是 LED 补光灯或产生热量较少的荧光灯类型的补光灯，可在大棚内搭配使用大功率的白炽灯或补温灯，从而起到补光增温的双重效果。

② 灯具安装　补光增温灯具的安装和使用时间要灵活。补光灯的安装需要根据蔬菜生长的高度灵活调整。一般照射范围大的补光灯距离蔬菜较远，高度保持在距生长点 1.5～2m 处，照射范围较小的补光灯一般安装在蔬菜生长点上方 0.5～1.5m 处。如果是单纯的补光灯，可距蔬菜生长点稍近，若是既有补光又有加温作用的灯具，则需要与蔬菜生长点保持一定的距离，以免距离过近对蔬菜造成伤害。

③ 补光时间　补光时间需要根据蔬菜对光照强度的需求来灵活调整。如黄瓜在阴天弱光环境中，一天之后的产量可下降三分之一，连续数个阴天之后，几乎没有产量。黄瓜在短日照条件下有利于雌花分化。所以在光照强度比较弱的情况下，可以进行相应的补光，从而提高光合作用和产量。但要注意不要无限延长光照时间，无降水的条件下可开棚见散射光并关闭补光灯，夜间适当增加光照 1～2h即可。一般在连续阴雨天，用白炽灯补光的功率应掌握在 $80W/m^2$ 的水平上，一天中的补光时间不能超过 8h。但该方法由于成本较高，生产上很少采用，主要用于育种、引种、育苗。

④ 注意事项　棚内的补光增温设施要注意防潮。由于大棚内较外界湿度高，在选择安装补光灯的时候要做好灯具的防潮工作，以延长补光灯的使用寿命。可对灯具进行密封处理或选择防水、防潮性能好的补光灯。当然不仅对灯具要做好防潮工作，对棚内用于补光的电线接口以及灯座、开关都要做好防潮工作。

（8）铺设白色地膜　白色地膜可反射光照，将光线再射向植株叶片，促进叶片进行光合作用，而黑色地膜吸收光线。因此，建议大棚内若铺设地膜，要尽量选用白色地膜。

(9) 合理整枝　光照弱的月份应当少留枝叶，以使每片叶都能得到较多的光照，使地面也能见到少量的光照。尤其是需要转色的番茄、茄子、辣椒等，要使其果实得到转色所需要的光照，就要减少内膛枝。

及时整枝搭架和引蔓，通过调节吊枝等的角度加大小行空间、减少大行空间，可达到增强通风透光的目的。及时摘除植株下部的病叶、老叶，及时打顶等，都能改善大棚内的光照条件。

❖ 2. 如何对大棚蔬菜进行遮阴？

蔬菜生长发育都要有适宜的光照条件，并非越强越好，大棚内光照过强，容易发生日灼的现象，叶片日灼多发生在晴天的中午，首先叶片边缘被灼伤，严重时整株叶片被灼伤。因此在保证蔬菜一定营养面积的前提下，尽量减少植株相互遮阴，但又要保持一定的密度、合理的株行距。

遮阴的目的是降低温度和光照强度，避免蔬菜秧苗、植株受高温、强光的伤害。遮阴对 6～8 月的大棚蔬菜栽培是一项非常重要的管理内容。冬春季育苗，在特定的情况下，同样需要遮阴。

大棚遮光不但可以减弱大棚内的光照强度，还可以降低大棚内的温度，这在光照过强时相当有用。大棚遮光 20％～40％能使棚内温度下降 2～4℃。光照过强或幼苗移栽都需要遮光，遮光材料要求有较高的反射率、一定的透光率和较低的吸收率。

(1) 夏秋遮阴　一般在大棚顶部覆盖遮阳网。遮阳网可以在大棚骨架上直接覆盖，也可以在原有的大棚顶膜外覆盖，后者除了能遮阴外，还具有避雨的作用。在夏秋季进行的秋冬蔬菜育苗、秋冬季果菜类反季节栽培上，一般需要进行遮阴。遮阴效果取决于遮阳网的种类（规格）、覆盖时间、覆盖率，应根据蔬菜作物生长发育对光照、温度的要求选择适宜的遮阳网及覆盖方法。

(2) 冬春遮阴　在冬春季果菜类蔬菜育苗中，有时同样需要遮阴。例如，秧苗假植时，若光照较强、温度较高，就需要遮阴，待秧苗缓苗后再使其接受正常光照。连续阴雨（雪）天气，秧苗生长瘦弱，特别是根系的吸收能力下降，如果天气突然晴朗，若不遮阴，秧苗容易出现萎蔫现象，甚至死亡。所以，在连续阴雨（雪）天后的晴朗天气，应对秧苗进行遮阴，以使秧苗逐渐适应比较强的光照条件，恢复生长。

遮阴还可采用其他方法，如玻璃面涂白；覆盖苇帘、竹帘、无纺布等遮阴物，可遮光 50％～55％，降低棚温 3.5～5.0℃；玻璃面流水，可遮光 25％，降低棚温 4.0℃。

3. 越夏蔬菜遇阴雨天气如何防止高温弱光危害?

越夏蔬菜遇连续阴雨天气时,大棚蔬菜处于高温弱光的环境下,易出现种种异常现象,应结合蔬菜出现的异常找出根源,从根本上解决问题,让蔬菜恢复长势。

(1)高温弱光蔬菜易徒长,要合理控旺 若徒长症状不明显,可以喷施超常量磷酸二氢钾、海藻类、氨基酸类等叶面肥,如光合动力,用以平衡植株的营养生长和生殖生长;若徒长明显,可以选用喷施控旺药剂的办法,如用叶绿素、多效唑、矮壮素、烯唑醇等,对于使用浓度的确定,建议小面积试验后,再进行大面积使用。

(2)弱光致光合作用减弱,应尽可能地增加光照 若近期天气以阴雨天为主,中间偶有强光照天气,遮阳时可以选择遮阳网或者是在大棚膜面上喷洒泥浆、墨汁等,再下雨时雨水会将其冲刷掉,尽可能地增加阴天时的散射光。同时,还可以喷施海藻类叶面肥,提高叶片的光合作用强度。

(3)营养供应不足致根系活性差,要促根养根 根系吸收养分需要消耗能量,而能量来源于光合作用产生的有机养分。在连续阴雨天气下,叶片光合作用合成的有机养分总量减少,供应至根系的部分也会减少。因此,要注意养护根系并促生新根,可以随水冲施海藻类、甲壳素类、腐植酸类等功能性生根剂,提高根系的抗逆能力。

(4)营养供应不足致畸形果多,应疏果减轻植株负担,促结精品果 由上述分析可见,在阴雨天气下,植株自身制造或吸收的营养都会减少,易造成花芽分化不良,或者是植株留太多果实的话,容易造成畸形果。所以,要合理疏花疏果,减轻植株负担,尽可能地提高精品果率。

4. 大棚蔬菜冬春季节长期低温弱光后转晴易出现哪些问题? 应采取怎样的管理措施?

冬春季节大棚若经历了漫长的低温、弱光甚至不见光的时期,开晴后易出现许多问题。

(1)黄叶 阴雨天气持续的时间过长,导致蔬菜光合产物不足,很多蔬菜出现黄叶,严重的整株黄叶,其主要原因来自两个方面:一是根系活力下降,营养元素吸收受阻;二是光照不足,光合产物形成速度减慢。

(2)生理性萎蔫 转晴之后的大棚蔬菜最为典型的问题就是发生萎蔫,植株长势好的大棚内可能是零星出现,而长势略差的大棚蔬菜则全棚萎蔫。主要的原因是:根系吸收能力下降,而温度升高后叶片的蒸腾作用加强,植株含水量降低,造成萎蔫。

（3）阴天之前浇了水，沤根死棵　长期的低温寡照给大棚蔬菜带来的最大隐患之一就是死棵，出现这种情况多半是由于阴天之前浇了水，使得土壤含水量大，根系长期处于低温高湿的环境中，组织腐烂、病菌侵染，而且根腐病一旦发生可控性差，后期的危害极大，易发生沤根死棵的现象。

（4）大棚长期低温，产生生长障碍　连续的阴雨天气，会使大棚内温度较低，尤其是很多老棚保温性较差，遇到寒流时棚内温度只有 7～8℃，蔬菜极易发生低温障碍：果实着色不良，根系受伤，缺素症状多等。

（5）棚内湿度大，病害多发　连阴天，大棚内湿度大，一些低温高湿病害开始出现，发生较多的主要是灰霉病、菌核病以及细菌性病害。

大棚蔬菜冬春季节长期低温弱光后转晴，应采取以下管理措施：

（1）多措并举，促进植株尽快恢复长势

① 减少留瓜适当休息　经历了长期的连阴天，蔬菜犹如大病了一场，植株长势很弱。建议减少留瓜数量，尤其是种植黄瓜、丝瓜等瓜类蔬菜的更应减少留瓜数量。以普通黄瓜为例，一棵植株上只留一条瓜即可，等植株长势恢复后再正常留瓜。虽然水果黄瓜是节节有瓜，但一个节位最多留一条瓜，或者两节留一条瓜。在晴好天气时及时将植株底部的老叶、黄叶、病叶打掉，茄果类蔬菜按需疏除过旺侧枝，以减少营养消耗，减轻植株负担。

② 快速恢复根系活力　经过长时间的连阴天，地温低，蔬菜根系活力差，之后一段时间应以快速恢复根系活力为重点。适宜的地温是维持蔬菜根系正常生长的关键，因此要想提高根系活力首先应提高地温。

提高地温的措施较多，最简单有效的办法就是铺设地膜，尤其是白色地膜，增温效果显著。同时在操作行铺设作物秸秆，保温降湿。

此外，应注意大棚中蔬菜植株的调整，尽早疏除下部老叶和病叶，增加植株间的通风透光，增加地面的受光面积，提高地温。

还可用提高棚温的办法，以棚温促进地温的回升，如草帘要尽量早揭晚盖，并经常擦拭棚膜，增加大棚的透光率和光照强度。

天气转晴后，及时冲灌氨基酸类、海藻类、腐植酸类、甲壳素类等养根护根肥料，促进根系的生长发育。但值得注意的是，天气转晴后不要急于浇水，若立即浇水，容易导致根系窒息，蔬菜叶片变黄，甚至落叶。应在植株长势恢复正常后再进行浇水，在浇水时最好冲施生物菌肥，以促进根系生长，增强植株的抗逆能力。

③ 养护叶片，增强叶片的光合能力　长期阴天后，大多数蔬菜表现出黄叶的症状，有的甚至出现缺素的症状。建议在根系吸水、吸肥能力较弱的情况下，可直接叶面喷施氨基酸类叶面肥配合中微量元素叶面肥，以延长叶片的功能期，防止叶片早衰，使每片叶片提供和积累最多的干物质，增加产量。大棚内湿度大，灰霉病、菌核病、细菌性病害等高发时，可在喷施叶面肥时加入相应的药剂，防

治病害。

④ 及时预防根部病害　连阴天时，若长时间不浇水，则大棚内土壤干旱；若浇水施肥过多，则伤根、沤根严重。根系一旦受伤易感染根部病害。建议出现死棵的大棚蔬菜，最好用杀菌剂配合生根剂灌根。灌根后几天内要尽量不浇水，以防土壤中的药液浓度被稀释，影响防病效果。蔬菜需要浇水时，可在定植沟内溜小水，以水面到垄高的 1/3 处为宜。

（2）重新定植，加快缓苗　连续阴雨的天气对于那些刚刚定植不久、处于生长后期的大棚蔬菜来说，转晴后就意味着将要重新定植，促进蔬菜快速缓苗。

生长后期改茬的大棚，基肥用量及配比要合理，避免烧苗。必须在基肥中注重有机肥的施用，如果施用了未发酵腐熟的厩肥，则很容易导致烧苗，所以可以选择质量好的成品有机肥或者发酵鸡粪。另外需注意的是，可以配合生物菌肥一起施用，促进蔬菜根系的生长。

改定植后浇水为定植前浇水。在冬春季节地温较低的情况下，定植后浇水是非常不利于秧苗根系生长的，这是因为浇水后需要很长时间地温才能够恢复到正常的温度，并且秧苗定植以后浇水的温度过低还会对原本基质中的根系造成损伤，更会增大死苗风险。

在定植前 3～4d 浇沟洇垄，以便提早恢复地温，而后根据垄中形成的水位线开定植穴。秧苗定植 4d 后根系向外扩展，在土壤深层水的引导下根系向下深扎，从而降低了因地表温度变化剧烈对根系的影响。

选择健壮的秧苗。由于连续阴雨天气的影响，育苗工厂内的秧苗也受到严重的影响，所以重新换茬时选择秧苗要十分谨慎，应选择长势良好、健壮的种苗。种苗健壮的直观表现是茎叶生长均衡，不存在茎秆细长、叶片黄化的细弱苗和叶片皱缩浓绿、茎秆短粗的老小苗、激素苗。

收到秧苗以后，先要拔出查看根系的生长情况，基质表面裹满洁白的根毛，这样的秧苗健壮。若根系少、根毛发黄，这样的秧苗最好不要使用，或者在定植以后需要加强培养，以降低死棵的风险。

促进秧苗快速生根。定植后缓苗的过程也是生根的重要阶段，一般秧苗在定植后 4～5d，根系由基质开始向环境复杂的土壤中伸展，在这个过程中可能会出现一系列的问题，如不适应土壤环境、长势越来越差、被病菌侵染等，所以需要做好根系从基质到土壤的延伸工作。

冬季由于土壤环境比较差，所以需要使用大量有益菌，利用有益菌以菌抑菌的作用来提高土壤的环境。有益菌繁殖快，以其自身的数量优势及产生的抗生素、生物酶、生长素类物质，抑制有害菌的繁殖和侵染，同时引导和促进根系快速适应土壤环境并在土壤中快速扩大。可以通过蘸盘、穴施、灌根这三个步骤为秧苗生长前期提供有益菌，促使其加快生根。

第四节 气 体

❖ **1. 增加二氧化碳浓度的常用方法有哪些?**

(1) 增施有机肥料 有机肥经微生物的分解可释放出 CO_2 气体。

(2) 通风换气 晴天日出后,大棚内温度升高时及时进行通风换气,可使大气中的 CO_2 气体补充到大棚内。

(3) 人工增施 CO_2

① 施肥时期 苗期一般不进行 CO_2 施肥。茄果类、瓜类等果菜类蔬菜,从雌花着生、开花结果初期开始喷施,能有效地促进果实肥大。除阴雨天外,可连续施用至采收盛期。

② 施肥浓度 大多数蔬菜生长适宜的 CO_2 浓度为 $0.08\%\sim0.12\%$。南方大棚蔬菜生长中应用较多的 CO_2 浓度为:茄子、辣椒、草莓等,晴天 0.075%,阴天 0.055%;番茄、黄瓜、西葫芦等,晴天 0.1%,阴天 0.075%。

③ 施肥时间 一般在日出 1h 后开始施用,停止施用的时间应根据温度管理及通风换气的情况而定,一般在棚温上升至 30℃左右、通风换气之前 $1\sim2h$ 停止施用。中午强光下蔬菜大都有"午休"现象,而晚上没有光合作用,所以均不必进行 CO_2 施肥。阴天、雨雪天气,一般也不必施用。

④ 施肥方法 CO_2 施肥的方法有多种,有钢瓶法、燃烧法、干冰法、化学反应法、颗粒法等。

a.钢瓶法 利用酒精等工业的副产品产气,将其用钢瓶盛装,直接在大棚内施放。优点是施放方便,气量足,效果快,易控制用量和时间。缺点是气源难寻,搬运不便,成本高。

b.燃烧法 通过燃烧白煤油、液化石油气、天然气、沼气等产生 CO_2 气体。优点是 CO_2 纯净,产气时间长。缺点是易引起有毒气体危害,成本高,还要注意加强防火。

c.干冰法 利用固体的 CO_2(俗称干冰),在常温下升华变成气态 CO_2。运输时需要保温设备,施用时不要直接接触。

d.化学反应法 通过酸和碳酸氢铵进行化学反应产生 CO_2。这种方法贮运方便,操作简单,经济实用,安全卫生,价格低廉,环境污染少。方法是:先将 98% 的工业浓硫酸按 $1:3$ 的比例稀释,放入塑料桶内,每桶每次放 $0.5\sim0.75kg$,每亩大棚内均匀悬挂 $35\sim40$ 个桶,使之高于作物上层,每天在每个桶中加入碳酸氢铵 $90\sim100g$,即可产生 CO_2。目前,国外多利用大型固定装置燃烧天然气、丙烷、石蜡、白煤油等来生产 CO_2 气体,南方多采用化学反应法。

此外，还可采取菇菜间套种的方法，食用菌分解纤维素、半纤维素，释放出蔬菜生长所需要的 CO_2 和热能。采用畜菜、禽菜同棚生产，畜禽新陈代谢为蔬菜提供 CO_2 和热能。目前，在山东等地大力推广秸秆生物反应堆技术给大棚蔬菜提供 CO_2，效果非常好。

2. 大棚内蔬菜增施二氧化碳气肥要注意哪些细节?

（1）及时闭棚　大棚蔬菜人工增施 CO_2 后要密闭大棚 $1\sim2h$，以利于蔬菜有足够的时间吸收 CO_2。

（2）加强管理　蔬菜增施 CO_2 后，在栽培管理技术上要采取相应的措施，适当控制生长，促进发育，加强肥水管理，增施有机肥，降低棚内湿度和增加光照。要想提高大棚中晚间 CO_2 的生成量，除注意严密闭棚外，在菜地中施用大量的农家肥是主要的措施。一般每年每亩地施入禽畜粪、秸秆沤制肥达 $5000kg$ 左右。

（3）注意施用量、施用次数、施用时间　CO_2 气肥也不能过量施用，多了会产生严重的副作用，可能会引起茎叶徒长，秧苗老化、早衰，影响后期产量，用了不如不用。

一般一天只用一次，最多用两次。若施用次数太多，当 CO_2 浓度超标时就会反过来影响光合作用的正常进行。

施用时间也不是越长越好，应在光照条件良好的上午施用。有人整天施用，晚上也用，这都是错误的，都会引发气害，轻则黄叶，重则死株。在上午施用，也应注意施用时间，须在揭开棚膜见光 $1h$ 以后再施用，不能立即施用。过早的施用会使大棚中 CO_2 浓度过高产生毒害作用。因大棚中土壤有机质的分解及蔬菜本身的呼吸作用也会产生 CO_2，在棚中经过一夜的积累会达到很高的浓度，盲目地尽早补充 CO_2，蔬菜也会受害。

（4）搞好大棚中 CO_2 浓度的调节工作　蔬菜大棚中从傍晚闭棚后 CO_2 浓度会不断升高，在棚里农家肥用量较多时，由于其分解产生 CO_2 的量会很多，CO_2 通过一晚上的不断积累，其浓度会达到 $0.15\%\sim0.20\%$，这个浓度是棚外空气中 CO_2 浓度的 5 倍以上。所以，这些 CO_2 是大棚蔬菜增产的潜力所在。一个大棚中一晚上积累的 CO_2 约可供棚中蔬菜 $1h$ 光合作用的需要，同在 $1h$ 内由于大棚中 CO_2 浓度高，蔬菜生成的光合物质的量通常要比露地栽培的蔬菜生成的量明显增加。因此，在太阳升起后的 $1h$ 内一定不能放风。

如果大棚见光 $1h$ 后不进行人工增施 CO_2，就要及时放风，使棚外空气中的 CO_2 早进棚，以使蔬菜的光合作用继续进行下去，故这段时间若温度条件允许就应及时放风。

3. 大棚内的毒气种类有哪些?　对蔬菜作物有何危害?

大棚内由于加温时产生的烟火和施肥不当以及塑料薄膜产生的有毒气体，会使蔬菜遭受危害。在大棚蔬菜生产中应特别注意有毒气体的产生及其危害特点，并及时采取措施。

（1）氨气（NH_3）　主要来自未腐熟的粪肥、饼肥、鱼肥等有机肥（特别是未发酵的鸡粪，彩图 2-8），尿素及碳酸氢铵等氮素肥料施用过多或施用不当也能引起氨气危害。当氨气浓度达到 $5mL/m^3$ 时，从蔬菜外观上就可看出危害症状；当氨气浓度达到 $40\ mL/m^3$ 时，24h 后危害严重。一般在追肥几天后会发生氨气危害：叶片呈水浸状，颜色变淡、逐渐变白或变褐，继而枯死。黄瓜、番茄、辣椒对氨气最敏感。

（2）二氧化氮（NO_2）　主要原因是铵态氮素肥料施用过多或施用不当，在强酸性环境下 NO_2 挥发出来。一般在施肥 7d 后发生 NO_2 危害，NO_2 浓度达到 $2\ mL/m^3$ 时，危害叶肉，先漂白侵入的气孔，叶面上出现白色斑点，以后褪绿，严重时除叶脉外的叶肉均被漂白致死。莴苣、黄瓜、番茄、茄子、芹菜对 NO_2 很敏感，茄子对 NO_2 危害的抵抗力最弱。

（3）一氧化碳（CO）　大棚内火炉加温时，若燃烧不完全，易产生 CO 和 SO_2 气体。番茄、芹菜对 CO 比较敏感，空气中 CO 浓度达 $2\sim3\ mL/m^3$ 时，叶片开始褪色。高浓度的 CO 使叶片表面、叶尖和叶脉组织先变水浸状，再变白、变黄，最后形成不规则的坏死斑。

（4）二氧化硫（SO_2）　由燃烧含硫量高的煤炭或施用大量的肥料产生。其危害是由于 SO_2 遇水（或湿度高）时生成亚硫酸，直接破坏蔬菜作物的叶绿体，轻者叶片组织失绿白化，严重时，整个叶片变成绿色网状，很快叶脉也干枯，变黄褐色枯死。菜豆、黄瓜、番茄、茄子等对 SO_2 比较敏感。

（5）其他气体危害　以聚氯乙烯为材料制成的塑料薄膜及塑料管，在制作过程中加入了一些增塑剂和稳定剂，可散发乙烯和氯气等有毒气体，危害蔬菜生长，使叶绿体解体变黄，重者叶缘或叶脉变白、枯死。如果棚内含有 $10mL/m^3$ 被氧化的二异丁酯，番茄、黄瓜等在 2d 内就会表现出生长不正常的症状，失绿、叶片黄化或皱缩卷曲。

❖ 4. 如何预防和减轻大棚内的毒气危害？

（1）通风换气　低温季节追肥以后的数天之内，在不影响温度条件的前提下，应适当加强通风换气，排除有害气体。

（2）施腐熟粪肥　不用新鲜或未充分腐熟的粪肥作追肥。肥料要充分腐熟，用量适当，不能施用过多。不宜在冬春季密闭的大棚内施用人畜粪作基肥。

（3）合理追肥　在大棚内严禁施用碳酸氢铵、氨水作追肥，少施或不施尿素、硫酸铵，并严格控制用量。每亩每次随水追施尿素 20kg，每隔 $7\sim10d$ 用 0.2％尿素和 0.1％～0.2％磷酸二氢钾作叶面追肥。为避免氨气和二氧化氮的挥发发生气害，每次少施氮肥，且宜与磷、钾肥结合穴施或深施，并及时覆土、浇水。施石灰可使土壤呈碱性，防止二氧化氮的挥发。

（4）安全加温　大棚蔬菜育苗需要加温时，不宜用明火加温，可采用保密性好的烟道加温，并选用含硫量低的优质燃料。最好采用电热线加温。采取燃烧燃料加温时，一定要接管道和排气口，使废气排放到棚外。

（5）选用合适的棚膜　尽量采用聚乙烯膜作为棚膜，以聚氯乙烯为材料制成的塑料制品或其他材料，尽量不要放在棚内，用后及时搬出棚外。

（6）中耕松土　大棚内土壤气体的调节方式主要是中耕松土，增施有机肥，防止土壤板结。

（7）人工补充气体　人工补充二氧化碳，浓度不宜超过 1000 mL/m³。

❖ 5. 大棚蔬菜基肥和追肥施用不当导致的气害症状有哪些？ 如何防止气害的发生？

（1）基肥　忌用未完全腐熟的有机肥　有机肥在发酵腐熟的过程中会产生大量氨气、二氧化氮气体等，如果通风良好，有害气体可以快速排出棚外，不会积累造成气害。而一旦遇到连阴降雪天气，通风口无法打开，甚至草帘都无法拉起，有害气体不断积累，气害就会发生。因此，冬季换茬时基肥腐熟一定要彻底。

菜农在粪肥腐熟的问题上一直存在很多的误区。如有些提前半年就买来粪肥，堆在棚外，覆盖好薄膜，认为这么长的时间完全可以将粪肥腐熟，结果施用后仍然出现烧苗、气害等问题；还有的认为干鸡粪是腐熟好的，可以安全施用，这些认知都是错误的。

因此，应提前用正确的方法将粪肥发酵腐熟。如在鲜鸡粪中掺入较多的土壤、秸秆，既补充了发酵菌，又提高了透气性，可以更好地腐熟粪肥；干鸡粪可提前喷洒发酵菌剂、水，建堆腐熟。

冬季换茬时若要施入粪肥，首先要确认粪肥是否完全腐熟，切不可未经判别就大量施入。完全腐熟的粪肥应该无任何臭味，颜色深，结构疏松。有明显的臭味，代表粪肥未完全腐熟，极容易产生气害，冬季换茬时是严禁施用的。

除粪肥外，豆粕等未经腐熟的高氮有机肥也不能大量施用。

（2）追肥　忌大量冲施含氮量高的肥料　含氮量高的肥料，如尿素等，若用量较大，这些肥料在发酵或分解的过程中，会产生大量的氨气，遇到通风不好的时候，会对植物产生危害。

深冬蔬菜生长慢、需肥量少，追肥也应随之减少。一般来说，可选择优质的全水溶性肥料，每次每亩 3～4kg。在春季气温上升、蔬菜产量提高后，再加大追肥量。

总之，冬季蔬菜施肥安全第一，不了解的宁愿不用。棚内蔬菜应经常通风，阴天可中午前后小口通风半小时，以排除棚内有害气体，避免气害发生。

第三章

大棚蔬菜土壤健康的维护

第一节　土壤连作障碍

❖ **1. 什么叫土壤连作障碍？　大棚蔬菜连作障碍的危害与表现有哪些？**

蔬菜连作是指在同一块菜地上连年栽种同一种蔬菜作物，俗称连茬。如第一年春夏季种番茄或辣椒，收获后秋季在同一块土地上种植大白菜或萝卜，到第二年春夏季再种番茄或辣椒，仍属连作。

连续种植同一种或近缘作物的土壤叫连作土壤。连作障碍则是指因连续种植某种（乃至同一科）作物而出现的病害发生及作物生长发育不良、产量下降、品质变差等现象，俗称"重茬病"。

大棚蔬菜栽培能充分利用太阳能，保温保湿，提高蔬菜抵抗自然灾害的能力，为反季节栽培提供了保障，确保蔬菜的长年供应，满足市场的需求。但近年来，由于大量施用化肥、农药及高度集约化种植、蔬菜种植品种相对单一等原因造成大棚土壤生产力退化的现象（如土壤板结硬化、酸化、盐渍化、根结线虫及土传病害等）日趋严重，导致蔬菜产量和效益降低，或为解决连作障碍而投入大量农药使蔬菜的食用安全性降低。

（1）次生盐渍化　次生盐渍化主要表现为土壤含盐量超过千分之三，有的甚至高于千分之五，土表发白。种植一般的蔬菜，植株矮小，发育不良，叶色深暗，叶缘干枯，根系发黑，轻则不生长，重则死亡。

（2）病虫危害加重　大棚蔬菜很难进行有效轮作，棚内地温、气温多高于露地，加速了病虫害的发生。一是土传性病原菌增多。大棚内高温高湿，西瓜、茄子枯萎病、黄萎病发生早而重；十字花科蔬菜软腐病、根肿病等病原菌聚集，病害加重。二是多年重茬导致地下害虫激增，如蛴螬。三是"土壤病"越来越重。

❖ 2. 造成大棚蔬菜连作障碍的主要原因有哪些?

（1）长期覆盖　大棚蔬菜栽培几乎周年为塑料薄膜所覆盖，长期无降雨淋溶，大棚内大量施用含盐量极高的矿物质肥料，它们既不能随雨水流失又不能随高温蒸发，只能聚集在土壤表层，从而造成次生盐渍化。

（2）化肥施用量超标　在大棚蔬菜生产中，菜农凭经验施肥，常因施肥量超标导致土壤盐渍化。据调查，连作黄瓜、番茄土壤中真菌和病原菌数量与连作年限呈正相关。化肥施用量过多不仅造成了肥料的浪费，还使蔬菜减产，并导致了土壤盐渍化，致使新建塑料大棚3～5年即出现不同程度的连作障碍。蔬菜受害初期表现为植株生长矮小、产量降低，严重者不能立苗。

（3）土壤中养分不均衡　据调查，通常大棚蔬菜施用氮、磷、钾肥的比例与蔬菜需要的氮磷钾比例有很大差距，导致氮磷钾比例失调。

（4）施用化肥的种类和方法不符合蔬菜生产要求　大棚蔬菜禁止施用易释放出氨气的化肥，但复合肥是菜农主要施用的化肥，磷酸二铵、三元复合肥在土壤表面撒施中也占了较大比例，这在很大程度上造成了磷钾资源的浪费。

（5）有机肥施用量偏高　目前粪肥已成为大棚蔬菜生产的主要基肥之一，菜农为了施用方便，经常将人或畜禽粪便晒干或未经腐熟直接施入土壤中，使杂草滋生，带入大量病菌、虫卵。长期大量施用有机肥同样会影响土壤的理化性质，导致土壤盐分累积，影响作物生长等。

（6）灌溉不合理　在水分管理上，连续的灌溉和冲施肥的施用造成了土壤的干湿交替不明显，加重了土壤的厌气环境，使一些厌氧微生物的繁殖速度加快、好气微生物的繁殖速度降低，破坏了土壤微生物的均衡发展。

（7）耕层过浅（彩图3-1）　在土壤管理上，由于设施的限制和小型农机的应用造成耕层变浅、犁底层抬高、根系分布的空间变小。

（8）土壤生态环境恶化　受利益驱动以及种植习惯和技术等条件的限制，大棚蔬菜种植模式单一、重茬现象普遍，造成大棚土壤营养元素的平衡被破坏、土壤性能变低，导致寄生虫卵、病原菌在土壤中越积越多，蔬菜重茬或连作提供了根系病虫害赖以生存的寄生和繁殖的场所，病原菌大量繁殖，加重了土传病虫害的发生。如由镰刀菌引起的番茄和瓜类的枯萎病、青枯病、茎基腐病、根腐病和根结线虫等。

大棚蔬菜如果栽培种类单一，其独特的环境抑制了硝化细菌、氨化细菌等有益微生物的生长繁育，使有害的真菌种类和数量增加，细菌种类减少，土壤生态环境恶化。

（9）植物本身的自毒抑制　植物本身能产生自毒抑制的原因是由于植物的化感作用，植物的化感作用是一种植物或微生物（供体）向环境中释放某些化学物质而影响其他有机体包括植物、动物、微生物（受体）的生长和发育的化学生态现象，包括促进和抑制两个方面，当受体和供体同属于一种植物时产生的抑制作用叫作植物的自毒作用。

化感物质作用的机理是抑制细胞分裂、伸长，损坏细胞壁，改变细胞的结构和亚显微结构，影响作物体内生长素、赤霉素、脱落酸的水平，破坏细胞结构，改变酶的功能和活性，抑制氨基酸的运输和氨基酸向蛋白质的整合，阻碍气体的传导。

◆ 3. 防止大棚蔬菜连作障碍的技术措施有哪些?

（1）合理轮作　利用不同蔬菜作物对养分需求和病虫害抗性的差异，进行合理的轮作和间、混、套作，可以减轻土壤连作障碍和减少土传病害的发生。

一是不同科的蔬菜进行轮作。可以使病原菌失去宿主或改变其生活环境，达到减轻或消灭病虫害的目的（如蒜、葱后茬种植大白菜，可以减轻白菜的软腐病）。

二是根系不同的作物进行轮作。根据瓜类蔬菜吸收土壤养分的成分、数量、比例和根系分布的深浅不同进行轮作，可以充分利用土壤养分，获得持续高产。如将茄果类、瓜类、豆类等深根性作物与白菜类、绿叶菜类、葱蒜类等浅根性作物轮作，可减少病害的发生，提高蔬菜的单位面积产量和品质。

三是根据蔬菜对土壤酸碱度和肥力的影响不同进行轮作。如种植甜、糯玉米会降低土壤的酸度，种植马铃薯、甘蓝会增加土壤的酸度，种植豆科作物可以改良土壤结构，提高土壤肥力。

四是水旱轮作。大棚栽培连续种植5～8年后很有必要进行水旱轮作，因为水旱轮作对抑制土壤的次生盐渍化及生态修复具有良好的作用，对土壤的病虫害传播也可起到抑制作用。旱作时土壤中以好气性真菌型微生物为主，连作时病原菌累积；水作时以厌气性细菌型微生物为主，病原菌得到抑制和减少。水旱轮作提高了土壤有益微生物的活性，使土壤的生态环境得到了修复。

五是改变栽培时期，错过发病期种植。如在高温期易发生的病害，在栽培上要错过高温期进行种植，可减少连作障碍的发生。

（2）选用抗病品种和采用嫁接技术　当前在大棚瓜类蔬菜栽培中嫁接技术的应用已相当普遍，茄果类蔬菜嫁接栽培的比例也在不断增加。

（3）深翻土壤　据测算，每增加 3cm 活土层，每亩可增加 $70\sim75m^3$ 的蓄水量，并可使当季蔬菜增产 10％左右。深翻可以增加土壤耕作层，破除土壤板结，提高土壤通透性，改善土壤理化性状，消除土壤连作障碍。在土地耕翻的过程中可以采用横耕、斜耕的方法破坏土壤微生物的分布结构达到改良土壤的目的，一般年份耕层深度应保持在 20cm 以上，每 2～3 年进行一次深翻，深度在 30～40cm。

（4）调节土壤 pH 值　蔬菜连作引起土壤酸化是一种普遍现象，每年对大棚内土壤要做一次 pH 值检测。当 pH 值在 5.5 左右时，翻地时每亩可施用石灰 50～

100kg，与土壤充分混匀，这样不但可提高 pH 值，而且对土壤病原菌有杀灭作用。

（5）推广平衡施肥技术

① 增施有机肥　有机肥营养全面，对土壤酸碱度、盐分、耕性、缓冲性有调节作用。以有机肥为主、化肥为辅，无机氮肥和有机氮肥之比不应低于 1：1。将所施用的有机肥都进行无害化处理。一般农家肥（如鸡粪、厩肥、畜禽粪等）与磷肥混合后进行堆沤或高温发酵后施用，或采用蔬菜专用有机肥、有机无机复混肥等。

② 平衡施肥　按蔬菜品种、肥料种类、施肥总量的不同，灵活掌握基肥用量。磷肥要以基施为主，基施比例占 3/5～2/3，氮钾肥基施比例占 1/5～1/3。为控制氮肥投入，连续采摘的作物，要注意分期控氮，每次每亩追施尿素不宜超过 20kg。禁止施用硝酸铵、硝酸钾等硝态氮肥，以降低蔬菜中的硝酸盐含量。不宜施用含氯化肥，如氯化钾、氯化铵等，因氯离子能降低蔬菜中的淀粉及糖的含量，并能引起土壤板结。禁止施用碳酸氢铵，因其易挥发产生大量氨气，引发氨气危害。

③ 补充中微量元素　蔬菜是喜钙作物，配合施用钙肥或含钙磷肥，对提高蔬菜产量和品质具有积极作用。同时，随着化肥的大量施用，注意补充锌、硼、镁等中微量元素，这对平衡土壤养分、实现蔬菜高产也具有促进作用。

④ 科学测土施肥（彩图 3-2）　蔬菜种类繁多，人为干扰因素也较多，以至于菜农在施肥上存在很大的盲目性，导致氮磷钾肥施用比例不合理，中微量元素缺乏且没有及时得到补充，肥料利用率低，肥料的增产效应没能充分发挥。可参照寿光制定的《寿光市保护地蔬菜土壤养分分级评价标准》（表 3-1），来解决许多测土单位和菜农化验土壤后不知如何施肥的问题。

表 3-1　寿光市保护地蔬菜土壤养分分级评价标准

级别	有机质/(g/kg)	全氮/(g/kg)	碱解氮/(mg/kg)	速效磷/(mg/kg)	速效钾/(mg/kg)	pH 值
1	>40	>0.2	>200	>150	>450	>5.5
2	30～40	0.15～0.2	150～200	120～150	350～450	5.5～6.5
3	20～30	0.1～0.15	100～150	70～120	250～350	6.5～7.5
4	10～20	0.75～0.1	50～100	50～70	100～250	7.5～8.5
5	≤10	≤0.75	≤50	≤50	≤100	>8.5

注：4 级水平偏低，要注意培肥地力，增施相应的肥料；3 级水平比较适宜，注意平衡施肥；2 级水平偏高，注意减少相应肥料的使用。

（6）间作诱集　发病严重的大棚，作物定植后一周内可播种速生叶菜作物，如小白菜或菠菜等，诱集土壤中的线虫，20～25d 根部形成大量根结后拔除诱集作物，尽可能将病根全部挖出，集中销毁，以减少土壤中根结线虫的数量，重病大棚可重复诱集。

（7）生物菌肥改良土壤　以鸡粪、秸秆为原料，加入多维复合菌种，每千克菌种先与10kg麦麸搅拌均匀，喷水5～6L，堆闷5～6h。再将鸡粪和粉碎的秸秆、菌种搅拌均匀（1kg菌种、1m³鸡粪、100～300kg秸秆），堆成高1m、宽1m（长度随鸡粪的多少而定）的发酵堆，外面盖上草苫，2～3d翻一次，一般翻3～4次。一般作基肥，也可作追肥，每亩施用3000kg（需9m³鸡粪发酵）。

（8）拉秧后的土壤处理　拉秧后根据实际情况选用下述措施进行土壤处理。

① 高温消毒　大棚完全封闭，要求20cm深的土层温度达到40℃维持7d，或37℃维持20d，即可有效杀灭土壤中的细菌、根结线虫等有害生物。消毒后翻耕（应控制深度，以30～40cm为宜，以防土壤深层的生物被翻到地表），晾晒3～5d后即可播种或定植。

② 使用反光板消毒　将配制好的培养土铺开，在阳光下暴晒3d左右，为了提高紫外线的强度，通常采用铝箔制成的反光板，将铝箔板迎着阳光斜对地面，利用光的反射提高土壤的温度，可使地表温度达到50℃，地下20cm深土层的温度可达15～20℃，这样可以消灭大量病菌、害虫（卵）等，虽然不是很彻底，但还是有效果的。

③ 灌水洗盐　在夏季高温不能生产的季节大量灌水，灌水量至少每亩达100m³，进行2～3次，以使盐分随灌溉水流出，达到洗盐的目的。原则上，塑料大棚不宜长年用塑料棚膜覆盖，应在外界温度高、雨水多的6～8月拆掉棚膜，让雨水自然洗盐，气温降低后再重新盖棚膜。

④ 湿热杀菌法　冬春茬蔬菜拉秧后，每亩撒施100kg生石灰粉、10～15m³生鸡粪或其他畜禽粪、植物秸秆3000kg、微生物多维菌种（石家庄格瑞林生物工程技术研究所生产）8kg，喷施美地那活化剂（河北慈航科技有限公司生产）400mL。旋耕1遍，使秸秆、畜禽粪、菌种等搅拌均匀，然后深翻土地30cm，浇透水，盖上地膜，扣严棚膜，保持1个月左右，去掉地膜，耕地1遍，裸地晾晒1周，即可达到杀灭病菌、活化土壤的效果。对蔬菜重茬导致的土传病害具有明显的防效，对嫁接黄瓜的根腐病和根结线虫病防效较好，对嫁接口细菌性腐烂也有明显防治效果。

⑤ 热水消毒　土壤热水消毒是利用高温热水消毒机产生的高温热水对土壤进行消毒，采用温度传感器控制热水温度，采用循环泵使水温均匀。包括燃煤式土壤热水消毒机、热水输送系统、热水分配器及注水滴灌系统等4部分。这种技术采用耐高温水管将92℃的高温热水输送到需要消毒的大棚的栽培基质槽或栽培畦。可将20cm深的土层温度在2h左右升至50℃以上，50℃以上可持续1～2h，45℃以上持续时间可达3.5h，能使30cm深的土层温度达33℃左右。经过处理前后的观测比较发现，经高温热水消毒处理后，土壤中大量存在的根结线虫基本上被杀灭。热水消毒法除了对土壤中的根结线虫有很强的灭杀性，同时还可加速土壤中有机物的分解，并释放出氨气、二氧化碳和有机产物，改变土壤的微生物群落，有效抑制病原真菌的繁殖，利于植物根系的生长，从而增强植株的抗逆性。

⑥ 高温闷棚　以太阳、生物、化学所产生的三大热能的综合利用为基础，通过高温闷棚处理，促使耕作层土壤形成 55℃ 以上的持续高温，能够有效灭除致病微生物及部分地下害虫，获得局部生态防治的良性效应。

利用高温闷棚技术，充分腐熟土壤内的有机肥，提高其吸收利用率；通过增加土壤有机质含量，促使次生盐渍土脱盐；能够改善土壤团粒结构、培育有益微生物群落。

在高温闷棚过程中，石灰氮作为一种有效缓释氮肥，对降低蔬菜产品中硝酸盐含量、补充土壤钙离子、减轻土壤酸化、平衡土壤酸碱度具有明显效果。

6 月下旬至 7 月下旬，大棚内蔬菜收获后，拔除植株残体，保持棚架完好、棚膜完整，深翻土壤 25～30cm 后整平地面，按每亩用蔬菜植株残体（秸秆、秧蔓、枝叶等）3000～5000kg、作物秸秆（玉米秸、麦秸、麦糠、稻草、稻糠等）1000～3000kg、有机肥料（鸡粪、牛粪、猪粪、菇渣等）5000～10000kg，根据实际条件可灵活选择用料方案，选其一或二合一、选其二或三合一，只要用料适量皆可。石灰氮每亩用量 60～80kg。

将蔬菜植株残体和麦、稻和玉米秸秆利用铡草机铡成 3～5cm 长的段，并与菇渣、鸡粪或猪粪、牛粪等有机肥及石灰氮选定适宜的用料方案，充分混合后均匀撒施于土壤表面，人工或机械混翻 1～2 遍。

每隔 1m 培起一条宽 60cm、高 30cm 的南北向瓦背垄，还可按下茬蔬菜作物定植的株行距的要求直接培垄。对无支柱的暖棚可用整块塑料薄膜覆盖，对有支柱的暖棚，须根据具体情况覆盖薄膜，但要密封薄膜搭接处，塑料薄膜可重复使用。

棚内灌水至饱和，密封整个大棚，提高闷棚受热、灭菌杀虫的效果。高温闷棚可进行至蔬菜苗定植前 5d，然后揭膜晾棚，闷棚时间不得少于 25d。

(9) 药剂消毒　药剂消毒是利用各种化学药剂或生物药剂通过喷淋、浇灌、拌土、熏蒸等手段对土壤进行消毒，可利用的药剂主要有甲醛、代森铵、棉隆、二氯丙烯、阿维菌素、根线净（苦参碱）、菌线威（1.5% 二硫氰基甲烷）等。

① 喷淋和浇灌法　将药剂用清水稀释成一定浓度，用喷雾器喷淋于土壤表层，或直接灌到土壤中，使药液渗入土壤深层，杀死土中病菌。适宜于大田、育苗营养土、大棚栽培等的土壤消毒。

喷淋法主要使用的药剂是甲醛、代森铵、波尔多液等。甲醛防治黑斑病、灰霉病、锈病、褐斑病、炭疽病等效果较明显。代森铵可防治球根类植株种球的多种病害。菌线威是新型高效广谱杀菌杀线虫剂，具有极高的杀菌活性，该药剂为非内吸保护性杀菌杀线虫剂，可用于土壤消毒、种子处理和灌根，对多种植物病原真菌、细菌、藻类及线虫的防治都有显著效果，对蔬菜苗期猝倒病、立枯病、霉腐病，西瓜枯萎病，茄子褐纹病，黄瓜、番茄、茄子、辣椒青枯病等防效较好。

② 毒土法　毒土法是将农药（乳油、可湿性粉剂）与具有一定湿度的细土按比例混匀制成毒土施用。施用方法有沟施、穴施和撒施。毒土法可以起到对土壤

消毒的作用，也可以起到杀虫、灭草的作用。在稻田、菜田、果园都可以使用，药剂的选择需因地而宜、因作物而宜。

③ 熏蒸法　利用土壤注射器或土壤消毒机将熏蒸剂注入土壤中，在土壤表面盖上薄膜等覆盖物，在密闭或半密闭的设施中使熏蒸剂中的有毒气体在土壤中扩散，杀死病菌。土壤熏蒸后，待药剂充分散失后才能播种，否则易产生药害。常用的土壤熏蒸消毒剂有甲醛等，可在大棚草莓、西瓜以及蔬菜的种植中应用。

第二节　土壤板结

❖ **1. 大棚蔬菜土壤板结的原因有哪些？**

土壤板结是导致蔬菜根系生长不良、生理问题增多、抗性下降的主要原因。大棚内土壤多呈现两种状态：一种是肥料用量很大，但注重有机肥的投入，土壤在养分含量高的情况下依然适宜蔬菜种植；另一种是肥料过量使用，但有机肥投入很少，土壤出现了板结的不健康状况，因而导致蔬菜出现各种问题。此外，大水漫灌、重茬、劣质肥料的不断施用等也导致了土壤的板结。

土壤板结是因土壤耕作层缺乏有机质、结构不良，在某些外力的作用下（如灌水、降雨、镇压等）结构遭到破坏，干燥后受内聚力的作用使土面变硬，最终不适合作物生长的现象。导致土壤板结的因素主要集中在以下几个方面：

（1）土质本身的原因　黏土中的黏粒含量高，土壤中毛细管的孔隙较少，通气、透水较差，下雨或灌水以后，容易堵塞孔隙，造成土壤板结。土壤板结常造成定植后的秧苗根系不发育，进而出现烂根、死棵的现象。

（2）有机质补充不足　土壤中有机物质补充不足，腐殖质含量偏低，影响微生物的活性，从而影响土壤团粒结构的形成，使得土壤的酸碱度变化明显，导致土壤板结。

（3）长期或单一地偏施化学肥料　大棚蔬菜产量高，需要投入一定的化学肥料才能保证其产量的稳定，但其对矿质元素的吸收是有限的。而有些人认为肥料投入越多越好，往往在基肥或者追肥中施用过多的肥料，这样不仅造成了浪费，还对土壤结构造成了严重的破坏。

资料显示：微生物的氮素供应增加 1 份，相应消耗的碳素就增加 25 份，从而加快了有机质的消耗，在原本有机质缺乏的土壤中，微生物的活性大大降低，从而影响土壤团粒结构的形成。

磷肥中的磷酸根离子与土壤中的钙、镁等阳离子结合形成难溶性磷酸盐，既浪费磷肥，又会破坏土壤团粒结构。

施入过量钾肥，能将形成土壤团粒结构的多价阳离子置换出来，土壤团粒结构内部的键桥被破坏而不能正常形成，致使土壤板结。

有些菜农为贪图便宜，基肥及后期大量施用劣质化学肥料，造成土壤板结。

（4）地膜等清理不干净　在土壤中形成有害的块状物；频繁地镇压以及翻耕过于精细等会破坏土壤结构；使用被染污的地下水或工业废水灌溉等都会造成土壤板结。

（5）长期采取大水漫灌的灌溉方式　大部分菜农喜欢大水漫灌的浇水方式，操作方便，水量大，可一次满足作物的不同需求。但是长期使用这种浇水方式会对土壤造成压实和淋洗的不良影响。

大水漫灌在一定程度上对土壤有较重的压实作用，特别是对于黏性土壤来说，大水漫灌以后土壤耕层处于厌氧状态，从而会产生更多的有毒、有害物质。

而对砂性土来说，大水漫灌会将易于移动的元素，如氮、钾、镁、硼等大中微量元素淋洗到土壤深层，造成耕作层中养分比例失衡。

（6）翻耕过于精细　当前大棚蔬菜土壤翻耕全部使用旋耕机。优势是翻耕快速、施肥均匀。但用旋耕机旋耕存在许多的不足，表现为翻地太精细，将土壤中的团粒结构打碎，形成了更多的细小颗粒。在大水漫灌时，这些细小的土粒被水带到一定深度的土壤中而沉积，使得犁底层越来越高，土壤的通透性越来越差。

❖ 2. 大棚蔬菜土壤板结的改良办法有哪些？

从土壤板结的成因可以看出，土壤团粒结构的不足可直接导致土壤板结的出现。因此要想预防土壤出现板结或改良已经板结的土壤，就需要促进团粒结构的快速形成和保证团粒结构不会减少。

（1）加深土壤耕作层　当前，长期使用旋耕机翻地是耕作层变浅的主要原因。旋耕机翻地的深度一般在 $15\sim18cm$，而蔬菜根系多集中在 $5\sim25cm$ 的耕作层内，因此要加深土壤耕作层。

深翻土壤除了防止土壤板结，还可大大减轻盐渍化，使地表变绿、变红甚至出现白色盐碱的情况大为改善，蔬菜秧苗定植后，缓苗更快，根系下扎更深，蔬菜长势更好，产量提升明显。

采用旋耕机与犁深耕相结合的方式，物理加深耕作层。用犁翻地较深，可达到 $25\sim30cm$。隔次轮流使用犁和旋耕机，可打破长期使用旋耕机形成的较浅犁底层，促进根系深扎。不能用犁耕或犁耕太浅时，可人工利用铁锹深翻。或空茬期利用大棚深翻机深翻，大棚深翻机翻土深度为 $40\sim50cm$，宽度 $120\sim136cm$，每小时可翻地 $200\sim400m$。

（2）施用优质有机肥和碳肥　腐殖质是形成团粒结构的主要成分，而腐殖质主要是依靠土壤微生物分解有机质得来的。因此，向土壤补充足量的有机质可以大大提高团粒结构的数量，若年年施用，可使得土壤疏松，通透性好，调节能力强，大大改善耕作层条件。

在施用基肥的时候，就应加大优质有机肥的用量，比如粉碎的秸秆、稻壳、玉米芯、花生壳、发酵腐熟完全的禽畜粪便等，禽畜粪便中牛羊粪的有机质含量高，是改良土壤板结的首选（彩图3-3）。而鸡、鸭、猪粪中含水量大，氮含量较高，可以施用但用量不能太大。

目前市场上一些优秀的有机肥产品也是改良土壤板结不可缺少的一种选择。同时，碳肥也可改良土壤板结，可全面补充土壤中的碳元素。

（3）施用微生物菌肥　好的微生物菌肥不仅能够改良土壤，增加土壤肥力，促进植物对营养元素的吸收，其分泌物还能够调节植物生长，增强作物的抗病能力。有机质在土壤中分解形成腐殖质，并最终促进团粒结构形成的主要动力来自于土壤微生物。土壤板结以后有机质含量少，而微生物在食物缺乏的情况下其数量也会大大降低。因此，用于改良土壤板结施入的有机肥，需要大量的土壤微生物来分解。在补充有机肥的同时还要加大土壤微生物菌肥的补充，如激抗菌968、菌康宝、ETS菌等。

（4）合理施用化学肥料　不合理施肥是导致矿质元素过量，也是导致土壤板结、团粒结构不能形成的原因之一。因此，应及时对大棚土壤进行检测，准确了解土壤养分含量之后，再向土壤中补充适量大量元素。对于板结的土壤，基肥应以有机肥为主，化学肥料少量施用或不用。中后期追肥以吸收效率高的水溶肥为主。

另外，还可以选择一些好的土壤板结改良产品，增强植株的抗病、抗逆能力，合理使用腐植酸、甲壳素、海藻精等功能性肥料。常施用含有腐植酸的肥料可改变土壤含盐量过高、碱性过强、土粒高度分散、土壤结构性差的理化性状，促进土壤团聚体的形成，使其呈现出良好的状态，从而为植物根系生长发育创造良好的条件。

海藻精肥料，因海藻提取物中含有大量的天然营养成分，如必需元素、蛋白质、氨基酸、植物生长物质（生长素、细胞分裂素、赤霉素等）、维生素、核苷酸等，除了能够调节作物生长外，对土壤理化性状的维护也有不错的效果。

（5）调整产品结构　目前高利用率的水溶性肥料产品很多，促进吸收的功能性产品也很多。因此在蔬菜栽培时，除达到提高有机质含量这个基础条件外，尽量少用利用率低的普通复合肥，适量施用高品质水溶肥，也能够避免土壤板结和盐渍化，从而提高或延长土壤的使用寿命。

（6）采用节水灌溉技术　水与气是相互矛盾的，没有水，植物无法吸收到土壤中的养分；水分过多，造成土壤氧气不足，必然会引发土壤板结、耕作层变浅，进而土壤透气性变差，所以蔬菜平时浇水要注意量不宜过大，切忌大水漫灌，有条件的地区最好使用小水勤浇、微灌或滴灌，让水缓慢渗入土壤，这样对土壤的夯实作用较小，有利于改善土壤的透气性。浇水后要及时中耕划锄，增加土壤的透气性，防止土壤耕作层变浅。

第三节　土壤盐害

❖ 1. 大棚蔬菜土壤盐害的表现有哪些?

在蔬菜栽培过程中，在种植行内及两侧发现干燥的土壤表面常常呈现白色或红色，而在浇水之后消失了，随着土壤逐渐干燥，红、白霜又会出现。一旦出现这种情况，说明土壤的全盐含量已经很高了，土壤有盐渍化的趋势。

土壤盐害也可称作土壤盐渍化，是土壤深层水的盐分随毛管水上升到地表，水分蒸发后使盐分积累在表层土壤的过程。在表层土壤中的这些盐分包括钠、钾、钙、镁等的硫酸盐、氯化物、碳酸盐和重碳酸盐。当表层土壤中的盐分含量太高或者超过蔬菜能耐受的含量时，蔬菜生长受阻，土壤盐渍化的危害就表现了出来。

大棚内出现的青、红、白霜，绝大部分是由于矿质元素在土壤表面结晶析出而表现出的颜色，还有一部分是由于矿质元素过于丰富促使土壤中的各种藻类等指示性生物过量繁殖形成的。

（1）青霜（彩图3-4）　青霜是大棚蔬菜生产中最常见的一种，青霜的出现一般认为是某种喜氮素的藻类生物，在大棚内高湿弱光条件下大量繁殖而形成的绿色的苔藓。土壤中含氮量越高，青霜表现就越严重。而这种藻类生物在土壤表面大量繁殖，会对土壤气体的交换形成阻碍，从而影响到作物根系的生长。青霜常出现在灌溉行或滴灌带附近。

（2）红霜　红霜和白霜在进入高温季节以后常出现。一般认为红霜是土壤中过量的磷和铁相互作用，形成的氧化物或某种化合物。有的资料认为红霜也可能是某种藻类（如紫球藻，一种盐碱指示植物）生物富集形成的，当它出现时说明土里的盐分已经很高了，会严重影响蔬菜生长。

（3）白霜　俗称"返白碱"，是因为过量施用的化肥中，过量的钾、钠、钙、镁等阳离子在土壤表面大量积聚，与氯离子、硫酸根离子、碳酸根离子等发生化合反应形成的化合物析出结晶。这些过量的矿质元素或化合物会随着土壤水分的蒸发而被带到土壤表面，水分蒸发后集聚在土壤表层而形成红、白霜。

青、红、白霜之所以在大棚蔬菜栽培当中常见，是因为大棚特殊的环境。在大棚等覆盖条件下，棚内温度较高，土壤水分蒸发量大，使土壤中浅层或深层的盐类（以上化合物的总称）由毛细管的作用上升到土壤表层，而大棚内又无雨水淋洗，加之大棚蔬菜复种指数高、施肥量大，很多未被吸收的矿质元素在土壤中积累，使得土壤盐度升高，在大棚这种特殊环境下更容易表现出青、红、白霜。

❖ 2. 大棚土壤出现盐害的原因有哪些?

（1）化学肥料的不合理投入　土壤的团粒结构中各种物质的比例是一定的，肥料的大量投入使得土壤中矿质元素的比例大大高于其他物质，反而不利于团粒结构的形成。团粒结构少，那么土壤孔隙度小，土壤透气性变差，更容易造成大棚土壤盐渍化。

（2）肥料配比不合理　在蔬菜栽培学中，氮、磷、钾三种大量元素是蔬菜产量形成所吸收营养的主要组成成分，但在实际应用时，有的菜农偏颇地认为多施氮、磷、钾可提高蔬菜产量，忽视中微量元素的施用，而且有机肥和化肥的施用比例失调，造成肥料投入量大、利用率却很低。

（3）大棚内的特殊环境及不合理的农事操作加剧了盐渍化的发生　大棚一年四季被塑料薄膜覆盖，长期无降雨淋溶，土壤中大量多余的矿质元素既不能随雨水流失，也不能淋溶到土壤深层，而是残留在地表 20cm 深的耕层内。且大棚长期处于高温状态，水分蒸发量大，盐分受土壤毛细管的提升作用上升到土壤表层。这两种作用的结果就是表层土壤盐分含量越来越高。

（4）浇水太过频繁　大棚本身就是一个封闭或半封闭的小环境，相对来说一年四季浇水追肥十分频繁，表层土壤湿度较大会严重破坏土壤团粒结构的形成，使得大孔隙减少，土壤渗透能力降低并出现板结，使土壤表层盐分不能渗透到土壤深层。

❖ 3. 土壤盐害对土壤及大棚蔬菜的危害表现在哪些方面?

当土壤全盐含量过高、出现盐渍化时，蔬菜的生长就会发生异常，出现各种各样的不良症状。

（1）影响蔬菜对水分的吸收　土壤盐渍化时表明土壤中可溶性盐过多，此时土壤溶液浓度变大，蔬菜根系吸收土壤水分困难或者易脱水。在高温强光条件下，生理缺水现象表现得更为严重。蔬菜发生生理缺水后易引起植株生长发育不良、抗病性下降、病虫害加重，严重影响蔬菜的产量和品质。

（2）影响蔬菜对养分的吸收　蔬菜植株吸收的养分一般都是随水分进入体内，土壤盐渍化影响蔬菜对水分的吸收，从而也影响对养分的吸收。此外，如果土壤中有硝酸盐积累，会引起蔬菜对矿质元素吸收不平衡，酸性土壤可引起铁、锰中毒和发生锌、铜缺乏症；碱性土壤则可能引起铁、锌和铜等元素的缺乏症。

（3）土壤质量下降　土壤中含盐量过高还能抑制土壤微生物的活动，影响土壤养分的有效性，从而间接影响作物对养分的吸收。

（4）不利于团粒结构的形成　团粒结构由腐殖质、矿物质等按照一定比例组合而成，当矿物质的含量远远高于腐殖质时团粒结构反而不易形成，虽然土壤中矿物质的含量很高但是肥力却很低。

（5）使土壤板结更加严重　当土壤中团粒结构减少时，土壤的通气、透水性变差，土壤遇水变得黏结，干后会在地表出现大量裂痕。根系在这样的土壤中伸展十分缓慢，不透水、不透气的土壤更容易使根系受伤。

（6）土壤微生物减少　土壤出现盐渍化以后，有机质减少，土壤微生物失去了生存繁衍的食物，那么其数量就会大大减少。在微生物少的土壤中施用有机肥，其转化效率也非常低。

（7）元素间的拮抗作用更严重　大量元素的施用，会对中微量元素产生更加严重的拮抗作用，使得钙、镁、铁、锌、硼等中微量元素更加难以被吸收，蔬菜出现缺素症的情况越来越多。

（8）抑制蔬菜根系发育　在出现盐害的土壤中种植蔬菜，植株一般表现矮小、发育不良、叶色浓，严重时从叶片开始干枯或变褐色，向内或向外翻卷，根变褐色以致枯死。

❖ 4. 防止大棚蔬菜土壤盐害的措施有哪些?

（1）对大棚进行"体检"　每年应对大棚土壤做 1～2 次检测，通过对土壤各类养分的检测，充分了解土壤中各种养分的丰缺情况，从而有目的地施肥。

（2）减少用量，合理施肥　化肥是导致土壤盐渍化的主要根源，只要减少用量及合理施用，便可从"源头"上防止土壤盐渍化的发生。减少用量也不等于不施，而是要科学地、合理地施用。施用化肥要根据大棚土壤养分的测定结果和不同作物的需肥规律，本着平衡施肥、缺啥补啥、缺多少补多少的原则进行。

（3）增加有机肥的投入并配合土壤深翻　盐害发生严重的土层，多表现为板结、透气性差等特点，可通过深翻土壤打破土层结构，将上层全盐含量较高的表土翻到底层，减轻土壤盐渍化程度。

在每次换茬时亩施有机质含量高的农家肥 4000kg 以上，可提高土壤有机质的含量，改善土壤理化性状。大田作物秸秆用于大棚土壤，在其腐解过程中可吸附利用土壤中的矿质元素，同时还能增加土壤有机质含量，改善土壤透气性。

（4）补充菌肥　生物菌肥富含大量土壤有益菌，除了通过"以菌抑菌"的方式预防土传病害以外，生物菌肥中的有益菌还能起到固氮、解磷、解钾等改土沃土、降低盐害的作用。菌肥施用方法较多，可撒施、穴施、冲施。

（5）以水压盐　盐随水走，可通过大水漫灌的措施，以水压盐，把耕作层内的高浓度盐离子带走。建议在蔬菜罢园后，与高温闷棚一并进行，即先打一遍地，而后大灌水，闷棚，应在半月以上。或者在夏季歇棚期将棚膜去掉，利用频繁的雨水淋洗土壤中的盐分。

另外，在生产季节采用地膜覆盖膜下浇水的方法，降低土表水分蒸发率，可减缓土壤深层盐分上升的速度。

❖ 5. 为什么有时氮磷钾不超标, 土壤也出现盐渍化现象? 如何预防?

（1）发生原因　氮磷钾不超标, 有机质含量也在正常范围内, 但土壤有时还是表现为盐渍化。虽然氮磷钾和有机质含量都在正常范围内, 但是土壤中氯离子、钠离子、有效硫含量若严重超标, 也会表现为盐渍化。这与有机肥或化学肥料有很大关系。鲜鸡粪等畜禽粪便往往含有较多的氯化钠, 有些有机肥厂家为了保证原料的消毒效果, 常用次氯酸钠进行消毒, 导致有机肥中氯、钠较多。氯元素超标使叶绿素遭到破坏, 引起植株上部叶片白化, 也影响植株对糖类的积累。此外, 若长期施用以硫酸铵、硫酸钾或过磷酸钙为主要原料的肥料, 会造成硫过量, 引起蔬菜植株的非正常生长和代谢, 叶色暗红或暗黄, 叶片有水渍区, 严重时发展成白色的坏死斑点。

（2）预防措施

① 增施有机肥　下茬定植前, 基肥中注意不要施用氯化钠含量高、以畜禽粪便为主要原料的有机肥。最好选用质量可靠的商品有机肥, 进一步提升土壤有机质含量, 改善土壤的理化性状, 促进团粒结构的形成, 缓解土壤盐渍化状况。建议增施有机肥的同时, 也加大微生物菌剂的用量, 活化土壤, 促进有机质的分解和转化。

② 化学肥料要有针对性　若土壤中有效硫、氯离子含量过高, 会对蔬菜生长起到一定的抑制作用, 下茬蔬菜可以将尿素和硝酸钾配合施用, 不宜施用硫基肥和含氯的肥料。本年度不要施用钠含量高的大量元素肥料、中量元素肥料、腐植酸水溶肥等, 确保土壤中有效硫离子、氯离子、钠离子含量逐步降至适宜的范围内。

③ 叶面补充微量元素　叶面及时喷施含铁、锌、硼等微量元素的叶面肥, 同时配合甲壳素类、海藻酸类、氨基酸类等功能性肥料, 可快速缓解叶片发黄的症状, 提高叶片的抗逆性。

第四节　土壤调理

❖ 1. 为什么要对大棚土壤进行深翻? 机械松耕整地有哪些好处?

（1）深翻是解决土壤问题的首选措施　近年来, 市场上针对土壤改良的产品层出不穷, 既有补充中微量元素调节土壤养分的, 也有微生物制剂补充有益菌改善土壤生态平衡的, 还有腐植酸、海藻酸等改善土壤透气性的, 等等, 种类繁多, 效果各异。然而, 这些产品都不能改变一件事, 那就是由于土壤翻耕上问题重重,耕作层变浅，病原菌、有害物质不断积累，进而诱发的一系列问题。

随着旋耕机的普及，许多大棚土壤已经十几年没有被深翻过。而多数旋耕机土壤翻耕深度只有十几厘米，上下土层翻动也较少。长此以往，犁底层上移，耕作层变浅，每年使用的粪肥、各类化学肥料，大部分聚集在地表以下10cm内，从而大大加重了土壤盐渍化，容易造成烧根，根系分布变浅，在深冬季节易受地温、浇水的影响受伤、老化，蔬菜自然长不好，易早衰。

（2）机械深松整地的好处　深松整地是指通过拖拉机牵引深松机具，疏松土壤，打破犁底层，改善耕层结构，增强土壤蓄水保墒和抗旱排涝能力的一项耕作技术。深松整地有利于农作物生长，是提高农作物产量的重要手段之一。深松整地的作用与好处主要有如下几个方面：

机械深松可以加深耕层，打破犁底层，增加耕层厚度，能改善土壤结构，使土壤疏松通气，有利于农作物生长。

机械深松后可增强雨水渗入土壤的速度和数量，提高土壤蓄水能力，促进农作物根系下扎，增强作物的抗旱、抗倒伏能力。经对比试验，深耕深松一次每亩耕地的蓄水量达到 $10m^3$ 以上，土壤蓄水能力是浅耕的 2 倍，可使不同类型的土壤透水率提高 5～7 倍，可促进作物增产 40～70kg。

机械深松不翻转土层，使残茬、秸秆、杂草大部分覆盖于地表，既有利于保墒、减少风蚀，又可以吸收更多的雨水，还可以延缓径流的产生，削弱径流强度，缓解地表径流对土壤的冲刷，减少水分流失，有效地保护土壤。

土地机械深松后，可增强肥料的溶解能力，减少化肥的挥发和流失从而提高肥料的利用率。

机械深松后可减少旋耕次数（一次旋耕一遍即可），降低耕地成本。

农作物从种到收的过程中有一些必要的作业如播种、喷药、收获、运输等会造成一定的土壤压实，利用深松作业可以消除由于机器进地作业造成的土壤压实。

机械深松整地是一项提高农作物综合生产能力的重大贡献技术措施，目前正在全国适宜的耕地上广泛推广应用。土地深松将成为新一轮耕作革命。

❖ 2. 新建大棚培肥地力的方法有哪些？

建造大棚时，多从地表取熟土，大棚建好后，幼苗多被定植在生土层，生土层的养分及有机质比较缺乏，会影响到幼苗生长和后期高产。因此，新棚培肥地力成为首要任务。

（1）增加有机肥的用量　例如腐熟好的稻壳粪、鸡粪等，或商品有机肥，可以在一定程度上改善土壤的理化性状，如提高土壤的透气性，缓解土壤板结，促进土壤团粒结构的快速形成等，从而更有利于蔬菜根系的生长。同时，有机肥施用量增大后，充足的有机质也为微生物提供了大量的"粮食"，有利于微生物的快速繁殖，提高了土壤的生产性能。

（2）保证有益微生物的数量　土壤中的各种元素以及有机质的分解、转化，都是靠土壤微生物来完成的。土壤中存在大量微生物时，施入土壤中的有机肥料更容易被分解，形成大量的有机物质，这对团粒结构的形成有推动作用。而新建的大棚，土壤中的各种微生物含量较低。因此，新棚要注重微生物菌剂的使用，以快速补充土壤中的有益微生物。土壤微生物越多，土壤间的能量转换也就越活跃，新棚土壤的肥力提升得也就越快。微生物菌肥又可加速有机肥的分解，促进有机肥转化为土壤有机质，提高土壤肥力。

（3）施足基肥　因为新建大棚的土壤多是生土，土壤中的氮、磷、钾含量极低，所以新棚土壤的基肥用量较大，在施用基肥时一定要注意增施氮、磷、钾肥料，建议施用 15-15-15 或类似比例的复合肥料 100kg 左右。施肥过程中，除了大量元素氮、磷、钾外，还需要补充钙、镁、铁、硼等多种中微量元素。建议施用硫酸镁 10kg、硫酸亚铁 3kg、硫酸锌 2kg、硼酸 1kg，需要注意的是微肥应与有机肥混匀后施用。

需要注意的是，新棚中化学肥料的供应并不是越多越好，最好是依据土壤肥力的逐步提高而增加。若是在土壤供肥能力不佳时大量施用化肥，不但会造成养分浪费，而且最终会导致土壤盐渍化问题的出现。

（4）生长期间追肥　在蔬菜生长过程中还需要根据蔬菜的需肥特点来追肥，可通过冲施或叶面喷施的方式来补充养分。蔬菜定植后，为避免缺肥，可在旺盛生长期随水冲施 20-9-25 的水溶肥，每亩每次 15～20kg，以保证养分供应。在冬季低温季节，根系活力比较弱，可结合叶面喷施全营养型叶面肥，预防中微量元素的缺乏。

❖ 3. 老棚土壤改土措施有哪些？

老棚的蔬菜，随着肥料投入的增加，产量却越来越低，甚至有的大棚连蔬菜的正常生长都不能保证。因此，对于老棚来说，要想维持蔬菜的产量，首先应该恢复土壤的良好状态，不能按照原来的习惯进行施肥。

（1）老棚土壤存在的问题

① 矿质养分含量高，有机质含量相对较少　大棚种植多年以后，特别是在"重化肥轻有机肥"的观念下种植的大棚，多会出现矿质养分含量超标、有机质含量不足的情况。如果长期大量施用化肥而忽视了有机肥的施用，团粒结构会越来越少，土壤便更容易板结和盐渍化，再继续投入化肥就会使土壤环境更加恶劣。

② 极低的养分吸收利用率　老棚里矿质养分含量超标不是短时间内形成的，而是由于大量的矿质元素在土壤中积累、固定，这些无法被植物吸收的养分又进而影响到其他元素的吸收（以拮抗作用为主），使得土壤的供肥作用名存实亡。

③ 土壤生物和微生物越来越少　随着土壤有机质含量的降低，土壤中依靠有机物质生存的生物和有益微生物因缺少食物而减少，有益生物的减少会使得土壤

更加板结，而有益微生物的减少则会降低对土壤有害菌的抑制能力以及对养分的转化能力，于是老棚便出现更多的土传病害。

（2）改土措施

① 基肥应以纯有机肥为主　老棚在选择有机肥的时候，不要再施用含盐量高的有机肥，比如鲜鸡粪、鸭粪、猪粪等，而是施用矿质元素含量低的有机肥。禽畜粪肥中，羊粪、牛粪相对来说有机质含量更高、含盐量更低，适合作为老棚的基肥。饼肥有机质含量更高、营养更全面，也是可以选择的肥料之一，如豆饼、花生饼等。这些有机肥施用时要以普施为主，亩用量应不低于2500kg。以上多种不同类型的有机肥配合施用效果最佳。

② 追肥应施用吸收率高的水溶肥　虽然说老棚土壤中的养分含量高，但到了生长中后期蔬菜对养分吸收量大时，若不及时补肥依然会影响蔬菜产量。因此吸收效率高、残留量少的水溶肥是蔬菜中后期追肥的必选肥料。老棚追肥建议采取微喷、滴灌等标靶性强的灌溉方式。在施肥量相同的情况下，新型水溶性肥料的吸收利用率更高、残留量更少。

③ 逐步提高用菌量　有益菌在老棚蔬菜生产中十分重要，一方面通过有益菌的补充，抑制逐步蔓延的土传病害；另一方面提高用菌量促进土壤中有机质及被固定的矿质养分的分解、转化，降低土壤中矿质养分的残留。同时有益菌还能保护和促进根系在恶劣的土壤环境中生长。老棚使用有益菌贵在坚持，短时间内或许看不到效果，而坚持使用一年以上，有益菌的良好效果会逐步显现。选择菌肥产品要看准品牌，那些突然出现而短时间内又消失的短命产品不建议使用。

4. 如何通过调节土壤环境促进大棚蔬菜作物根系生长？

对于蔬菜栽培，土壤是很重要的一个方面，调节好土壤环境，能够让根系快速生长，延长根系的寿命。无论蔬菜是刚定植还是在生长期中，都需要将土壤环境调节到最适宜根系生长的状态。

（1）控制土壤温度　蔬菜的生长、光合作用进行都需要在适宜的温度范围之内，根系的生长也不例外，大多数蔬菜的根系喜欢的土壤温度在12～22℃。土壤温度过低容易导致根系生长受到抑制，根系短而弱，形不成壮棵，而土壤温度过高如达到25℃以上，根系的呼吸作用增强，极易出现根系早衰的情况，最终导致植株早衰。

所以无论蔬菜是刚定植还是在生长期，都需要保证土壤温度在适宜根系生长的范围内。就夏季而言，土壤温度过高是抑制根系生长的大敌，除了在棚面覆盖遮阳网避免土壤吸收过多的热量以外，还可以通过溜小水、降低气温等措施来达到降低土壤温度的目的。而在冬季，提高地温是保证根系生长的关键，一般来说，白天的土壤温度要比气温低2～3℃，而夜间的土壤温度要高于气温3～5℃。所以在冬季低温季节大棚内的气温最好不要低于12℃，否则由于土壤会快速弥补气温的降低而出现地温降低的情况。

如在低温季节定植，为了创造适宜根系生长的温度，应采取先浇水提温、后定植的方式，即在定植之前浇水，短时间内地温会降低，但受2~3d的阳光照射以后，地温就会提上来，此时定植最为合适。在生长季节浇水要缩小土壤与水的温差，否则会因为温差过大而造成伤根。

（2）保持土壤湿度　大多数蔬菜适宜生长的土壤湿度范围在60％~80％。过干的土壤容易导致根系失水，而过湿的土壤透气性差，会抑制根系的呼吸导致根系生长受到抑制。由于根系有向水向肥性，在培养根系时要注意保持土壤不同深度的水分。

对于刚定植的蔬菜而言，要保证土壤上干下湿，以此引导根系向土壤深层下扎。在蔬菜栽培中，许多菜农所采取的定植后立即覆盖地膜的方式，虽然可以保持土壤水分，但由于地表以下5cm左右的土壤温湿度特别适宜根系生长，根系容易上浮到地表，这对培养深根系是不利的。

而一些黏性较大的土壤以及板结土壤，透水、透气性不良，土壤中的水分和气体的比例不协调，因而对根系的影响较大，所以应该在蔬菜栽培之前做好土壤的改良工作。统一的改良方式是增施有机肥，如使用粉碎后的秸秆或者是稻壳等。首先从物理状态上提高土壤的透水、透气性，随着有机物的分解，土壤的团粒结构增加，再从根本上解决土壤中的水气比例问题。

（3）避免养分过于集中　无论是有机肥还是化肥，集中施用或在用量大时翻耕深度较浅，都会造成养分过于集中，这样也不利于根系生长。当粪肥用量较大时，如果使用旋耕机翻地，在翻耕深度较浅（不超过20cm）的情况下，大量肥料集中在地表以下0~20cm深的土层中，那么这对于蔬菜根系将会产生非常大的影响。由于肥料过于集中，浇缓苗水以后出现土壤溶液浓度过高的情况，根系在高浓度的土壤溶液中发生质壁分离，从而出现缺水的情况，最终导致根系死亡。所以，基肥施用后翻耕深度最好超过30cm，这样既能保证肥料在土壤中分布均匀，又可以打破犁底层，降低肥料过于集中的危害。

（4）重视土质问题　黏性的大棚土壤虽然保水保肥性好，但是由于土壤中缺乏空气，也不利于根系生长。而在一些砂性大的大棚中，由于漏水漏肥非常普遍，造成根系缺乏各类养分而导致蔬菜更容易发生早衰。因此，无论是黏性土还是砂性土，都不是适宜蔬菜根系生长的好土质，都需要通过多种方式增加团粒结构的形成。可以说，团粒结构是根系生长的最好的土质。

❖ 5. 如何通过合理施用肥料达到保持土壤健康的目的？

养地，就是在蔬菜种植过程中注意对土壤的养护，避免因为连年种植、大量施肥等因素造成土壤恶化。在维护土壤健康方面，养地意识要大于治理意识。如果菜农在蔬菜种植过程中就重视养地，那么土壤恶化的后果就不会出现，这样才能有利于蔬菜种植的可持续发展。

养地的方法有很多种，如实行轮作换茬，使土壤中的各类养分均匀发挥作用；规定歇茬期，让土壤缓解一下供肥疲劳；高温闷棚，对土壤进行一次"回炉重塑"；等等。以上几个方法是有必要的，但因为不同的茬口、种植模式、管理习惯、经济投入等因素，所以并不是所有的菜农都能采取这些方法。

养地的目的是促进更多团粒结构的形成。因此，养地要与团粒结构的形成紧密联系起来。土壤团粒结构的形成离不开两个主要方面，即有机质和微生物，因此各类有机肥和生物菌肥在养地方面不可或缺。同时，其他一些功能性的肥料产品，除了兼具养地的特性外，还具有护根、促根、抑菌、防毒等一系列的功能。在蔬菜种植过程中可通过合理选用以下肥料达到养地的目的。

（1）施用有机质含量高的优质有机肥达到养地的目的 在养护土壤时，有机肥的投入必不可少，目前可供选择的有机肥种类众多，大棚中土壤腐殖质的来源绝大部分是施入的禽畜粪肥以及商品有机肥，其次是残留的蔬菜秸秆、杂草等。而发酵腐熟好的禽畜粪肥和商品有机肥，能与土壤中的微生物配合在短时间内形成大量的腐殖质，从而迅速形成团粒结构，调节土壤的肥水供应能力。

优质的商品有机肥必须经过严格的腐熟和无害化过程，即将有机物料充分发酵腐熟，避免施用后再发酵带来的危害。无害化即将其中的草籽、虫卵、有机酸和过量的盐分、消毒剂以及重金属等去除，达到商品有机肥国家标准 NY 525—2012 的规定。用工业下脚料所制成的商品有机肥，一般不建议用于蔬菜栽培，除非将其中的有害物质严格去除，达到农业投入品的标准。

在实际生产中，生鲜禽畜粪肥因没有相应的生产标准，因此不可避免会出现诸多的问题，如含有大量的盐分、有机酸、化学消毒剂以及重金属等，给所栽培的蔬菜带来各种各样的问题。有的人认为，生鲜粪肥的施用也可能是导致土壤恶化的原因之一。此外，粪肥在施用数量和施用方法上也不及优质的商品有机肥。粪肥进棚烦琐而脏乱，施用之后若没有处理好，会有罢园绝产的可能性。因此在养护土壤的过程中，生鲜粪肥的施用与商品有机肥相比更烦琐。

有机肥要和生物菌肥配合施用才能达到最佳的养地效果。为此，一些菌肥厂家研制了用于发酵腐熟粪肥的专门产品以帮助解决这个问题，如木美土里发粪宝、激抗菌968肥力高。近几年，市场上出现了越来越多的商品有机肥及生物有机肥等，它们能够提高土壤有机质含量，能达到养地的目的，而唯一的缺点是不如粪肥效果持久。因此建议可以两者相互配合施用，如施用商品化的生物有机肥和腐熟好的粪肥，可大大提高土壤有机质含量。

（2）增加活性强的生物菌肥达到养地的目的 目前，多数的生物菌肥产品中包含了大量的放线菌、光合细菌、固氮菌、酵母菌、解磷解钾细菌等有益微生物，使用一种或者是一个系列的生物菌肥产品就能够满足预防病害、提高植株抗性、分解土壤有机质、活化被固定的元素等作用。尤其是制剂中的解磷解钾细菌，让大量在土壤中被固定的磷、钾元素分解、活化，最后被植株吸收。从这一点来讲，生物菌肥对养地能起到非常好的效果，尤其是在大量投入有机肥的前提下，效果更好。

当前有不少的生物菌肥品牌已经形成了自己的一套土地养护体系。从基肥到追肥，从定植到结果不同的生理时期，都有适合的生物菌肥产品。这正符合生物菌肥养地的正确理念，随着有益菌不断被消耗，及时且连续补充土壤缺乏的有益菌，让土壤有益微生物循环且旺盛地繁殖起来，让土地越种越年轻。

作为土壤修复的动力，土壤有益菌在养地方面的作用至关重要。若失去了有益菌，土壤中的各类分解、转化便停滞，土壤有益菌失活，土壤便失去活性。菜农对有益菌的认识越来越深刻，使用方法也灵活多变，如底施、穴施、蘸盘、冲施、根外喷施等。

值得注意的是，目前市场上的生物菌肥产品质量参差不齐，主要是因为很多生产厂家在生产生物菌肥时，技术设备较差，导致生产出的肥料中的有效活菌含量低、杂菌较多，或者肥料中的菌种组合不合理，影响了肥料的使用效果。因此，"纯""活"这两个字便是对优秀生物菌肥的最好的概括，也是影响生物菌肥效果的关键因素。不管是国内还是国外的生物菌肥产品，能够做到这两点，都是优秀的产品。

（3）施用功能性肥料达到养地的目的　在功能性肥料当中，腐植酸、海藻素、甲壳素、硅肥等在生产中一直被菜农使用。

腐植酸肥料，可改变土壤含盐量过高、碱性过强、土粒高度分散、土壤结构性差的理化性状，促进土壤团粒结构的形成，使其呈良好状态，从而为植物根系的生长发育创造良好的条件。腐植酸的最大优势就是促进团粒结构的形成，但需要注意的是，矿物源腐植酸与生物黄腐酸是不同的。腐植酸钾和腐植酸钠虽然都能够用于农业生产，但由于钠离子的特殊性，在土壤养护方面弊大于利。因此在选择腐植酸时建议选择矿物源腐植酸或腐植酸钾制成的腐植酸产品。

甲壳素肥料，在土壤中能够与重金属结合净化土壤，抑制某些土传病害的发生、发展，同时还能够提升放线菌等有益菌群的数量，从而降低土传病害的发生概率。甲壳素有明显的促根效果，可以提高根系生长质量和数量，从而建立强壮的根系。甲壳素类型的有机肥可提高土壤有机质含量，促进团粒结构的形成。

硅肥，是一种新型肥料，被国际土壤界列为继氮、磷、钾肥之后的第四大元素肥料。近几年，以水溶性单硅酸为主的硅肥产品在蔬菜栽培上获得了菜农的认可。在茄果类和瓜类蔬菜上的使用达到了很好的效果。一是用硅净化土壤，创造良好的土壤环境。单硅酸能够促进磷元素的解吸，为作物根系提供丰富的磷元素。利用硅酸盐对重金属离子的吸附能力，抑制重金属离子及含量过高的锰、铁等元素对根系的毒害作用。二是硅肥可使养分吸收更均衡。硅可以提高土壤当中一些养分的利用率，如磷、钾等，更重要的是，硅被吸收以后，还可以在植株体内平衡各类养分，对植株的平衡生长有良好的调节效果。

海藻精肥料，因海藻提取物中含有大量的天然营养成分，如植物必需元素氮、磷、钾、钙、镁、硫、铁、锰、铜、锌、钼、硼等，还含有植物可直接吸收利用的18种蛋白质、氨基酸及对植物生理过程有显著影响的植物生长物质（生长素、细胞分裂素、赤霉素等），它除了能够调节作物生长，对土壤理化性状的维持也有不错的效果。

（4）施用高品质的水溶性肥料达到养地的目的　在蔬菜的各个生长时期，都能见到施用水溶性肥料的影子。尤其是在生长的中后期，也就是产量形成的关键时期，水溶性肥料起到了不可替代的作用。

大多数的水溶性肥料也仅仅是含有氮、磷、钾以及各种微量元素，有些中高端水溶肥也添加了氨基酸等成分，施用后能迅速补充土壤中缺失的元素，但相对来说浪费也较大。

目前，水溶性肥料也在向着高吸收利用率这方面发展，为此很多产品都选择食品级或园艺级原料，采用先进的生产工艺，添加促进植株吸收利用或提高植株抗逆能力的营养成分。这也是优质的水溶性肥料价格高昂的原因。高品质的水溶性肥料在包含氮、磷、钾以及螯合态微量元素的前提下，采用先进的螯合技术，能够添加甘露醇、维生素、氨基酸、螺旋藻等，利于各种矿质元素在土壤中的移动和吸收，提高矿质元素的吸收效率，防止矿质元素在土壤中被固定。从这一方面来讲，合理施用高品质的水溶性肥料也是养地的关键技术之一。

但需要注意的是，选择优质的水溶性肥料并不代表万事大吉，它也需要合理施用。如果依然按照以前过量用、频繁用的方法，再高端的水溶肥也用不出好的效果。

第四章

大棚蔬菜育苗技术

第一节　冬春育苗

❖ **1. 如何确定早春大棚蔬菜育苗的播种期？**

（1）制约因素　有经济状况、栽培技术和栽培设施方面的因素，还有土壤和气候条件、病虫害以及蔬菜生物学特性等方面的因素。在这些因素中决定播种期最重要的因素是气候条件，即温度、霜冻、日照、雨量等，以及蔬菜的生物学特性，包括生长期的长短、对温度及光照条件的要求，特别是产品器官对温度及光照的要求，以及对霜冻、高温、干旱、水涝的忍受能力等。

（2）总原则　正好使蔬菜产品器官生长旺盛时期处在气候条件最适宜的月份，或者根据希望上市的时间，并考虑育苗方式、苗龄长短及秧苗定植时间，由此向前推算确定播种时间。一般都争取早播，但也不可盲目提早，并适当缩短蔬菜苗龄，培育嫩壮苗。

（3）电热加温育苗（彩图4-1）播种期确定　电热加温苗床能在较短的时间内培育出适龄生理大苗，其日历苗龄比常规苗短，播种期可相应推迟。具体的播种期应根据定植期向前推算。在加温育苗的前提下，培育露地栽培的果菜类秧苗，其日历苗龄和播种期见表4-1。至于选取上限还是下限，要根据具体情况来定。如果选用早熟品种，并以早熟栽培为目的的可以早播；选用中晚熟品种并主要以丰产栽培为目的的，则可迟播。如果育苗设施和技术比较完善，供电较充足，能有效地控制日历苗龄，可适当迟播；反之，适当早播。

（4）火热加温育苗播种期确定　由于火热暗管道加温的床土温度比电热加温稍低，因此秧苗生长的速度相应慢些，其日历苗龄要比电热加温育苗长 7～10d。一般辣椒、茄子、番茄、黄瓜的日历苗龄分别为 80～100d、75～95d、70～80d、45～50d。各地一般可根据定植期向前推算出相应的播种期。在湖南及气候条件相似的地区的播种期见表 4-1（几种主要果菜类蔬菜的适宜苗龄和播种期）。

（5）酿热加温育苗播种期确定　酿热加温苗床的加温有效期为 20～30d，超过此期限则失去加温作用。在加温有效期内，床温也难以达到秧苗生长所需温度要求。培育果菜类秧苗时，其日历苗龄需要相应延长，具体播种时间可根据定植期确定。辣椒、茄子、番茄、黄瓜的日历苗龄应分别达 120～150d、110～130d、90～120d、50～60d。向前推算的具体播种期见表 4-1。在酿热加温的前提下，采取提早播种、大苗越冬的方法，能提高秧苗的抗寒力和获得较好的早熟栽培的效果。

此外，还有不加温的大棚越冬冷床育苗方式及不加温的大棚早春冷床育苗方式，其日历苗龄及适宜的播种期均见表 4-1。

表 4-1　几种主要果菜类蔬菜的适宜苗龄和播种期（适宜湖南省及气候条件相似的地区）

育苗方法	苗龄与播期	蔬菜种类						
		辣椒	茄子	番茄	黄瓜	西葫芦	丝瓜	苦瓜
大棚越冬冷床育苗	日历苗龄/d	120～150	110～130	90～120	50～60	20～30	20～30	30～40
	播种期	10月上至11月上	10月下至11月上	11月上至11月中	1月下至2月中	2月上至2月下	3月上至3月中	3月上至3月中
大棚酿热温床育苗	日历苗龄/d	120～150	110～130	90～120	50～60	30～40	30～40	40～50
	播种期	10月下至11月下	11月中至12月上	11月下至12月中	1月下至2月中	1月下至2月中	2月上至3月上	2月下至3月上
大棚电热温床育苗	日历苗龄/d	70～90	65～85	60～70	40～45	60～80	50～60	50～60
	播种期	12月中至次年1月上	12月下至次年1月上	1月上至1月中	2月上	1月上至1月下	2月中至2月下	2月中至3月上
大棚火热温床育苗	日历苗龄/d	80～100	75～95	70～80	45～50	40～50	30～40	40～50
	播种期	12月上至12月下	12月中至次年1月上	12月下至次年1月上	2月上至2月下	1月中至2月上	2月下至3月上	2月下至3月上
大棚早春冷床育苗	日历苗龄/d	90～100	85～95	80～90	50～60	20～30	20～30	30～40
	播种期	1月上至2月上	1月上至2月上	1月上至2月上	1月下至2月中	2月上至2月下	3月上至3月中	3月上至3月中

其他大棚蔬菜播种育苗期参见本书主要大棚蔬菜栽培技术部分。

❖ 2. 蔬菜播种时容易发生哪些问题？ 怎样解决？

（1）底水不足　多发生于高畦面苗床育苗上。原因是高畦面苗床排水性好，积水困难，浇水后水下渗时间短，渗水量不足。

解决办法：在高畦面苗床的四边筑一道土埂来挡水，并且浇水量要大，让水在畦面上存留一段时间，适宜的浇水量应是浇水后，至少有 10cm 以上的畦土呈泥泞状态。

(2) 浇水不均 原因是畦面高低不平，高的地方水量偏少、渗水不足、湿度偏低，低洼处积水较多、渗水量较大、湿度也大。

解决办法：提高育苗畦的制作质量，使畦面保持平整；育苗畦的规格大小要适宜，育苗畦过宽或过长，均不利于均匀浇水；要提高浇水的质量，育苗畦较长时，应采取分段浇水法，畦面高低不平时，应采取局部补浇浇水法，减少差异。

(3) 糊种 播种后，种子被湿泥包裹住。糊种容易导致种子因透气不良、缺氧而发生烂种。

解决办法：在浇水后，先在畦面上均匀撒盖一层过筛的干细育苗土，待水洇湿干土后再播种，把种子播到湿润而疏松的护种土层内。

(4) 播种不均 原因是有些蔬菜种子的体积较小、重量较轻，种子不易散开。另外，湿种子容易粘连结块。

解决办法：用细土或细沙把种子充分稀释后，再进行播种。

(5) 盖土过深或过浅 原因是不了解蔬菜种子对覆土厚度的要求。对较小的种子，其顶土能力比较弱，不易出苗，应适当浅覆土，适宜的覆土厚度为0.5～1cm。覆土过浅，畦面表土容易失水变干燥，引起种子落干或形成"带帽苗"；覆土过深，种子出苗晚，出苗率降低。

解决办法：视育苗季节不同，生产上一般将蔬菜种子的覆土厚度保持在1cm左右。

(6) 覆土不匀 原因是撒土方法不当。目前，苗畦撒土主要采取的是手撒法，由于该撒土法不易掌握落土量以及落土范围较窄等原因，容易出现覆土不匀的现象。苗床覆土厚度差异明显时，往往造成出苗不整齐，并伴有落干、烂种等问题。

解决办法：采取筛土法，利用筛子易于掌握落土量以及落土均匀、落土范围大等优点，提高覆土的质量。

❖ 3. 如何加强幼苗播种床的管理？

幼苗播种床的管理是指从播种到分苗这段时期的管理，可分为三个时期进行。

(1) 出苗期 从播种到子叶微展，一般需经3～5d，管理上主要维持较高的温度和湿度。播种后一般不通风，温度保持在25～30℃为宜，空气相对湿度在80%以上，以减少床土水分蒸发。如发现底水不足，应及时补水。播种三天后，幼苗开始拱土，如发现幼苗"带帽"，可采取补救措施；若覆土过薄，应补加盖土；若表土过干，应喷水帮助幼苗脱壳。当发现小部分幼苗拱土时，不要马上揭掉地膜，否则会造成出苗不整齐，应等大部分幼苗子叶出土后，方可揭掉地膜，但也不能揭膜过迟，以免形成"高脚苗"。

(2) 破心期 从子叶微展到心叶长出，一般需经一个星期左右或更长些。其生长特点是幼苗转入绿化阶段，生长速度减慢，子叶开始进行光合作用，有适量干物质积累。此期管理上主要保证秧苗的稳健生长。主要措施有以下几点：

① 降低床温　辣椒和茄子床温白天控制在 18～20℃，夜间控制在 14～16℃；黄瓜和番茄床温应比辣椒、茄子低 2℃左右。在降温的同时，要严防秧苗受冻，因破心期的秧苗一旦受冻就很难恢复，甚至形成"秃顶苗"。

② 降低湿度　若床土过湿，幼苗须根少，幼苗下胚轴伸长过快，造成徒长，同时易诱发猝倒病、灰霉病等病害。床土湿度一般控制在最大持水量的 60%～80% 为宜。在湿度过大的情况下，可采取通风透气、控制浇水、撒施干细土等措施来降低湿度，使床土表面"露白"，做到不"露白"不喷水，这样既可以控制下胚轴的伸长，又可促进根系向下深扎。空气湿度也不能过高，一般相对湿度以60%～70% 为宜。降低空气湿度的主要方法是通风，通风时注意通风口一定要背风向。

③ 加强光照　光照充足是提高绿化期秧苗素质的重要保证，因此在保证绿化的适宜温度条件下，应尽可能使幼苗多见阳光。在温度不太低的情况下，上午尽量早揭棚内薄膜，下午尽可能延迟盖膜。

④ 及时删苗　以防幼苗拥挤和下胚轴伸长过快而形成"高脚苗"。

（3）基本营养生长期　此时期内幼苗主要进行营养生长，生长率相对较高，尤其是根重增加迅速。这一时期除瓜类外，辣椒、番茄一般需经 20～30d。其管理的基本原则是：在经历了破心期"控"的管理后，又要转入"促"的管理，主要采取如下"促"的措施：

① 适当提高床温　即将床温较破心期提高 2～3℃，并采取变温管理，白天温度偏高（20～23℃），夜间温度稍低（13～16℃）。

② 加强光合作用　在这一生长期中，秧苗要大量积累养分。因此必须增加光照以加强秧苗的光合作用。一般在无人工补光的情况下，遇晴朗天气尽可能通风见光，阴雨天也要选中午前后适当通风见光。

③ 在水分管理上，要保证床土表面呈半干半湿的状态　这就要求在床土表面尚未"露白"时必须马上浇水。一般在正常的晴朗天气，每隔 2～3d 应浇水一次，每次每平方米浇水量为 0.5kg 左右。这样能保证床土表面湿中有干、干湿交替，对预防猝倒病与灰霉病能起到较好的作用。

④ 适当追肥　如果床土养分不够，秧苗生长细弱，应结合浇水进行追肥，追肥可选用 0.1% 三元复合肥液或 20%～30% 腐熟人粪尿水。

⑤ 炼苗　为提高秧苗的抗逆性和使秧苗适应分苗后的环境条件，一般在分苗前 2～3d 应逐渐通风降温，以便对秧苗进行适应性锻炼。

❖ 4. 怎样进行分苗？

分苗又称假植或排苗（彩图 4-2）。它是为了防止幼苗拥挤徒长，扩大苗间距离，增加营养面积，满足秧苗生长发育所需的光照和营养条件，促使秧苗进一步生长发育，使幼苗茎粗壮、节间短、叶色浓绿、根系发达，是培育壮苗的根本措施。

(1) 苗床准备　分苗床应早做准备，只能床等苗，不能苗等床。一般应于分苗期半月前做好准备，整好地，施足基肥，用塑料薄膜覆盖保持床土干燥。

(2) 分苗时期　分苗时期应根据气候状况和秧苗的形态指标来确定。开春后，气候转暖，不出现大的起伏，就可开始分苗；从秧苗的形态指标来看，黄瓜以 2 叶1 心、茄果类以 3～4 片真叶为分苗适期。

(3) 分苗密度　分苗密度依种类不同而异。据试验，分苗密度与作物的前期产量关系极大，一般苗距加大，前期产量提高明显，能获得较高的产量。因此，在分苗床充足的情况下，适当稀分苗，有利于培育健壮的秧苗，具体的分苗密度：黄瓜、番茄 10cm×10cm，茄子 8cm×8cm，辣椒 6.5cm×6.5cm。

(4) 分苗方法　分苗应看准天气，选准"冷尾暖头"、晴朗无风的日子，抓紧在中午前后完成分苗。分苗前半天应浇水于苗床，以便掘苗，多带土、少伤根。分苗时最好将大小苗分开栽，便于管理。分苗宜浅，一般以子叶出土面 1～2cm 为准。分苗后要把根部土壤培紧，并及时浇定根水。除采用苗床分苗外，近年来，营养钵分苗在茄果类、瓜类蔬菜育苗中被广泛采用。营养钵育苗可以缩短秧苗定植到大田的缓苗期，定植后马上成活，加快植株的生长发育，是夺取果菜类早熟丰产的重要措施。无论是苗床分苗还是营养钵分苗，分苗后均必须用塑料小拱棚覆盖防寒。

❖ 5. 什么叫"带帽苗"？　如何避免蔬菜秧苗"带帽"？

"带帽苗"是指种子出苗时没有将种壳留在土内，种壳夹着子叶一起出土，这种子叶带着种壳一起出土的苗叫"带帽苗"（彩图 4-3）。"带帽苗"属于不良苗，幼苗的子叶不能正常地伸展，光合效率降低，从而影响幼苗早期的生长。"带帽苗"的两片子叶连接成环，对真叶的正常生长也有一定的妨碍作用。

(1)"带帽"原因　播种过浅或畦面表土过于干燥所致。另外，用成熟度较差的种子以及陈种子播种时，由于种子的脱种壳能力比较弱，也容易带着种壳出土，形成"带帽苗"。

(2) 预防措施　一是要选用发芽力强的新而饱满的种子来播种；二是要浇足播种水，保证苗畦有充足的水分；三是要正确掌握种子的播种深度，避免播种过浅；四是播种后要保持畦面表土湿润，特别是高温期播种育苗更要注重播种后的畦面保湿；五是在种子出苗始期，注意观察种子的出苗情况，如发现种苗有带壳现象，要及时向畦面均匀撒一层过筛的湿细土，帮助种子脱壳。

(3) 解决办法　首先要分析出现"带帽苗"的原因，而后采取合理的措施。如果是由于播种深度不够而引起种苗带壳出土，应在种苗出土始期，向畦面均匀撒盖一层湿细土，撒土厚度在 0.5cm 左右，帮助种苗脱壳；如果是由于种子的原因而导致种苗带壳出土，就应在上午幼苗刚出土时，趁种壳湿润柔软，用手轻轻摘掉种壳；如果是由于表土干燥引起种苗带壳出土，应在种苗刚出土时，向畦面撒一层湿细土帮助种子脱壳，或均匀喷洒一遍水，而后再覆盖一层土保湿、防板结。

❖ 6. 什么叫"高脚子叶苗"？ 如何预防？

高脚子叶苗，主要是在越冬和早春育苗过程中，由于采用了大棚等保护设施进行育苗，管理疏忽，揭盖少或通风透光不够，盲目追求保温，造成土壤湿度过高、光照不足以及温度过高引起。这种苗的抗病能力会降低，难以被培育成大苗、壮苗，直接影响其后期的生长，要及时采取有效的措施进行预防。

（1）预防措施

① 控制浇水　根据育苗季节确定苗畦的浇水量，避免浇水后苗畦内长时间保持较高的土壤湿度。一般低温期苗畦的温度偏低，失水较慢，应少浇水；高温期苗畦失水比较快，畦土易变干，可多浇水。

② 确保光照　齐苗阶段在满足苗床内温度需要的前提下，应及早揭掉苗床的各种保温覆盖物，延长光照时间。同时，对由于播种不均匀或播种量过大而造成幼苗密集的现象，在床面光照不足的苗床或地方，应及早疏去多余的秧苗，保持合理的苗距。

③ 适当降温　当苗床内约有半数的幼苗出土后，要把苗床白天的温度降低到25℃左右，夜间的温度不要超过15℃。

（2）解决办法　由于苗床土壤的湿度和温度偏高引起的子叶苗旺长，应采取通风降温、降湿的措施，改善苗床环境。当苗床湿度偏高，短期内不容易降低时，应采取在畦面撒干土、撒草木灰等措施强化降湿。

由于苗床内的蔬菜秧苗密度过大、苗间拥挤引起的子叶苗旺长，应及早疏去密苗，并加强苗床光照，促进苗茎加粗。

因保温覆盖的时间过长或连阴天光照不足引起的"高脚子叶苗"，一方面要降低温度和湿度，减缓秧苗的生长速度，另一方面还要采取措施增加光照。

不论是何种原因引起的"高脚子叶苗"，在采取解决措施的同时，还可进行叶面施肥，促使其尽快转壮。可叶面喷洒 0.1% 磷酸二氢钾或 1% 优质复合肥液（将1 份复合肥浸泡入 100 份水中，24h 后取上清液喷洒），也可以叶面喷洒 100 倍液的葡萄糖、红糖、白糖，或豆汁、奶粉等。

对于较为严重的"高脚子叶苗"，除了采取上述措施外，还可叶面喷洒甲哌鎓（80～100mL/L）、矮壮素（150～200mL/L）等，抑制秧苗的徒长。

❖ 7. 冬春季节育苗棚遇长期低温寡照天气怎么办？

2018 年 10 月至 2019 年 3 月，正是茄果类蔬菜越冬育苗期，由于一直处于低温寡照的天气条件下，有相当一部分的育苗大户培育的秧苗质量差，或需多次播种，而那些精心管理的越冬苗，卖上了高价。越冬育苗遇低温寡照的天气是常见现象，只是时间的长短不同而已，育苗棚要做好以下工作：

（1）保温增温　可采取"大棚＋中棚＋小棚"的多层覆盖方式，每增设1层薄膜，可提高棚内温度2～3℃。长期低温还可以在大棚内小拱棚的两边再挂1层或几层可以收放的厚薄膜，或在小拱棚上覆盖1～2层草帘、无纺布或遮阳网等材料，早、晚气温降低时放下，白天温度高时卷起通风。极端天气临时加温则可以采取盆火、炉火、电热线及空气加温线加温等方法，其中临时架设空气加温线，可用干燥的小木棍将线架设在高出秧苗20cm的上方，这样一般可使小环境温度增加5℃左右。此外，如棚内无排出烟雾的烟道，加温时则不能用明火，避免对植株产生烟害。

（2）增光补光　连续多日的阴雨寡照、光照不足，已成为幼苗生长的重要制约因素。要及时清洗棚膜，保持棚膜清洁，增强育苗棚的透光率和进光量。在连续雨天的情况下，可用大功率灯泡，10m左右1个，每天补光12h左右；阴天则早、晚开灯，每天给秧苗补光3～4h，及时揭除草帘、无纺布、遮阳网等覆盖物，充分利用弱光、散射光，保证植株自身光合作用所需的光照条件，同时利用无雨间隙，在中午前后小通风一会儿，及时将氨气等有害气体排出棚外。

（3）排湿控湿　如棚内湿度大，极易诱发各种苗期病害及沤根死棵等，所以要注意排湿控湿，如尽量选择晴天上午浇水，这样既可因水温与地温较为接近而减少水温对根系的刺激，又有充足的时间进行闭棚升温及随后的通风排湿；在棚土表面撒施干燥草炭、炉灰渣、炭化稻壳或蛭石等吸水力强的材料；还可在操作行内撒施干稻壳、稻秸秆或锯末等，以防土壤中的水分蒸发，还可以吸收空气中的水分，同时这些秸秆在腐烂的过程中还能释放出热量和二氧化碳，提高棚内温度和蔬菜的光合作用。

（4）培育壮苗　浇水时，尽量使用水温较高的地下水或温室内蓄水池（缸）中升温的水，避免使用河水、水库水、池塘水等，减少低温对幼苗根系造成的伤害。浇水方式遵循小水勤浇、午后不浇水的原则，在满足幼苗生长对水的需求的同时，尽量减少对地温的影响。浇水时可随水施用含海藻酸类或腐植酸类的有机液肥。在长期阴天寡照的情况下，应在晴天上午对植株及叶背面喷雾1％红糖水等可溶性糖液，以弥补植株光合作用不足造成的营养物质缺少；当光照不足引起幼苗徒长时，可在幼苗2叶1心和3叶1心期喷施适量的1000mg/L的矮壮素或多效唑；当因低温时间过长造成僵苗时，可喷施核苷酸等叶面肥缓解；当寒流过后，受冻植株恢复生长后用0.5％～1％蔗糖＋0.1％～0.3％磷酸二氢钾混合液喷雾1～2次。

（5）病害预防　在晴天时，可于傍晚闭棚施用百菌清、腐霉利等广谱性粉尘药剂或烟雾剂，预防低温高湿条件下蔬菜苗期易发的猝倒病、立枯病和灰霉病等病害，避免喷雾施用杀菌剂人为增加棚内的湿度。受冻的蔬菜易遭受病虫害侵袭，可及时喷洒一些如27％高脂膜乳剂等保护剂。蔬菜受冻后及时剪去受冻的枯枝烂叶，避免受冻组织霉变而诱发病害。

❖ 8. 什么叫"闪苗"现象？ 如何避免早春蔬菜秧苗"闪苗"？

（1）蔬菜"闪苗"现象　早春培育蔬菜秧苗时，在气温低的寒冷季节，大多采用闷棚覆盖等措施进行保温，经过一段较长时间的寒冷低温后，天气突然放晴，如果这时把草帘等覆盖物全部揭开，有的甚至揭膜通风，结果会导致先年10月开始培育的辣椒、茄子、番茄等茄果类蔬菜秧苗，及当年元月上中旬培育的黄瓜、西葫芦、丝瓜、苦瓜等瓜类蔬菜秧苗出现叶片凋萎、干枯的"闪苗"现象。

"闪苗"与幼苗质量、温度、空气湿度都有关系。如果苗畦内长期不通风、闷棚保温，湿度大，幼苗生长过嫩，这时突然通风，外界温度较高，空气干燥，幼苗会因突然失水而出现凋萎，叶细胞由于突然失水过度，很难恢复，轻者叶片边缘或网脉之间的叶肉组织干黄，重者整个叶片干枯，如火燎一般。

（2）蔬菜"闪苗"现象的防止措施　"闪苗"现象在整个苗期都有发生的可能。特别是在2～3月份，气温变化频繁、高低落差有时较大，对于进行大中棚栽培或小拱棚地膜覆盖栽培的，在定植前危害最为严重。如何防止"闪苗"现象的发生，应从一日三看大棚、精细管理上着手。

通风降湿，培育壮苗。即使是阴天或雪天白天也要照常通风降湿，一般利用中午或下午1～2点，在风力不大的情况下通风较好。也可以向畦内撒入草木灰或细煤渣，使畦面半干半湿，保持较低的空气湿度，幼苗不徒长，根系发达，叶片厚实、浓绿、抗逆性强，一般不会发生"闪苗"。即使幼苗幼嫩或稍有徒长，只要坚持由小到大逐渐通风锻炼，使幼苗逐渐壮实，也可避免。

有经验的菜农遇到这种天气情况，会在天气突然放晴的时候不马上揭膜通风，而是在大棚内的小拱棚上加盖遮阳网或草苫遮阴，避免强光刺激。过一段时间后，再逐步揭遮阳网直至全揭遮阳网，然后开小拱棚两头，再揭小拱棚膜的一半，待秧苗适应后，才把小拱棚膜全部揭去。根据棚内的温度状况，开大棚通风时，也只能由小到大逐步开大通风，千万不能看到太阳就把大棚内小拱棚膜及大棚门全部揭开。

如果遇到这种"闪苗"现象，发现及时的，可把小拱棚膜重新盖上，关上大棚门，小拱棚上盖遮阳网，再采取上面的办法逐渐揭开棚膜。受害较轻时，即心叶未死，子叶或幼叶受害轻微，可在幼苗稳定后，根据情况适量喷水，或喷100～300倍的食醋液，然后用百菌清或甲基硫菌灵等广谱性药剂防止幼苗受伤后感病。

❖ 9. 蔬菜大棚越冬育苗易出现的病虫害有哪些？ 如何防治？

（1）猝倒病　种子发芽至1～2片真叶时易发生。病苗基部呈水渍状，变黄褐色，继而缢缩变细呈线状，幼苗倒伏，但叶片一般仍保持绿色。湿度大时，病苗及附近床面，往往长出棉絮状白霉。

防治方法：发现病苗及时拔除，立即用1∶10的生石灰＋草木灰撒入苗床。出现少数病苗时，立即用64％噁霜灵可湿性粉剂600倍液或75％百菌清可湿性粉剂1000倍液等喷洒。苗床湿度大时，不宜再喷药水，而用甲基硫菌灵或甲霜灵等粉剂拌草木灰或干细土撒于苗床上。

(2) 立枯病　幼苗中后期，茎基部产生椭圆形暗褐色病斑，略凹陷，向两面扩展，绕茎一周，皮层变色、腐烂，干缩变细。地上部叶片褐色变淡，后变黄，初期白天萎蔫、晚上恢复，最后整株枯死。苗直立而枯，即"立枯"，湿度大时，可见稀疏的淡褐色蛛丝网状霉，无明显白霉。

防治方法：发病初期可喷洒20％甲基立枯磷乳油1000倍液或36％甲基硫菌灵悬浮剂500倍液、5％井冈霉素水剂1500倍液等。与猝倒病同时发生时，可喷72％霜霉威盐酸盐水剂800倍液加50％福美双可湿性粉剂500倍液，或用95％噁霉灵4000倍液浇灌。

(3) 灰霉病　多在幼苗叶尖发生，由叶缘向内呈"V"形扩展，水渍状腐烂，引起叶片枯死，表面生少量灰霉。苗茎被害，病部呈淡褐色、腐烂，病部上端茎叶枯死。

防治方法：最好用10％腐霉利烟熏剂，亩用250～300g，或5％百菌清粉剂，亩用1kg。

(4) 疫病　又称茎基腐病。多在3～5叶苗期发生，感病根部表面长出少量稀疏的白色霉层，叶片从边缘开始，初期有不定形的水浸状暗绿色或黄绿色直至暗褐色的大块病斑。

防治方法：用70％百菌清可湿性粉剂600倍液或80％代森锰锌可湿性粉剂500倍液、25％嘧菌酯悬浮剂1500倍液喷雾。最好用50％甲基硫菌灵或多菌灵粉剂拌干细土撒施。

(5) 黄化　秧苗叶色淡黄、叶小、茎细为缺肥缺水黄化。有时光照较弱、阴雨多，苗床设施遮光，引起幼苗嫩黄。有的表现为叶片轻微斑驳的病毒黄化。

防治方法：缺肥引起的黄化要及时追肥。病毒病引起的黄化，除了及时防蚜外，还可用菌毒清、吗啉胍·乙铜、混合脂肪酸等喷洒2～3次。作为补救措施，可对秧苗喷洒一次10～20mg/kg赤霉酸＋0.3％尿素，或细胞分裂素300倍液混加1.8％复硝酚钠水剂6000倍液，7～10d可开始见效，使秧苗逐渐恢复正常生长。

(6) 沤根　生理性病害。病株地下根部表皮呈锈褐色，然后腐烂，不发新根或不定根，地上部叶片白天中午前后先萎蔫，逐渐变黄、焦枯，病苗整株易被拔起，严重时，幼苗成片干枯，似缺素症状。

防治方法：应从育苗管理抓起，宜选地势高、排水良好、背风向阳的地段作苗床地，床土需增施有机肥和磷钾肥。出苗后注意天气变化，做好通风换气，可撒干细土或草木灰降低床内湿度，同时认真做好保温，可用双层塑料薄膜覆盖，夜间可加盖草帘。条件许可的话，可采用地热线、营养盘、营养钵、营养方等方式培育壮苗。

（7）僵苗　僵苗又叫小老苗，是苗床土壤管理不良和苗床结构不合理造成的一种生理障碍。幼苗生长发育迟缓，植株瘦弱，叶片黄、小，茎秆细、硬，并显紫色，虽然苗龄不大，但看似如同老苗一样，故称"小老苗"。苗床土壤施肥不足、肥力低下（尤其缺乏氮肥）、土壤干旱以及土壤质地黏重等不良栽培因素是形成僵苗的主要因素。透气性好但保水保肥性很差的土壤，如砂壤土育苗，更易形成小老苗。若育苗床上的拱棚低矮，也易形成小老苗。

防治方法：宜选择保水保肥力好的壤土作为育苗场地。配制床土时，既要施足腐熟的有机肥料，又要施足幼苗发育所需的氮磷钾营养，尤其是氮素肥料。并要灌足浇透底水，适时巧浇苗期水，使床内水分（土壤持水量）保持在最大持水量的70%～80%左右。

（8）徒长　徒长是苗期常见的生长发育异常现象。表现为幼苗茎秆细高、节间拉长、茎色黄绿，叶片质地松软、叶身变薄、色泽黄绿，根系细弱。徒长苗缺乏抵御自然灾害的能力，极易遭受病菌侵染，同时延缓发育，使花芽分化及开花期后延，容易造成落蕾、落花及落果。定植大田后缓苗效果差，最终导致减产。晴天苗床通风不及时、床温偏高、湿度过大、播种密度和定苗密度过大、氮肥施用过量是形成徒长苗的主要因素。此外阴雨天过多、光照不足也是形成徒长苗的原因之一。

防治方法：依据幼苗各生育阶段的特点及其温度因子，及时做好通风工作，尤其是晴天中午更应注意。苗床湿度过大时，除加强通风排湿外，可在育苗初期向床内撒干细土；依苗龄变化，适时做好间苗、定苗，以避免相互拥挤；光照不足时宜延长揭膜见光的时间；如有徒长现象，可用200mg/kg的矮壮素进行叶面喷雾，苗期喷施2次，可控制徒长，增加茎粗，并促进根系发育。矮壮素喷雾宜早、晚进行，处理后可适当通风，禁止喷后1～2d内向苗床浇水。

10. 蔬菜育苗容易忽视哪些问题？　如何解决？

（1）种子带病　蔬菜种子在生产过程中，可能种株带病，或种子收获后在发酵等处理过程中带菌，贮藏过程中也可能带菌。如果种子不进行处理，种子发芽时病菌也可能同时萌发而感染幼苗。因此，一般应根据该蔬菜种类在当地的病虫害发生情况，有针对性地选用药剂对种子杀菌。

（2）轻视质量　有的农户抱着"有苗不愁长，大小是个苗"的心态，不重视育苗过程，轻视幼苗质量等。有时由于秧苗质量不高、病害重而造成毁灭性的损失，特别是早春育苗和夏季育苗，要加强秧苗质量方面的认识。俗话说："苗好半成收"，苗子培育好了，为以后的栽培管理和高产、高效提供了基础，而且定植时，要选用优质、无病的壮苗及时定植。

（3）混合育苗　有些生产规模小的农户，因设施有限，为图省事，与其他正在生长的蔬菜、花卉等作物在同一个棚内、行间或空地等处混合育苗。由于作物种类不同，对温、光、水、肥的要求也不同，苗期管理不能兼顾，而且某些蔬菜品种之间还易产生拮抗作用，极易使所有菜苗都生长不好，因而易感染病虫害或生长不良，带病定植，给田间管理带来麻烦。在生产中栽培棚和育苗棚要分开，不同科属的育苗棚应单独使用，间套栽培的蔬菜也要讲究相得益彰，合理搭配。

（4）管理粗放　常常由于苗床低温或高温、高湿或干旱、缺肥或肥料过多以及病虫害防治不及时等，导致幼苗弱小、徒长、花芽分化推迟、花器瘦弱、形成畸形花果、根系坏死或不发新根等，影响产量。要按照各种蔬菜种类的幼苗生长发育特点，搞好温、光、湿、气、肥、水等的精细管理，大棚育苗要做到"一日三看大棚"，合理揭盖。

（5）幼苗过密　有的菜农为了节省土地或利用多余的棚头、畦边等，无限制地提高幼苗密度，致使幼苗很快封垄，相互争肥、争光，茎秆细长，叶片小而薄，不能制造足够的养分供花芽分化，移栽定植后缓苗慢、开花结果晚，起不到育苗移栽应有的效果。这种现象在生产中发生也较多，育苗不能过密，有条件的最好采用营养钵或营养块或穴盘育苗，苗期长的还需进行假植。

（6）盖着暖和　有的冬春育苗期间阴雨霜雪天气多，菜农错误地认为覆盖能保温、夜间天冷需加温和阴雪天气不揭草苫等，使幼苗见光少、昼夜温度管理颠倒或夜温偏高导致徒长。要根据蔬菜幼苗的生理特点，搞好棚膜的揭盖、覆盖物的揭盖、温度管理，移栽前还应及时炼苗。注意及时通风透气，即使下雪天，也应利用下午 1～2 点开棚门透气 1h 左右。

（7）湿度偏大　苗床湿度偏大，温度难以提高，根系和植株生长不良，花芽分化少而迟，或苗期徒长，植株抗逆性差，猝倒病、立枯病、灰霉病、晚疫病等病害发生偏重。特别是早春育苗只要把底水浇透，管理期间应"宁干勿湿"，不"露白"不施肥水。发现过湿，应采取通风或撒干细土、草木灰等措施除湿。

（8）定植不及时　有些菜农认为低温期幼苗生长慢，苗龄长几天或短几天影响不大，高温期幼苗生长快，该定植时不定植，导致育苗床郁闭，幼苗在苗床内开花、结果，影响前期产量。高温期幼苗生长快，被切断的根系老化快。大苗移栽伤根多，伤口不容易愈合，易诱发病毒病。过分地控制生长，则易形成老化苗，定植后缓苗、生长慢。应根据各种蔬菜的适宜苗龄和当地的气候条件，配合不同的栽培条件适时育苗，才能保证适时定植。特别是早春栽培，定植大田要提前做好整土、施肥、盖地膜升温等准备，做到田等苗。

（9）育苗费事　有些菜农认为育苗太费事，因而随便买些苗或用别人余下的苗定植完事，幼苗质量得不到保障。如果从病区移苗或定植病苗，根结线虫、疫病、猝倒病、灰霉病等一旦被带入生产田，当气候条件适宜时，就会发生和产生危害，作物的整个生长期都要受影响，给生产管理和收成带来严重影响。也有个别育苗户为了赚钱，选用种子价钱相对便宜的已经被淘汰的品种，影响产量。采购秧苗时要搞清蔬菜的品种，最好从专门的育苗单位购进采用基质或营养液培育的幼苗。

❖ 11. 蔬菜大棚内怎样使用空气加温线加温？

蔬菜越冬育苗，冬季气温低，大棚保温有限，低温冷冻期间，可采用空气加温线加温（彩图4-4），有利于保苗防冻。现以北京苗乐育苗容器厂生产的空气加温线为例介绍其使用说明。

（1）用途　适用蔬菜、瓜果、菌种的育苗。提高秧苗越冬成活率，加快秧苗成长。

（2）特点和型号　由具有耐酸碱、耐高温和强抗老化的无毒塑料制成。产品型号见表4-2。

表 4-2　空气加温线产品型号

产品名称和型号	电压/V	功率/W	长度/m
DS-250 型空气加热线	220	250	30
DS-1000 型空气加热线	220	1000	70
DS-38015 型空气加热线	380	1500	120
WK-2 温度控制器	220	2000（负载）	12×8×5(cm)

（3）技术参数　电气强度，耐高压40000V击不穿；绝缘电阻，大于1000MΩ（兆欧）；电器类型，Ⅱ类电器，本电器不需接地；耐热程度，≤60℃；加热条件，必须有适当的保温设备，塑料或玻璃大棚；加热程度，上述条件下，在空气中每千瓦约加热15m³的空间。加热温度如达到30℃以上，可采用温控器来控制温度，控温范围0～50℃。

（4）空气加热线的使用方法　使用空气加热线时，第一步先根据加热空间的大小，按15m³/kW计算出所需的加热线数量，即加热线数量 $n=V/15m^3$（V为加热空间，m³；n取整数），然后根据加热空间的长度或宽度合理选用加热线，再把加热线来回分布于空间内。一般线的间距以20cm为准（如加热温度不高，可增加线的间距；如加热温度偏高，则缩小线的间距）。

布线时，先在温室两边沿宽度方向用木棒（最好是圆木棒）按选定的布线间距插好，然后将线来回扣在木棒上并拉直、拉紧。如发生加热线过长或过短的情况，可灵活拔动木棒调节。也可在保持间距不变的条件下，允许半途折回以与加热线的导电线处在同一边，便于接电源。当空气加热线在水中使用时，也可参照上述的布线方法。但所需的加热线数量应按 $n=V/7$ 计算。

（5）使用注意事项　空气加热线在使用中线与线之间禁止交叉或重叠；空气加热线严禁成圈在空气中通电；布线所固定的木棒禁止用金属棒或带棱角的棒；人员进入通电的加温区操作，务必切断电源；加热线在使用中禁止硬拉等，以免内部断线或损伤绝缘层造成事故；严禁 220V 加热线在 380V 电源上使用；加热线不得剪短或加长使用；空气加热线在使用前，可用万用表做通断检查，另外还需做绝缘性能检查。

第二节　夏秋育苗

❖ 1. 夏秋护荫避雨育苗有哪些技术要点？

秋冬蔬菜如甘蓝、花椰菜、大白菜、莴苣、芹菜等均喜冷凉气候，而育苗期往往提早到 7、8 月份进行，此期光照强烈、天气炎热、暴雨频繁、虫害猖獗，幼苗管理困难，除加强苗床管理外，必须设置护荫避雨设施，即利用大棚骨架覆盖遮阳网或进行网膜覆盖，以保证出苗和成苗。

（1）播种期确定　确定夏秋蔬菜的播种期应遵循的原则是：正好使产品器官生长的旺盛期处于气候条件（主要是温湿度和光照）最适宜的月份里，而把幼苗期、发棵期和产品器官生长后期放在其他月份里。同时还应根据市场需求考虑到该品种收获时必是市场短缺期，以便达到提高经济效益的目的。一些主要蔬菜适宜的夏秋播种时间见表 4-3。

表 4-3　主要蔬菜夏秋播种期及适宜品种（适宜湖南地区及气候条件相似的地区）

种类	播种期	定植期	采收期	适宜品种
夏大白菜	5~6 月	15~20d 苗龄	6 月下至 8 月	日本夏阳、黄清河夏阳、惟勤夏阳
早秋大白菜	6~7 月	可直播	8~9 月	鲁白 6 号、小杂 56、沈阳快菜
秋大白菜	7~8 月	直播	10 月至次年 2 月	丰抗 70、丰抗 80、晋菜 2 号、晋菜 3 号、青麻叶
早矮脚黄	6 月下至 8 月上	8~9 月	10~12 月	上海矮脚黄、南京矮脚黄
秋矮脚黄	8 月中至 9 月	9~10 月	11 月至次年 2 月	上海矮脚黄、南京矮脚黄
迟矮脚黄	9~10 月	11 月至次年 1 月	2~3 月	
四、五月慢	9~10 月	11 月至次年 1 月	2~4 月	上海四、五月慢
紫菜薹	8~10 月	9~11 月	10 月至次年 2 月	九月鲜、十月红，湘红 1 号、2 号
雪里蕻	8 月下至 10 月	9~11 月	10 月至次年 3 月	细叶排菜、大叶排菜、九头芥
夏甘蓝	5~6 月	6~7 月	7 月下至 8 月	夏光甘蓝、AA 甘蓝、牛心甘蓝

种类	播种期	定植期	采收期	适宜品种
秋甘蓝	6~8月	8~9月	10月至次年1月	京丰甘蓝、益丰甘蓝
春甘蓝	10~11月	12月至次年1月	3~5月	牛心甘蓝、鸡心甘蓝、京丰甘蓝、益丰甘蓝
迟花菜	7~8月			早慢种、晚慢种（100~120d花菜）
春花菜	9~10月			120~240d花菜
夏萝卜	5~6月	撒播	7~8月	和风、夏长白1、2号
秋萝卜	7~9月	撒播	10月至次年2月	短叶13号、浙大长萝卜、白玉春系列萝卜
青花菜	6月上至7月上			里绿、绿王
秋莴笋	8~9月	9~10月	11月至次年1月	耐热品种、二白皮、苦荬叶、科兴三号、笋王3号、种都三号、科兴五号
夏黄瓜	5~6月	点播	7~8月	津春系列、津研系列、津杂系列
秋黄瓜	7月至8月上	点播	9~11月	津春4号、津研7号
秋芹菜	5~8月	7~10月	8月至次年1月	津南实芹、玻璃脆芹、美国西芹
秋菜豆	8月上	点播	9~11月	山东架芸豆
秋豇豆	7月	点播	10~11月	湘豇1号、之豇28-2、高产4号、龙须豇豆
秋豌豆	8~9月	点播	11~12月	
秋苋菜	8月至10月上	撒播	9~11月	白圆叶苋、红圆叶苋
秋蕹菜	8月至9月上	撒播	9月至10月下	江西空心菜、泰国尖叶蕹、广西白籽空心菜
夏芫荽菜	4~5月	撒播	7~8月	泰国四季香菜
秋冬芫荽菜	8~11月	撒播	10月至次年2月	地方品种
冬寒菜	8~10月	撒播	10月至次年4月	红筋糯米冬寒菜
胡萝卜	7~8月	撒播	10月至次年1月	五寸人参
榨菜	7~9月	8~9月	11月至次年3月	四川榨菜，草腰子，涪杂1号、2号，三层楼
秋马铃薯	8月下至9月上	直播	11月至次年1月	东农303、大西洋、费乌瑞它
秋茼蒿	8月至9月上	撒播	11月至次年3月	大叶茼蒿
芥蓝	6月下至8月上	7月下至9月	11月至次年1月	地方品种
迟冬瓜	5~6月	6~7月	10~11月	长沙青杂冬瓜、广东黑皮冬瓜
秋茄子	6月下至7月上	7月下至8月上	9~11月	常茄1号、湘茄2号
秋番茄	7月至8月上	8月下至9月	10月至次年1月	早魁、早丰、毛粉802、西粉
秋辣椒	7月20号左右	8月底左右	11月至次年1月	皖椒1号
秋菠菜	8~9月	撒播	10月至次年1月	圆叶菠菜、华菠1号

种类	播种期	定植期	采收期	适宜品种
洋葱	9月	3月	5~6月	红皮洋葱
大蒜	8~9月	直播	10月至次年2月	四川硬叶、四川软叶
大葱	9~10月	3月	5月至次年2月	章丘大葱
生姜	立夏前后	直播	10月	地方品种、隆回姜
叶用莴苣	周年播种			四季油麦菜、成都白尖叶、218油麦菜
刀豆	5月	直播	8~9月	地方品种
叶用芥菜	9月上	10月上	12月前后	白沙11号早包心芥菜、60d中熟包心大芥菜、白沙理想大坪埔大芥菜

（2）苗床准备

① 深翻烤土 于盛夏或伏天深翻土壤，要求起大坨，烤晒过白。

② 整地施肥 土壤烤晒过白后，用锄头将土坨敲碎，畦面整平，略呈龟背形，立即浇泼一层腐熟的人粪尿。

③ 松土镇压 待粪干后，用二齿耙将表土层轻轻松动，然后用铁锹稍加镇压，使畦面平整，以利于播种。

（3）种子处理 秋季栽培的大多是喜冷凉的蔬菜，而播种时期正值高温季节，有些蔬菜种子直接露地播种常受高温的影响而发芽困难，如生菜、莴笋等，要采取低温催芽的措施。另外一些蔬菜种子的发芽不仅受高温影响，而且因种（果）皮厚或多刺毛，不易透气、吸水，发芽缓慢而不整齐，如芹菜、菠菜、芫荽、胡萝卜等，对于这类种子，应先搓去刺毛，搓开果实，用凉水浸泡后，于适宜的温度条件下催芽。白菜、甘蓝、芥菜类种子容易发芽，一般不用处理，可直接播种。

对种子进行低温处理，将浸泡后的种子用湿布包好，吊入井内，利用井内冷凉、湿润的环境催芽，效果很好。也可以把浸泡后的种子用湿布包好，直接放入冰箱中催芽。

几种叶菜类蔬菜适宜的发芽温度及所需时间见表4-4。

表4-4 几种叶菜类蔬菜适宜的发芽温度及所需时间

品种	催芽温度/℃	浸种时间/h	催芽时间/d
莴笋	5~28	8~12	3~4
芹菜	15~20	12~24	7~12
芫荽	5~28	8~12	12~15
生菜	10~28	8~10	3~4

（4）播种与盖籽 将种子均匀地撒播于苗床上，然后用竹扫把轻轻在床面上扫一遍，使种子均匀地落入土缝中。播后，用30%~40%的粪渣均匀浇泼于床面

上，称"盖籽类"。

（5）设置护荫避雨棚　夏秋季育苗时，幼苗生长遇到的主要障碍是高温干旱和强烈的日照，有时还有暴雨袭击，尤其是高温和强日照干扰了幼苗的光合作用，使叶绿素发生降解，幼苗外部表现为植株矮小、生长发育不良。因此，夏秋育苗的关键是利用一些覆盖材料进行护荫、降温、防雨处理。过去夏秋育苗常采用竹帘、芦帘、稻草或茅草覆盖遮阴防雨，而今一般采用遮阳网配合农膜进行护荫避雨育苗。可在塑料大棚上覆盖棚膜，再盖遮阳网，膜网配套，这样既能遮阴又能避雨。中小棚亦可采取上述方法。还可以设置平棚，同样覆盖薄膜和遮阳网。

利用遮阳网进行覆盖遮阴，一般在幼苗出土前进行浮面覆盖，即将网直接盖于床面上。待幼苗拱土时，应及时支架撑起遮阳网，进行大棚或拱棚覆盖。架网必须及时，过迟会使幼苗钻入网孔内，揭网时扯断幼苗。幼苗生长期间应视天气状况、一天中光照强度的变化进行揭盖网管理。晴天，上午10点盖网，下午4点揭网为宜；阴天，可以不盖网；下暴雨时，一定要将网膜结合盖上，防止暴雨打坏幼苗和床土板结。

幼苗出圃前，应逐步缩短护荫时间，使之适应露地环境。

（6）幼苗培育管理　夏秋育苗时间短，幼苗生长快，对于幼苗的培育管理应一环紧扣一环。播种后要视床土干湿情况补充水分，以保证出苗；当幼苗开始拱土时，应揭去覆盖物，并保持床土湿润；齐苗后要及时间苗，结合除草，并追以淡水淡肥；发现虫害要及时喷药防治，常见的虫害有蚜虫、大猿叶虫、小猿叶虫、黄曲条跳甲、菜青虫、斜纹夜蛾等。防治方法参见本书相关内容。

❖ 2. 为什么夏菜秧苗容易徒长？　如何防止？

夏菜秧苗徒长是指秧苗的茎秆细长，节间长而稀疏，叶薄、色淡绿，组织柔嫩，根须稀少。引起秧苗徒长的原因，主要是光照不足和温度过高，尤其是夜间温度过高，昼夜温差小。氮肥和水分过多也会引起秧苗徒长。

出苗到子叶展开期的徒长是由于播种过密，出苗后未及时揭去覆盖物，幼苗过于拥挤或出苗后未及时降温而徒长。子叶展开到2～3叶期，未及时删苗，或温度过高，未及时假植，秧苗过分拥挤易徒长；假植缓苗后到定植前，连续阴雨，苗床内土壤和空气湿度过高，营养土中氮肥偏多，未及时通风透光的秧苗，易徒长。

防止秧苗徒长的方法有以下几点：

（1）播种密度不宜太大　如茄果类蔬菜一般每亩大田需播种床 $2～3m^2$，播 $15～25g$ 种子。同时，出苗后及时拆除地面覆盖物。瓜类蔬菜最好能直接播种于育苗钵中。

（2）及时删苗、假植和定植　出苗后及时删苗2～3次；2叶1心时假植，每平方米120～130株；茄果类蔬菜当秧苗具有大花蕾时定植，豆类蔬菜在2片真叶即将展开时定植，瓜类蔬菜苗龄宜 35～40d。

（3）加强通风透光，控制温湿度　在秧苗出土后、假植前、假植缓苗后、定植前均应进行通风透光，降低温湿度炼苗，控制秧苗过度生长。

（4）合理进行肥水管理　营养土配制时，应注重磷、钾肥用量，控制氮肥用量；苗床内严格控制水分和追肥，需要追肥时，不能偏施氮肥。

（5）及时排稀秧苗　茄果类、瓜类蔬菜定植前 20d 左右，秧苗常常出现过度拥挤的现象，此时应适当移动秧苗，使大小苗分开。

（6）药剂控制徒长　一旦出现秧苗徒长，除了采取上述有关措施外，还可用波尔多液（等量式）喷雾或用 50% 矮壮素 2000～2500 倍液喷雾。

❖ 3. 阴雨高温天气大棚秋延后蔬菜苗期管理要点有哪些？

7～8 月份，是秋延后蔬菜定植的高峰期。蔬菜苗期，也是花芽分化的关键期，决定了后期开花坐果是否正常。如遇阴雨天气多，且长期在 35℃ 以上的高温，蔬菜苗期的正常生长必然受到很大影响，尤其会导致花芽分化不正常，后期将出现大量的畸形花。

高温连阴天易导致花芽分化差，蔬菜定植后，苗期阴雨天多，蔬菜长势必然不佳，花芽分化不良，畸形果较往年多。虽然进入立秋节气，但气温仍为全年最高。高温条件下，蔬菜呼吸作用必然强烈。大棚秋延后蔬菜定植后，幼苗细弱、长势不良几乎是通病。若是高温又遇到连阴天，甚至雨水进棚，势必雪上加霜，幼苗生长更弱，花芽分化更差。阴雨高温天气的管理要点如下：

（1）关注天气预报早做调整　除了关注短期天气预报，还要特别注意中期和长期天气预报，判断蔬菜市场行情变化、茬口调整等信息。以此调整蔬菜管理，更好地应对后期的天气变化。如遇降雨，有的菜农因雨水进棚而蒙受损失，但也有不少菜农做了充分准备，关闭上部通风口，设置挡水膜，修正沟渠，做好排水准备，从而使得棚内并未进水。

降雨前后，一定要做好通风口管理，若是降雨不大，注意及时关闭上部通风口，避免雨水进棚。降雨结束，则应立即打开风口，确保通风，降低棚内温度，减少呼吸消耗。若降雨很大，则应做好通风口的管理，避免雨水集聚后进棚。

（2）做好苗期养根防病工作　有人认为，夏季地温高，水肥足，不必担心根系问题，这是错误的。不管什么茬口，苗期管理的关键都是控上促下，形成健壮根系，这样才有后期的高产、优质。生产实践证明，秋延后蔬菜更要注意养根促壮、确保花芽分化。

一是确保粪肥腐熟，基肥配比合理。可以选择腐熟的鸡粪、羊粪等。基肥中还要注意营养搭配，根据蔬菜对营养的需求，重点补充钙、镁及铁、锌、硼等中微量元素，避免因后期长期冲施大量元素肥，造成棚内营养失衡。

二是用好生物菌肥或功能性肥料，促根防病。在定植时穴施、定植后冲施生物菌肥，可以改善土壤生态环境，提高土壤活性，减少病原菌的数量，提高根系抗性，减少病害发生，对培育健壮植株、促进花芽分化的效果明显。

除了生物菌肥，海藻酸、甲壳素等功能性肥料在蔬菜苗期促根、促壮上也非常有效，可搭配生物菌肥一起施用，尤其是甲壳素与生物菌肥一起施用，可促进生物菌快速增殖，改善施用效果。

三是选择优质的小苗。夏季幼苗生长快，但地温高，幼苗太大、太小都不合适，如番茄应以 4 叶期最佳。过大根系老化，缓苗慢，问题多；过小茎秆过嫩，不耐高温。此外，选择适宜的小苗定植，有利于主根及较大侧根的深扎，形成分布更广泛的壮大的根系群体，确保开花坐果期的营养供应。

此外，还要搭配中耕划锄、合理浇水等，确保幼苗生长良好。

（3）提早补肥促进花芽分化　硼肥对花芽分化至关重要，缺硼常导致花而不实、畸形果多等问题。但除了硼元素，还有很多营养元素对花芽分化至关重要，如锌、钙等缺乏时生长点发育异常，必然影响花芽分化，尤其是番茄开花的多少、开花的早晚都会受到很大影响；磷、镁、铁等元素涉及光合作用，缺乏时有机营养缺乏，花芽分化也会不好，容易出现小花、畸形花；硅肥能增强作物花粉的活力，提高坐果率，尤其是出现阴天等恶劣天气时，促进坐果的效果明显。总之，花芽分化受到多种营养元素的影响，植物生长所需的元素，缺乏任何一种都会出现生长异常的情况。

花芽分化从育苗期就已经开始，幼苗定植后，就应该立即补充多种营养元素，确保花芽分化正常、花大花多。要根据施用基肥的不同，调整苗期叶面肥的补充，缺啥补啥。

目前，市场上已经出现了专门的促花叶面肥，如花如翼等，可半月喷洒一次，促进花芽分化。缓苗后，冲施融地美（单硅酸）、石原金牛悬浮钙等，可提早补充营养，调节植株长势，提高抗逆性，减少畸形花、花小、花少等问题，避免露籽果、菊形果、小果等大量出现。

第五章

大棚蔬菜定植及田间管理技术要点

第一节　选好品种及种苗

❖ 1. 引进和种植蔬菜新品种的方法与注意事项有哪些?

据报道,某地种植的千禧果上市,与其他番茄品种相比,价格翻了一番,而且更受消费者欢迎。可见,选用一个好的品种的重要性。

一粒种子改变一个世界,品种的更新换代是不可避免的,一个新品种推向市场,必有其优秀之处。但新品种的各种优势也不是万能的,良种要配良法,如果不了解新品种的特征特性、栽培要求,仍按照原有的栽培习惯种植新品种,不但不能充分发挥新品种的优势,有时还适得其反,不如原有的老品种。

因此,在引进和种植新品种时要做到分步进行,并注意不同品种间的生长差异,按照新品种对水肥的要求进行管理,并根据新品种的抗性要求搞好病虫害防治等,做到良种配良法。

一要详细了解新品种的特性。如在田间的长势、对激素的敏感度、抗病性、对水肥的要求等信息。换新品种时,一定要先找种子经销商了解品种信息,越详细越好,购种时要与经销商签订合同,并要求经销商提供种植技术要点。

二看相同条件下的生长情况。现在各地经常有新品种展示活动,如果对新品种感兴趣,可以到一些蔬菜博览会、种子交易会等新品种展示现场,或附近一些种植过新品种的现场参观,且一定要选择与自己的大棚条件、茬口、管理水平相似的地方参观,这样才能更大程度上判断该品种是否适合自己种植。

三是最好先试种后大面积推广应用。如果是全新的品种,附近周边地区尚未种植过,而新品种的推销广告打得又非常吸引人,甚至种子经销商讲得天花乱坠,也不要盲目大面积改种新品种。可以索取少量种子或种苗试种一下,看其具体表现如何,再决定是否更新种植品种。

四要根据不同品种的长势情况进行定植和整枝打杈管理。不同的品种开展度、长势等不同，其定植密度、整枝管理等方面也存在一定的差异，比如长势旺、叶片大的品种，要适当稀植，加强前期控旺，合理整枝，避免田间荫蔽，造成徒长、病害多等问题。长势不同的品种对植物生长调节剂的反应也不尽相同。

五要根据不同品种对水肥条件的要求进行水肥管理。越是高产的品种，对水肥的要求越高，如果不能满足其水肥要求，其产量、品质甚至还不如普通品种。高产品种的水肥管理要根据土壤情况，缺什么补什么，不要盲目地选择高价肥料大量施用。要让土壤肥力更均衡，蔬菜根系更加健壮，能够把更多的养分吸收，这样才能达到高产、优质的目的。

六要根据不同品种抗病虫害的情况制订防治病虫害的方案。要根据当地易高发的病虫害选择抗病虫的新品种，如当地辣椒病毒病发生重，就要在注重优质、高产的基础上，有选择地选用抗病毒病的品种。如番茄，有的品种高抗叶霉病、不抗根结线虫，有的品种抗 TY 病毒病，却不抗其他造成花叶、条斑、芽枯等类型的病毒病。另外，即使抗该病的品种，在特定环境下也会发生该病，如苗期抗病性弱时。因此，抗病品种也不是万能的，要根据当地常发的病虫害，在选用抗病虫品种的同时，还需制订防治病虫害的方案。

七要注意不同品种对药剂的敏感程度不同。不同的品种，对植物生长调节剂、杀菌剂、杀虫剂等的反应可能会有所不同，如点花药浓度、喷药浓度等，不可一概而论。特别是樱桃番茄，不同类型的品种对植物生长调节剂的反应差别非常大，无限生长和自封顶等不同类型番茄的顶端长势不同，用药浓度有差别。因此，在种植新品种时，要根据当地的气候条件、不同品种植株的长势等，确定适宜的点花药浓度，正确选用药剂防治病虫害。

❖ 2. 购买商品蔬菜种苗应注意的事项有哪些？

某蔬菜合作社在某育苗公司订购了一批秋延后辣椒苗，不料，收到种苗后，发现大部分辣椒苗的叶片出现轻重程度不一的皱缩现象。经了解，是育苗工厂为控制秧苗徒长，施用了浓度过高的多效唑，经与厂家协商，把一些药害程度较大的苗子废掉，厂家补发了部分健壮苗，并发来了复硝酚钠，待移栽成活后喷施以缓解药害。

还是这家合作社，在年初的 3 月份，订购了另一家私人育苗工厂的秧苗，口头说好的是某螺丝椒品种，但到开花结果后，发现成了小灯笼椒，这种小灯笼椒在湖南这种嗜辣地区根本无法销售，造成较大损失，因双方较熟，私人厂家仅补了几吨有机肥了事。

以上类似的商品苗问题在生产中还有很多。

"秧好一半禾，苗好七分收"，种苗的真、假、优、劣不仅关系到苗款的问题，更关系到一季蔬菜的收成。近年来，蔬菜合作社、公司等选用工厂化育苗生产的种苗的情况越来越多，也时常出现这样那样的问题。为避免损失，维护自己的权益，在选购种苗时应注意以下几点：

（1）要签购苗合同　购买种苗一定要有合同，合同内容包括种苗公司名称、品种名称、交苗时间、业务员姓名及联系方式、种苗企业公章等，一旦种苗出了问题，购苗合同成为索赔的重要依据。如果不签合同，或者只有口头协议，一旦种苗出了问题，很容易因证据不足导致维权失败。一旦遇到种苗纠纷，索赔最关键的就是要有充足的证据：一是购苗合同、发票、种子包装袋等，证明种苗是从该单位购买的；二是一旦发现品种有问题，应立即找当地县级以上的农业主管部门或种子管理部门申请进行田间鉴定，尤其是大面积、群体性的问题，由相关部门组织 3 名以上专家鉴定签字，才能作为证据，向种苗销售商、种苗生产企业索赔。

（2）要认准正规育苗场　只要是正常运营的育苗场，对订单还是负责任的，订苗时可以直接到育苗场参观，品种是否是正品，苗子长势是否正常，要做到心中有数。不要向私人育苗户购苗，因为一旦出了问题，其赔偿能力有限。

（3）要摸清代理关系　有些种苗公司虽然有自己的育苗厂，但是到了订苗高峰期，由于其育苗能力有限，会把种苗下放到一些育苗厂或种苗代理商那里，这样就造成一些不法种苗商打着代理的旗号欺骗菜农。如果是在代理商那选择品种一定要深入了解代理商，是否和种苗公司存在合法的代理关系，并且是否具有良好的信誉。

（4）要选对茬口　蔬菜品种特性不一，适宜推广的地区也存在很大差异。好的品种，只有在特定茬口、特定季节才能更好地发挥出来。很多时候，并不是品种自身的问题，而是选错了茬口，或是管理不当，影响了品种的表现。对于种植户来说，选择品种时首先要了解其特性，根据品种特性安排生产。

（5）要查看苗子的健壮程度　壮苗的外部形态是：秧苗生长健壮，高度适中，大小整齐，既不徒长，也不老化，叶片大而厚，叶色正常，子叶和叶片都不过早脱落或发黄，根系发达，干物质含量高；茄果类蔬菜秧苗的花芽分化早、发育良好等。壮苗通俗地讲是指种苗植株健壮，也就是种苗生长力旺盛，适应力强及生长发育适度达到蔬菜定植时的基本要求。评价秧苗是否健壮，从形态上应表现为外观完好，而生理上应具备新陈代谢正常、生理活性高、细胞液浓度高、含水量少、吸收力强等特征。

（6）要拒收问题苗　购苗时，除了关注种苗的真假，还要注意避免买到劣质种苗。如果粗心大意，不及时发现问题，栽上后出现死苗、缓苗慢等问题，这种纠纷往往很难处理。劣质种苗在市场上很常见，所以在接收种苗时一定要睁大眼睛。以下几种苗子应拒收：

① 小老苗　种苗存放的时间越长，就长得越大，变成老苗后就彻底失去商品价值。种苗生长时间过长，或者喷施抑制剂后，容易形成小老苗。夏季夜温高，

种苗易徒长，育苗厂需要喷施叶绿素、甲哌鎓或多效唑等控旺药，一方面可以抑制徒长，提高花芽分化的质量，另一方面促使茎秆变粗、叶片变厚、叶色变绿、增强幼苗的抗病能力，提高卖相。因此，适当地喷施控旺药对于幼苗的生长是有利的，但是过量喷施就易出现前面提到的问题。小老苗从外表上看，表现为叶色黑绿，茎秆拔节紧密，而且根系发黄，而非白色，连续喷施控旺药后，在幼苗茎秆基部可看到疙瘩状的小突起。这样的秧苗定植后，一时半会儿难以返棵，尤其是在深冬季节换茬期间，花芽分化质量差，第一穗果畸形花多，前期产量低。因此，菜农遇到这类苗子应坚决不收。

② 超龄苗　多数育苗厂都有计划外育苗，在达到一定苗龄后，若不能全部出售，或者是菜农签订了种苗订购合同，在合同上规定的送苗日期来临时，因其未能及时做好定植前的准备工作，只好通知育苗厂，延后取苗时间，就让种苗成了超龄苗。

③ 徒长苗　徒长苗子叶较薄，而且纵径往往是横径的 1.7～1.8 倍。徒长苗下胚轴较长，轴径较细，给人以头重脚轻的感觉。

④ 长势不齐的苗　种苗长势不齐，往往是由于穴盘中存在弱苗、病苗，这样的种苗定植后，导致高矮不齐，无法统一管理。若有些是带病或带虫卵的病苗，定植后，苗期抗性差，环境适宜后，容易导致病害大面积发生，影响缓苗的速度和后期产量。

第二节　把好定植关

❖ 1. 大棚蔬菜定植时容易出现的问题有哪些？

随着工厂化育苗的发展，秧苗定植成了大棚蔬菜生产非常重要的管理环节。在实际生产中，秧苗定植后常出现根系不下扎、黄叶、病虫害高发的情况，严重影响蔬菜的生长。

（1）秧苗带病虫　在接收订购的秧苗之前，秧苗是在育苗厂中培育，因而育苗环境的好坏及育苗流程是否严谨决定了秧苗的质量。但在培育秧苗时，如果种子消毒或病虫害预防等措施不力，很可能购买到的秧苗本身已携带了病虫，定植后易出现死苗现象。如枯萎病虽然多在结果期发病，但由于其潜伏期较长，很可能在育苗时就已经被病菌侵染。若是使用未经消毒处理的基质或重复使用的穴盘等，有可能在苗期携带根结线虫的虫源，定植后会快速发病。

（2）土壤盐渍害死苗　秧苗定植后出现的种种异常常与土壤有关，若土壤已经出现了板结、盐渍化、过酸或过碱、土传病害增多等问题，就会从多个方面影响定植后秧苗的生存环境。恶劣的土壤环境加上定植过深，更容易导致根、茎部病害的发生，进而引起幼苗陆续死亡。

(3) 肥料施用不当导致烧根　定植前后秧苗出现的异常，大多是因为肥料施用不当造成的。在养分充足的条件下秧苗生长更加健壮，但若施肥不当，易导致秧苗出现烧根、熏苗、徒长等病态。秧苗定植后的肥害，多表现在烧根方面。有些是因为施用的肥料距离秧苗太近，有些是因为施用的生鲜粪肥在发酵过程中对根系造成了灼烧。

(4) 病害死苗　在秧苗定植后，常发生的病害有疫病、猝倒病、根腐病等。疫病是秧苗定植后常发生的一类病害，尤其是在温度高、浇水频繁、湿度大时发生严重。据了解，在秧苗定植前后，进行过蘸根或淋茎处理的秧苗，出现疫病的概率很小，而未对秧苗进行预防处理的秧苗，发生该病的概率较大。除根、茎部病害以外，病毒病也是高温季节高发的一类病害，对秧苗的危害特别大。秧苗一旦被病毒侵染，就会出现生长矮化，甚至死亡的情况。

另外，在秧苗定植后出现的一些病虫害的防治上，因为药剂使用不当而引发的问题也会影响秧苗生长。常出现的药害主要集中在杀虫剂和控旺药剂的使用方面。

(5) 浇水过多或控水过度　在定植后浇水时，常有两种现象：

一种是在秧苗定植后浇水十分频繁，生怕在高温强光的天气条件下干坏了秧苗。频繁浇水导致土壤湿度过大，根系在透气性差的土壤中常表现为生长不良或不见新根，这在土壤恶化板结的条件下表现特别突出。在这种土壤环境中，虽然水分充足，但吸收水分的根系生长不良或被破坏，秧苗依然会出现萎蔫、叶片青干或白干边的现象。在土壤环境良好时，由于浇水过于频繁，秧苗吸收能力好，再加上基肥充足、大棚内高温弱光或昼夜温差小等因素，秧苗会出现徒长的现象。一般在炎热的夏季，高温条件下定植的秧苗多会出现徒长的现象，在控制徒长时，多采取喷施控旺的药剂，一旦使用不当，又会引发秧苗药害等一连串的不良反应。

另一种现象是为防徒长控水过度。控水过度，易导致土壤干旱，秧苗出现萎蔫、叶片干枯，甚至死苗的情况。

(6) 高温或低温伤苗　高温与低温，对蔬菜而言都是逆境。早秋或秋延后蔬菜秧苗的定植时期正处于高温阶段，过高的气温或地温均会对秧苗产生不利影响。

大多数蔬菜适宜生长的温度范围在 $13\sim30℃$，而夏季夜温多在 $25℃$ 以上，昼温有时甚至超过 $36℃$，大棚内昼温会更高，在无遮阴的条件下，棚温可达 $40℃$ 以上。过高的气温会导致蒸腾量加大，当秧苗吸水不足时，易出现萎蔫甚至干枯、死亡的情况，这种情况在为预防徒长而过度控水且棚温难降的大棚中较为常见。过高的夜温导致昼夜温差变小，秧苗的呼吸作用强烈，积累的干物质少，更容易出现徒长。

在夏季，地温过高是导致秧苗生长异常的关键因素之一，根系生长的适宜温度为 $22\sim24℃$，在高温、强光的白天，地温轻松达到 $30℃$ 以上，从而抑制了根系发生，导致植株生长缓慢或死亡。在夏季高温高湿的条件下，秧苗更容易被疫病等病菌侵染。苗期生长出现异常后，多会造成植株第一、第二茬花芽分化不良。

（7）定植方法不当致长时期不长　秧苗定植后地上部植株表现为矮小、长期不长。如在一块大白菜地里，同时期定植的一些大白菜已结球并可上市了，但有不少的大白菜还在莲座期，未结球，长势矮小，但未出现黄叶、缺素或病虫害等情况。拔出几株矮小的植株，发现主根系已呈钩状，主根打弯朝向土面，无法下扎。可能的原因是在定植时未理顺主根，或移栽时苗龄过长，秧苗的主根在穴盘里就已弯曲生长，或定植水浇得不够，导致须根较多，未促进主根下扎。

（8）定植深度不合理　定植深度不合理，易导致根系受伤。例如辣椒根系不发达，入土浅，易受土壤温度变化的影响，一旦受伤很难恢复。因此，一定要注意秧苗的定植深度。

❖ 2. 大棚蔬菜受涝害后栽苗应注意的事项有哪些?

大棚蔬菜受涝害后，因积水时间较长，地表水淤积，病菌较多，幼苗定植后易出现死苗较多的问题。因此，对造成涝害的大棚，在栽苗时应注意以下事项：

（1）打破土壤板结　适当翻地。雨水、河水进入大棚内较多时，往往携带了大量的细小颗粒，淤积在地表，严重影响土壤的透气性，如果不再疏松土壤直接定植，土壤透气性差，必然导致根系生长迟缓、缓苗慢。在棚内大量进水后，土壤湿度大，应注意白天提高棚温，夜间适当保温，保持棚内更高的地温，则水分蒸发更快，地表会更快干燥。

地表干燥后，可用铁锹、叉子等撬动深层土壤，并适当翻动地表土壤，可打破地表板结，提高土壤通透性，此时才可定植蔬菜。

（2）增施腐植酸等　长期积水，会导致土壤结构被破坏，养分大量流失。土壤干燥后，应注意及时补充肥料，可选择腐熟的羊粪、豆粕等，或者优质的腐植酸肥料，可以快速补充土壤养分，改善土壤结构。

（3）预防病害　降雨过多，雨水进棚，必然携带大量的病原菌、线虫虫卵等，再度定植蔬菜后，病害发生往往更加严重。预防病害的措施如下：

一是冲施微生物农药，改善土壤状况。最好的办法是使用生物农药，如枯草芽孢杆菌等。定植时，生物菌剂可随定植水冲施，亩用500～1000g即可。随水冲施的生物菌剂，分布广泛，可全面改良土壤，抑制病原菌，效果更好、更稳定。

二是重点喷洒地表。使用微生物菌剂冲施，全面改善土壤环境后，还应在定植蔬菜后，重点喷洒地表，减少地表病原菌，从源头上减少病原菌的传播。可把咯菌腈、氟吗啉、噻唑锌等搭配施用，重点预防卵菌和细菌性病害。

预防病害应提早。苗期组织幼嫩、抗药性差，可选用安全、高效的生物农药，如选用枯草芽孢杆菌、哈茨木霉菌等，5～7d喷洒一次，连续2～3次，提早预防番茄灰叶斑病、叶霉病，黄瓜霜霉病、蔓枯病等。

（4）早促棵，晚留果　苗期管理时，要围绕促根深扎进行，注意适当控水，加强划锄，晚盖地膜，有助于促进根系生长，确保植株健壮。留果时，应适当晚留果，先行培育壮棵，尤其是对于辣椒，门椒、对椒可以保留，但要早摘，待植株上部果实坐住后，就要及时疏除，避免影响植株长势，坠住棵子。

❖ 3. 如何做好大棚蔬菜定植前的准备工作？

（1）清洁大棚　新定植的秧苗病虫害之所以发生严重，往往是由于没有将上茬植株的病残叶及时清除，导致病害继续侵染。上茬蔬菜罢园后，清园消毒一定要彻底。

① 清园要彻底　蔬菜罢园若除根不彻底，会留下大量的病原菌、根结线虫、害虫等，为以后病虫害的传播留下源头。蔬菜采收后，遗留于田间的残株败叶、病株残体是白粉虱、茶黄螨、蚜虫、棉铃虫、韭蛆、斑潜蝇、甜菜夜蛾、斜纹夜蛾等多种蔬菜害虫繁衍和越冬的主要场所，尤其是大棚里许多蔬菜植株患有根部病害（如枯萎病、根腐病、白绢病、菌核病、根结线虫病等土传病害）时，若不将根完全拔出来，病原菌会滞留在土壤中，继续危害下茬蔬菜。如果罢园时土壤较为干旱，可在罢园后浇 1 次水，将土壤润湿，必要时可用铁锹挖除，以免须根断留在土壤中。尤其是秋茬和早春茬蔬菜种植同一品种时，更要清理干净大棚内的蔬菜残体，以免留下更多的自毒物质和病原菌，增加下茬蔬菜病虫害发生的概率。

残留在土壤中的地膜，如果不加以注意，日积月累后危害极大，因此在蔬菜换茬时，要及时干净地清除地里残余的地膜，特别注意埋在地下和破碎的部分也要清理干净。

② 全面消毒　蔬菜歇茬期大棚内没有蔬菜，正是杀灭病菌、虫卵的有利时机，可利用歇茬期对大棚内的土壤、立柱、夹缝边角等进行消毒处理。可选用 30% 苯噻氰乳油 1000 倍液喷洒地表，并每亩用 45% 百菌清烟剂 200～250g 熏蒸消毒，熏烟时一定要密闭大棚 2d，并将常用的农具一起放入大棚内，定植前 2d 再打开通风口通风，以杀灭地表、空气、立柱、棚体等附着的病原菌、虫卵。

夏季歇茬期还可利用高温闷棚，杀灭立柱、地表的害虫及虫卵；冬季歇茬期，可用烟剂熏蒸大棚。

③ 棚前棚后清园　除了大棚内清园，棚前棚后也要清园。多年生杂草、蔬菜是病毒病传播的主要源头。棚前棚后等处的蔬菜、杂草给蓟马、螨虫、粉虱等害虫留下了栖身之所，增加了害虫数量，也是大棚内害虫高发的重要原因。因此，换茬时，一定要做好大棚棚前棚后的清理工作，尤其是早春蔬菜换茬时，不要只清理种植行。

④ 早设防虫网　为了调节大棚内的温湿度，避免有害气体积累，大棚通风必不可少，尤其是春、夏、秋季温度较高的季节，风口开得很大，而此时又是害虫传播、扩散的高峰期，为了防止害虫进入大棚，在处理完大棚后在通风口处应提

早设防虫网。防虫网的目数应视具体情况而定，太密不利于通风降温，太疏则小虫容易进入，起不到防虫的作用。一般情况下，以 40～60 目的白色防虫网为宜，一定要设置严密，不留缝隙，尽量少揭网，以免成虫飞入，并及时查看棚膜破损情况、及时修补。

（2）深翻改土　在生产中，常有不深翻土壤就定植下茬蔬菜的现象。由于土壤透气性差，不利于根系下扎，易发生沤根等问题；也不利于地温的提升，导致蔬菜定植后缓苗慢；由于蔬菜依然生长在原来的种植行上，附近土壤中积累的病菌、虫卵等会成为下一茬蔬菜的侵染源，隐患很大。由于没有进行全棚土壤深翻，鸡粪无法撒施，有的选择包施鸡粪，如果鸡粪未腐熟，包施后很容易导致烧根、气害。

疏松、透气、有机质含量高的土壤，是保证植株健壮生长的前提。而随着旋耕机的普及，许多大棚土壤已经多年没有深翻过。多数旋耕机土壤翻耕深度只有 10cm 左右，上下土层翻动也较少，导致犁底层上移，耕作层变浅，每年施用的粪肥和各类化学肥料，大部分聚集在地表下 10cm 内，加重了土壤盐渍化，造成烧根，根系分布变浅，在深冬季节植株易受地温、浇水的影响受伤、老化，蔬菜生长不好，易早衰。

深翻土壤可以大大减轻土壤盐渍化，未腐熟粪肥烧根的现象也较少。蔬菜秧苗定植后，缓苗更快，根系下扎更深，蔬菜长势更好，产量提升明显。以往入冬后经常出现的蔬菜生长后期叶片变黄、早衰等问题，在深翻土壤后大大减少。

深翻土壤常用的机械主要是土壤深翻换茬机和微型挖掘机，两种机械各有优缺，可根据情况选择使用。每 3 年左右深翻 1 次即可，深翻深度要达到 30cm 以上。

（3）施足基肥　基肥是在定植前结合整地、翻地施入土壤中的各类肥料，包括有机肥（商品有机肥或粪肥）、化学肥料（复合肥料、中微量元素肥料）、功能性肥料（微生物菌剂，甲壳素、海藻酸类肥料）等，根据不同的土壤养分，确定肥料种类和用量，然后均匀撒施后结合深翻翻入土壤中。

基肥施用前应进行土壤检测，目的是确定哪种肥料应该多施，哪种肥料要少施，哪种肥料不能再施用，盛果期应该施用哪种"养分配比"的肥料（是高氮高钾肥料，还是平衡型肥料）。只有将土壤养分的相关指标均调整到适宜的范围内，根系才能发达。

有机肥是土壤养护的主要动力，有机质转化为腐殖质后可促进团粒结构数量的增加，这对养分的转化、吸收和维护土壤的理化性质有良好的效果，所以有机肥的量一定要用足。可选择优质的商品有机肥、禽畜粪肥、稻壳粪、优质秸秆等，在补充有机肥的同时也要加大土壤有益微生物的数量。为了保证基肥能满足蔬菜整个生育期的营养需求，常采取有机肥混加化学肥料的方法。化肥的用量要根据所施用有机肥的质量和数量做相应的调整。同时在蔬菜栽培中，钙、镁、硼、锌、铁等中微量元素不可缺少。由于地域不同，土壤中的中微量元素含量不同，应根据检测到的土壤营养元素丰缺状况及时调整肥料用量。微生物肥料及腐植酸、甲壳素、海藻精、氨基酸等功能性肥料对改土养根、抑制土传病害具有很好的作用，这些功能性肥料在基肥中也不能少。

用鸡粪作基肥时，一定要充分腐熟。有些人认为所用的粪肥从夏季买来就一直在棚外堆积好几个月，应该早就腐熟好了，其实这样的粪肥最多能达到半腐熟的状态，施用后还是会出现问题。也有的在冬季利用短暂的歇棚期将粪肥推进棚中闭棚闷半个月，但冬季的温度不比夏季歇茬期的温度，在不用腐熟剂的情况下，即使闷棚半个月也很难完全腐熟。

在冬季基施粪肥时，一定要仔细观察，查看是否彻底腐熟或者直接选用质量好的商品有机肥。腐熟彻底的粪肥一般颜色较深，呈黑褐色，臭味较淡。为保险起见，在入棚前最好将粪肥掺入肥力高、发粪宝等腐熟剂再腐熟 1 遍。如每 $2m^3$ 鸡粪加 1kg 肥力高，10d 左右即可完成腐熟，不会再危害下茬蔬菜。粪肥施入棚后，不要急于定植蔬菜，应先浇 1 遍水，然后闭棚提温（如此可促进鸡粪进一步腐熟，且有利于缓苗）。浇水后，若大棚内没有氨味、墒情适宜，即可定植蔬菜。

（4）畦施生物肥　在有土栽培中，基肥的施用一般可分步进行，其目的在于确保土壤可以源源不断地为蔬菜生长提供水、肥、气、热，确保土壤微生物群落的活跃和平衡，确保各必需营养元素间的平衡，规避最小养分的危害等。畦施肥料，也称集中施肥，可使种植行内有更加健康良好的环境。在全棚施用基肥后，根据种植作物和大棚类型，按一定的规格整地做畦，畦施生物有机肥，亩用量 500～1000kg，这是通用型的施肥方案，符合各个季节和各种设施蔬菜。

❖ 4. 如何把好大棚蔬菜的定植关？

（1）定植前先炼苗　冬季定植的秧苗，定植前先放在大棚内炼苗 2～3d。对于茄果类蔬菜和豆类蔬菜，可把大棚内的温度控制在白天 25～28℃、夜间 14～15℃；对于瓜类蔬菜，可把大棚内的温度控制在白天 26～30℃、夜间 14～16℃。

如果是订购的工厂化生产的秧苗，运来后大棚内还没有准备好，有条件的可移苗到营养钵内，待秧苗长出 7～8 片叶时再定植。经过低温炼苗的秧苗，对大棚内的生长环境已经适应，定植后缓苗较快，生长更健壮。

（2）蘸盘防病　目前，蘸盘已经成了定植前不可缺少的一项操作。

（3）穴施农药或肥料　穴施农药或肥料是蔬菜定植前的一项常规措施。穴施农药的目的是预防土传病害如根腐病、枯萎病、白绢病、根结线虫病等对根的侵染、危害；穴施肥料，特别是生物肥能够提前为根系创造适宜的环境，有利于根系快速适应土壤，缩小基质与土壤之间环境的巨大差距，防病、促根。

穴施药剂有 3 类：杀菌剂、杀虫剂和杀线虫剂。一般杀菌剂和杀虫剂同时使用，如在发生根腐病等土传病害严重的地块，每亩可穴施 40%三乙膦酸铝可湿性粉剂 1kg＋30%琥胶肥酸铜可湿性粉剂 0.6kg，拌土 30kg 后撒于定植穴内。或者用吡虫啉或噻虫嗪预防白粉虱等害虫，使用方法为每亩用 10%吡虫啉可湿性粉剂 20～30g 或 50%噻虫嗪水分散粒剂 5g，兑水 15kg 后将定植穴喷湿。

穴施杀线虫剂，多使用噻唑膦颗粒剂或阿维菌素颗粒剂，根据线虫发生的程度不同，每亩用 10%噻唑膦颗粒剂 1.5～2.0kg 或 0.5%阿维菌素颗粒剂 2.0～2.5kg 穴施。

穴施生物肥：在定植穴中，亩施 80～120kg 激抗菌 968 壮苗棵不死，或中农绿康抗重茬菌剂 2～4kg，与土拌匀后即可定植。

无论是穴施药剂还是生物肥料，在实际生产中可能由于操作或用量不当对根系造成伤害，因此既要保证用量在安全范围内，又要与土拌匀（目的是尽量避免药或肥直接与根系接触）。

（4）采用适宜的定植方式　对于地下水位低的地区，平畦、垄栽等方式都可使用，但越夏栽培时最好选用平畦栽培，其他时间栽植则选择沟栽或垄栽。

垄栽操作方法：定植前起 20～25cm 高的垄，将作物栽植在垄侧半高处，即为半高垄栽培方式。

沟栽操作方法：定植前平地挖沟，沟深 30cm 左右，将作物栽植在沟两侧的斜坡，距离地面 10～15cm 为宜，而不是种植在沟底（大棚匍匐式爬蔓西瓜除外）。

（5）大小苗分开定植　无论是工厂化育苗还是自育苗，很难使所有的秧苗整齐统一，会有大小苗、强弱苗之分。在蔬菜定植时，应将大小苗分开，或将其分行集中定植。例如在低温季节，将挑选出的弱苗，定植在大棚内光照好、温度高的中间位置，利于秧苗的快速生长，最好不要定植在大棚的两侧以及前后位置（原因是这几处在低温季节遮光比较严重，因而地温相对于中间位置要低，不利于强苗或强根的培育）。

定植时，要轻拿轻放（先于苗盘底部轻轻捏一下后再轻轻提出），避免拽、拉、扔。秧苗取出后，先斜放于定植穴内，使苗坨朝阳，晒坨 0.5～1h 后封穴。如此可大大提高根系活性，促进缓苗。

（6）选择晴天定植　许多菜农认为阴天栽苗时光照强度不大，秧苗不会出现萎蔫的情况，更利于缓苗，而这恰恰是不利于根系生长的做法。这是因为，阴天定植，光照强度弱，定植后的秧苗看似萎蔫程度轻、缓苗快，但是在天气转晴后，光照强度的突然增大，加上温度的快速上升，反而更容易导致秧苗出现急性萎蔫、严重时脱水死棵的现象。

阴天时大棚内湿度大，高湿和弱光的环境条件不仅使得秧苗的蒸腾作用减弱，而且空气中的水分基本可满足秧苗茎叶生长的需求，因而不利于生根，即使生根也只是气生根。天气转晴后，大棚内湿度降低，植株的蒸腾作用又猛然加强，根系吸收的水分不能满足蒸腾作用的需求，必然会发生萎蔫现象，严重的脱水死亡。

因此，从利于培育强根的角度来说，定植要选择在晴好天气进行，并且最好是保持 2～3 天连续的晴好天气。夏秋季栽培，为了尽可能地降低秧苗的萎蔫程度，应在晴天下午定植。在第二至第三天的日照阶段，可适当覆盖遮阳网等进行遮光处理，当秧苗完成扎根后，根系具有了吸收能力，萎蔫情况逐渐消失，此时可将遮光物逐步撤掉。

（7）定植深度要合理　栽植深度首先取决于蔬菜的生物学特性。例如，番茄易生不定根，适当深栽可促发不定根，增加根系数量。茄子是深根性作物，根系数量相对较少，也宜深栽。黄瓜为浅根作物，需水量大，宜浅栽。虽然不同的蔬菜根系有不同的生物学特性，但在定植时还需要根据大棚的情况灵活调整。

在不同的季节，栽苗深度也有所变化。早春定植一般要浅些，因早春温度低，栽深了不易发根。如辣椒定植时，建议基部与定植穴上口齐平即可，不必将植株根系埋得过深。定植水浇过以后，若发现部分植株根系裸露在外，这时要进行合理调整，采取划锄的方式，划锄的同时利用疏松的土壤，将裸露在地表的根系重新覆盖起来。否则，新生根系生命力较弱，如经连续晴天的强光照射后，很容易因失水而萎蔫，失去根系功能，导致秧苗缓苗慢，甚至有萎蔫的情况发生。再者，浇水冲出根系的同时，也容易使得垄面上的土块下滑，掩埋辣椒茎基部，这时同样也需使用铁锹等工具加以固定，避免辣椒根系掩埋过深。对于已经下滑且掩埋植株根系的土块，可用手扒开，将辣椒茎基部裸露出来。浇缓苗水后，也要进行同样的操作，用以确保适宜的定植深度。另外，覆盖地膜时，最好保证地膜孔洞与辣椒茎基部保持一段距离，避免地膜紧贴茎基部，造成高温高湿环境，引发裂秆、病害等一系列问题。

夏季定植可以深些，一方面不怕地温低，栽深了反而可以适当减轻夏秋季地温过高、水分散失过快的危害，另一方面又能增强晚秋根系抗低温的能力。

在不同的土壤条件下栽苗深度也不同。地势低洼、地下水位高的地方宜浅栽，这类地块土温偏低，若栽植过深，低温季节易导致烂根。土质过于疏松、地下水位偏低的地方，则应适当深栽，以利于保墒。

对一些新建的大棚或老棚土，土壤有机质含量少、土质较黏，定植蔬菜要浅。土质黏重的大棚，定植深度应保持基质平面与土面齐平。若进行覆土，则不要超过 1cm 厚。

此外，要注意不栽超龄苗，穴盘苗定植时，最好用移苗器挖好定植穴，移栽时理顺根系，使主根向下。

（8）定植后提温促缓苗　春茬蔬菜定植后，由于地温低，根系下扎慢，容易形成僵苗，不利于植株的正常生长，要注意少放风或不放风，以提高大棚内的温度。一般茄果类蔬菜白天温度可保持 25～30℃，瓜类蔬菜温度白天 28～30℃、夜间 15～18℃，这样可促进生根，加快缓苗。需要注意的是，闭棚提温缓苗的时间不宜过长，一般以 2～3d 为宜。

连阴天时，要人工补光，选用合适的补光灯，以特制的农用补光灯为好。已经定植的幼苗，分布面积大，人工补光效果差，还可通过及时拉放草帘、勤擦拭棚膜、悬挂反光膜等措施，改善棚内的透光条件。

（9）浇好"三水"　一是浇足定植水。常规做法是伴随着秧苗定植进行浇水，水量要大且要浇透。特别是在高温季节，水量大还能起到降低地温的作用。不提倡定植后采用喷灌设施仅湿透表土的做法，这样达不到浇定植水的目的。

二是浇好缓苗水。定植后5d左右，即可浇缓苗水，缓苗水宜在早上浇灌，避免因温度变化剧烈而造成伤根。同时，水量不宜过大，一般水流到种植行的前端即可。

浇缓苗水时可同时使用生根类产品，针对不同的情况可选择不同类型的生根产品促进生根并预防根部病害。如为促进生根，可用木美土里根宝贝等微生物菌剂进行冲施；为抑制根结线虫，可用微生物菌剂混加甲壳素，或单用甲壳素类产品进行冲施；为补充根系生长所需的必需元素，可用营养型生根类产品冲施；为提高植株的抗病、抗逆能力，可用海藻类生根产品冲施；为促进蔬菜对必需营养元素的吸收和转化，增加干物质的积累，可用氨基酸类生根产品冲施。

三是浇好促棵水。一般在定植后15d左右进行，同样与生根类产品一起使用。目的是为了促棵，促进植株的营养生长，为后续开花结果积累充足的营养。

（10）适当蹲苗　蔬菜幼苗定植4～5d后，当定植穴内有白色的根系生出时，说明根系生长良好，此时应进行蹲苗，以利于培育壮棵。当棚温高于28℃时就应开始放风，最初棚温白天保持在25～28℃、夜间在15～16℃，以后逐渐降温，到开花前保持白天22～26℃、夜间12～14℃，温差保持在10～15℃。

冬季气温较低，地温也不高，蔬菜生长慢，需水量相对较少，在实际生产中可适当控水，有利于抑制植株旺长、促使根系下扎、培育壮棵。但要注意苗期进行控旺不宜过早，尤其是茄果类蔬菜，要保证有足够的高度，使得第一茬果实始终与地面保持一定的距离，否则果实接触地面后，易造成果实腐烂而失去商品性。待植株长至30cm左右高时，采用控水、控肥、控温的办法来进行控旺。以水控旺要确保植株正常生长所需营养，以健康生长为原则，避免因浇水过勤，造成秧苗徒长。浇水、冲肥同步进行，要结合底肥施用及植株长势，合理调节用肥。若底肥施用充足，则在苗期可以不施肥；相反，也应减少氮肥用量。值得注意的是，在喷施一些预防病毒病的药剂时，由于该类药剂中有些成分是叶面肥，若喷施次数过多，会出现叶片过大且边缘下卷的情况，使得植株生长过旺。控温相对来说更加有效，即通过晚关闭通风口和晚放下保温设施的办法，适当降低夜温，而阴雨天时，白天也应合理降低棚温，避免造成高温、弱光的条件，使植株徒长。

生产上，有些菜农控水过度，浇水时间间隔长达三四十天，严重影响了蔬菜的正常生长。因此，不应一味控水，要根据自己大棚内蔬菜的生长状况，来确定浇水时间间隔。

（11）勤划锄　一锄要浅。由于幼苗是带坨定植，为避免划锄将幼苗幼嫩的根系划断，影响缓苗，本次主要是对苗坨四周及底部进行划锄，同时可顺便将裸露的苗坨（栽浅的或浇水冲的）覆盖好，并将歪斜的秧苗扶正，利于缓苗。

二锄打苗坨。浇完缓苗水后，当地面略干燥时，进行第二次划锄，即从苗坨外部至内部适当由浅到深进行，为的是打破苗坨，使根系舒展，促进下扎。但需要注意的是，虽然已经浇完了缓苗水，但秧苗还不是很健壮，划锄时仍需小心，不要将幼苗根系锄断，以防影响秧苗的正常生长。

三锄适当深划。浇完促棵水后，可适时进行第三次划锄，此次要适当深划，目的是引根下扎，培育强壮的根系，并提高土壤通透性，利于幼苗健壮生长。

（12）大小苗控旺促弱　苗子定植后要想让秧苗长势尽量一致，在管理上应采取以下措施：

一是弱苗注意促根。弱苗先弱根，根系少，扩展范围有限。因此，想要促进弱苗转壮，最有效的手段就是先促根。可用阿波罗-甲壳素肥料 963 促根杀菌宝或激抗菌-968 苗宝或海藻酸类肥料等的 1000 倍液，专门针对弱棵进行灌根。

二是旺苗适当控长。壮苗生长快，占据的生长空间大。在大小苗问题较为明显的大棚内，除了注意促进弱苗转旺，还要做好旺苗的控长工作。可喷施浓度为 50～100mg/kg 的甲哌鎓或 50％矮壮素水剂 1500 倍液，要喷洒植株的茎叶及生长点，适当控制其长势。

（13）灌根预防病害　灌根的目的有 4 个：防病、促根、补水、补肥。灌根应在控水蹲苗期进行，第一次可在第一次划锄后进行，根据以往经验和植株的生长状况，有针对性地进行灌根。如防根结线虫，可用 10％噻唑膦颗粒剂 2000 倍液＋1.8％阿维菌素乳油 2000 倍液，或 1.8％阿维菌素乳油 2000 倍液＋甲壳素 300～400 倍液，或 41.7％氟吡菌酰胺悬浮剂（按每株制剂用药量 0.024～0.030mL 灌根，每株用药液量 400mL）等进行灌根。若要进行第二次灌根，可在 10d 后进行，也可起到补充水分的作用。

❖ 5. 冬春大棚蔬菜的定植需把握的技术要点有哪些？

大棚冬春茬蔬菜定植期间，是一年中气温较低的时期，定植时要抓住几个关键点，确保秧苗定植后早缓苗、早生长、早上市。

（1）提高地温、降低湿度　冬季、早春蔬菜定植前后，地温低是影响蔬菜缓苗的首要因素，要千方百计地提高地温，减少对地温有明显影响的操作，促进秧苗快缓苗。

① 浇水　冬季蔬菜换茬时，土壤一定要保证较高的湿度，减少定植水的用量。大棚内滴灌较为普及，浇水量容易控制，冬季换茬时，定植水能浇多小就浇多小，最好只润湿定植穴周围。对于冬季歇茬的大棚来说，则要注意提前浇水补墒，提高土壤湿度和温度，避免定植水过大。建议在定植蔬菜前先浇一水，并全天关棚提高地温，定植时只在定植穴浇水。

② 地膜覆盖　冬季蔬菜定植后，应立即覆盖地膜，提高地温。应选择透明地膜，透光性高，有利于提高地温，不能选择黑色地膜。低温定植时，可以将全棚地面用地膜覆盖起来，利于降湿提温，等到气温快速提升，地温低已经不是影响蔬菜生长的主要因素时，可以将操作行的地膜全部揭除，恢复只覆盖种植行的状态，这样保温、透气两不误。

③ 定植深度　冬季、早春地温低，蔬菜定植深度越浅越好。低温季节，蔬菜缓苗期长，关键就在于地温低，浇水后土壤通透性差，根系难以伸展，所以应尽量浅栽，有助于促进浅层根系扩展，快速完成缓苗。若秧苗较高，可倾斜埋入土中部分。穴盘取苗可先挤压穴孔，方便取苗，减轻取苗时对茎秆的伤害。

（2）增强土壤通透性、减少伤根　除了地膜以外，土壤通透性对后期蔬菜生长的影响极大。通透性差，根系分布较浅，容易受浇水等因素的影响，根系吸收功能稳定性差，容易出现问题。

① 基肥选择　冬季、早春基肥施用的原则是少而精。换茬前后棚内低温高湿，通风很少，换茬时间短。因此，基肥必须选择安全、高效的有机肥，未经发酵腐熟的干鸡粪、稻壳粪等是不能大量施用的，应优先选择发酵粪肥、豆粕等生物有机肥，搭配中微量元素肥料、草炭等对改良土壤通透性效果突出，且十分稳定、安全，也可以在冬季和早春大量施用。

② 苗期追肥　幼苗定植后，合理追肥对促进缓苗、提高秧苗长势十分关键。定植时，可以优先选择甲壳素、激抗菌968蘸根宝等处理根系，促进快速缓苗。浇缓苗水时，建议随水冲施优质腐植酸、甲壳素等，改善土壤通透性，促进根系生长。

（3）促进老化苗生长　老化苗在一年四季都可能会遇到。育苗的时候，一旦秧苗受到外界不良环境如低温、连阴天等的影响，就会造成老化苗的出现。另外，植物生长抑制剂使用过多也会造成老化苗。早春栽培由于其他原因，也有栽培老化苗的情况。早春定植老化苗时，除了早提地温，定植前用药剂蘸根提高根系活性外，还应采取以下措施促进根系生长：

① 定植后养根促壮，提头开叶　对于老化苗，定植后，可用氨基酸类、甲壳素类生根剂配合杀菌剂连续灌根，为根系生长提供有利环境，促进根系生长、扩展。缓苗后，可适度控水，进行3～4次的划锄，增强土壤的透气性，引根下扎，切莫大水促秧，以防造成地上部旺长、根系瘦弱的情况。为促进老化苗的快速生长，可叶面喷施芸苔素内酯或低浓度的复硝酚钠等，同时配合喷施全营养叶面肥或氨基酸、甲壳素等叶面肥，可起到提头开叶的作用。

② 提高夜温，促进营养生长　夜温高，昼夜温差小，可使光合产物用于营养生长，防止花芽过早分化。可将夜间温度保持在18～20℃，减少昼夜温差，促进秧苗的营养生长，待植株长势恢复后再转入正常的温度管理。

③ 早疏果，晚抹杈　有些老化苗会提早出现花蕾（或果实），要及时将其摘除，以保证植株的营养生长。如黄瓜植株长势较强，可待其长到12片叶左右时再

开始留瓜,辣椒可从四门斗以上留果,番茄可去掉第一穗甚至第二穗花。辣椒和番茄上长出的侧枝,可当其长到 5cm 左右时再疏除,因为这时侧枝消耗的营养小于其制造的营养。因此,可以利用侧枝叶片制造的营养促进植株的生长,而不能看到长出侧枝就赶紧疏除。

❖ 6. 大棚内操作行铺秸秆有哪些好处?

在大棚蔬菜操作行中铺设秸秆,虽然操作起来有些麻烦,但无论是在高温季节还是低温季节都有各自的优势。

无论是哪个季节在操作行中铺设秸秆,其相同之处在于可增加土壤的有机质。大田秸秆如小麦秸秆、玉米秸秆等有机质含量非常高,用于大棚中可补充土壤有机质的不足。随着秸秆在土壤中不断被分解,这些有机物形成腐殖质,进而促进团粒结构的形成。另外,铺设秸秆可防止操作时将土壤踩踏紧实,造成土壤透气性不良。这是不同季节铺设秸秆的相同之处。

不同之处是:在夏季高温季节铺设秸秆,可以防止土壤出现较高的温度。特别是在植株定植以后,由于光照强烈,且枝叶未对土壤形成有效的遮挡,从而使得土壤温度升高过快。采取铺设秸秆的措施,让蓬松的秸秆阻挡强光照射裸露的地面,从而防止土壤温度的升高。夏季铺设秸秆的另一个好处是阻挡土壤水分的蒸发,降低土壤表层盐分的积累。当受到较强的光照时,土壤水分蒸发快速,深层土壤的水分带着大量的矿质元素上升到地表,水分蒸发后这些矿质元素在地表积累形成结晶,从而表现为白霜,这对矿质养分来说是一个不小的浪费。因此铺设秸秆可降低土壤水分的蒸发量,从而将这些矿质营养留在土壤当中。

进入冬季低温季节后,在操作行铺设秸秆所起到的效果与夏季不同,冬季棚内通风差、湿度大,采取铺设秸秆的措施,可有效降低大棚内的湿度,同时秸秆在土壤中被分解,会提供一定量的二氧化碳,缓解冬季上午温度不足通风不及时而导致的二氧化碳浓度降低的情况。

❖ 7. 七八月秋茬蔬菜定植前后的管理要点有哪些?

七八月份,秋季和秋延后蔬菜陆续进入定植期,但此时正值高温、强光时期,很难管理,生产中若未及时采取相应措施,常出现徒长、伤根、虫害多发、死苗、死棵等问题。因此要做好前期的预防措施,加强以下几个方面的管理:

(1)基施有机肥要腐熟 在秋季和秋延后蔬菜定植时,每年都会发生因有机肥未腐熟导致伤根、烧苗的问题。如果使用鸡粪、鸭粪等粪肥作基肥,一定要结合高温闷棚使粪肥充分发酵腐熟后再定植。如果歇棚期较短,来不及闷棚,建议直接施用发酵腐熟好的商品有机肥。一旦因幼苗烧根、烧苗拔园,下茬幼苗定植前必须采取措施促进粪肥短期内快速腐熟。可于拔园后重新翻一遍地,选择晴天上午闭棚提温，随水冲施肥力高或发粪宝等发酵腐熟剂，连续闷棚5～7d，粪肥即可彻底发酵腐熟。秋延后蔬菜大棚栽培在定植之前要加大通风，将粪肥腐熟产生的有害气体放出。

（2）避免偏施氮肥 基肥以粪肥为主，而粪肥中氮含量最高，磷、钾含量较低。大量施用粪肥，会使定植前后土壤中氮素营养过剩，或定植后冲施含氮肥料，导致植株营养生长过旺，生殖生长受到影响，引起幼苗徒长。禽畜粪肥虽然有机质含量高、肥效好，但含盐量也高，要注意减量施用，如干鸡粪亩用2000～3000kg，并配合粉碎秸秆、绿肥、菌糠等，以减轻土壤盐渍化。

（3）穴施药剂或菌肥注意用量用法 由于土壤盐渍化或土壤板结、连作等现象，枯萎病、根腐病、青枯病、根结线虫等土传病害发生得越来越多。为了预防病害，除了药剂蘸根外，常采取穴施药剂或菌肥的方法，如各类芽孢杆菌、木霉菌、放线菌等，促根防病，可以促进土壤结构的改善，提高土壤活性，减少病害发生，效果显著，但常因使用不当使幼苗受害。无论是药剂蘸根还是穴施，一定要注意用量。另外，穴施药剂或菌肥后，药剂或菌肥直接与植株根系接触，容易造成伤根、烧根或熏苗的现象，导致蔬菜定植后迟迟不发棵或死苗。因此，必须在幼苗定植前将药剂或菌肥与穴内土壤拌匀，以免发生问题。

（4）带药下田 幼苗移栽前，在苗床应做到带药下田。可用广谱杀虫杀菌剂，如甲基硫菌灵、百菌清、嘧菌酯等杀真菌剂，松脂酸铜等杀细菌剂喷雾防病。如有白粉虱，可用啶虫脒混加噻嗪酮进行防治。如有蓟马，可用氟虫腈配合多杀霉素，虫卵兼杀。做到净苗下田，大小苗分类移栽。

（5）定植深度适宜 幼苗定植后常因茎基腐病、疫病等发生导致死苗，这两种病害的发生与幼苗定植过深关系较大。定植过深，幼苗茎基部埋在土壤中，定植初期浇水过多，外界温度高，导致水汽向上挥发，茎基部的温度很高，表皮组织受到破坏，易被茎基腐病、疫病等的病原菌侵染。

因此，蔬菜定植时，一定要注意深浅适宜，如秋延后辣椒、黄瓜等要浅栽，不宜埋掉子叶。最好采用起垄栽培，起垄栽培土壤透气性好，有利于蔬菜根系生长。而且起垄栽培由于蔬菜栽在垄顶或斜坡上，浇水时水一般不会漫过茎基部，能保持相对干燥的环境，不利于病菌的侵染。

（6）地膜面上不宜全膜覆土 为了防除杂草，秋季及秋延后栽培提倡采用黑色地膜覆盖，但有的菜农覆盖地膜栽苗后，喜欢在地膜面上全膜覆盖一层土，以起到防大风吹破膜或草拱膜的作用。这样做的缺点是在浇水时膜面上的泥巴会形成泥浆水汇聚到定植孔，干后形成一层厚重的干泥皮，一是将定植穴封得过死，不利于透气；二是埋掉了子叶节，形成定植过深的现象。茎基部过深过湿易导致茎基腐病等的发生，并易导致缺铁性黄叶。

如果为了防止刮大风时膜面被吹损或草拱膜，可采用每隔几米的距离用土横压地膜的方式。

（7）防止高温寡照　以辣椒为例，辣椒进入初花期，白天适宜温度为 20～25℃、夜间 15～20℃，开花结果期间若温度高于 30℃，会导致花器发育不全或柱头干枯不能受精而发生落花，而夏秋季外界温度往往高于 35℃，大棚内气温会升高到 40℃以上，种植辣椒最为有效的降温手段是利用遮阳网降温。遮阴要合理，虽然辣椒对于日照时数的要求不严格，每天需要 8～10h 的日照时间，但过量遮阴容易导致授粉受到影响，要根据天气情况和辣椒的不同生育期对光照强度和温度的要求，灵活掌握。一般晴天盖、阴天揭；中午盖，早晚揭；生长前期盖，生长后期揭。如果阴雨天气多，温度不是过高，可全天不用覆盖，避免辣椒受害。秋延后辣椒大棚四周及顶部要做好通风降温工作。

（8）浇水适时适量　高温季节定植蔬菜，土壤水分蒸发快，植株蒸腾作用强，幼苗定植后，切不可为了蹲苗而一味地控制浇水。除浇足定植水外，还应浇好缓苗水，以利于迅速缓苗和促使根系深扎。浇过定植水和缓苗水后，主要以蹲苗为主，可以适当延长浇水时间间隔。

一是浇好定植水。蔬菜定植后，定植水水量要大、要浇透，使育苗基质与土壤尽可能地融合，增加土壤湿度和空气湿度。特别是高温阶段，在基肥有机质充足、土壤有透气性的条件下，不必担心水大沤根现象的发生，反而能起到降低地温的作用，使地温更适宜秧苗根系的生长。

二是浇好缓苗水。缓苗水一般在定植后 5d 左右浇灌，该水水量不宜过大，一般水流到种植行的前端即可。若该水过大，易造成田间积水，使刚刚生出的新根因缺氧窒息而受伤。缓苗水宜在早上浇灌，因为这时水温与地温最为接近，不会因温度变化剧烈而造成伤根。若在上午八九点钟或下午浇灌，常因地温高但水温低而造成伤根。

（9）结合浇水施好生根肥　浇好定植水和缓苗水可为根系打下良好的环境基础，而根系的生长除了要求有良好的土壤环境外，还需要有足够的养分，其中对根系生长最为关键的营养元素是氮、磷、钙、硼、锌等。生产中，氮、磷的补充比较丰富，但钙、硼、锌相对缺乏，尤其是辅助根系快速生长的氨基酸、维生素等更少。因此，在高温阶段，在浇好定植水和缓苗水的基础上，使用含有钙、硼、锌、氨基酸、维生素等营养和功能成分的产品可让根系快速扩展。如从缓苗水开始可结合氨基酸、甲壳素、海藻酸类产品冲施，以提高植株的抗逆性。

第三节　抓好定植后的田间管理

◆ 1. 早春蔬菜定植时出现生理性萎蔫的可能原因有哪些？ 如何预防？

刚定植的蔬菜苗出现了不同程度的萎蔫现象，严重的叶片青枯，植株长势不可恢复。

（1）萎蔫原因

① 根系弱　持续阴天，长时间闭棚保温，地温降低，棚内湿度大，叶片蒸腾作用弱，植株根系活动减弱，吸收功能降低。突遇晴天，叶片蒸腾作用增强，根系吸收的水分难以满足叶片的蒸腾需求，从而出现萎蔫。这也正是叶片越大、长势越旺盛的植株萎蔫现象越严重的原因。

② 营养供应问题　晴天后揭草苫过急，通风量大，地上部和地下部营养运输功能不协调。根系吸收的养分不能及时供给叶片，导致叶片出现饥饿现象。

③ 气害　尤其是棚内施入未腐熟的鲜鸡粪或干鸡粪作基肥，容易出现气害。持续阴天，不揭开草苫进行通风，棚内鸡粪发酵释放的氨气、氮氧化物、二氧化硫等有害气体积累，致使植株出现黄化、萎蔫的现象。

④ 定植不合理　冬春季节蔬菜定植后进行大水漫灌，土壤含水量过高，透气性差，容易出现沤根的现象。加上在缺氧条件下土壤中易产生有毒物质，使根系出现中毒现象，从而导致植株萎蔫。另外，地势低，地下水位高，追肥时化肥用量过多，灌根时药液浓度过大，都会造成植株急性萎蔫。

（2）预防措施　要想避免植株定植后出现生理性萎蔫现象，就要提前做好各项预防措施。

① 充分腐熟鸡粪等基肥　可以用激抗菌968肥力高、发粪宝等生物菌剂促进鸡粪的快速腐熟，减少气害。

② 培育壮苗　加强苗期管理，促进生根的同时，控制苗子叶片生长不要大而薄。

③ 注意保温增光　出现寒流或连阴天时利用棚中棚或草苫上加盖浮膜或棚内使用碘钨灯等方式增光保温，促进缓苗根系深扎，增强植株的抗逆性。

④ 连阴骤晴后注意遮光　连阴骤晴后要适当遮光，给植株一定的缓冲、调整时间。比如可以拉花苫，即先拉开1/3草苫。

⑤ 及时补充叶面水分和营养，从而缓解根系的压力　连阴天之前就要及时补充叶面营养，增强叶片的抗逆性。晴天后及时喷洒25℃的温水，补充叶面水分，减少叶片对根系养分和水分的消耗。晴天后及时追施促根、养根肥，促进根系的发育。

❖ 2. 大棚蔬菜缓苗后采取哪些技术措施促进强根？

从缓苗水后，多数菜农开始控水促壮，为的就是打造强大的根系。而在促壮棵的措施中，有三项技术措施是与强根有关的，它们是划锄、灌根、盖地膜。

（1）划锄　根系具有向水性，因而控水有利于促进根系深扎，形成强大的根群。同时，此期控水也是避免茎叶旺长、发生"头重脚轻"的重要措施。因此，缓苗水过后，管理上要控水蹲苗。视土壤状况、植株长势及天气情况而定，控水时间约为 15～20d。

但是，蔬菜需水量大，有"水布袋"之称，如何来满足蔬菜对水的需求，且要实现强根壮棵的目的呢？

中耕划锄，即将地表锄松划细。缓苗后，即可开始划锄，划锄 2～3 次。

浇缓苗水后，地表起暄（见干见湿）开始第一次划锄。这时因为幼苗较小，先用锄头浅划一遍，第二天再用锄头将划出的土块推细、锄松。这次中耕要小心操作，防止将根部划动、划出或锄坏，又要防止不细致严密，失去中耕效果。

蹲苗期，缓苗后 10d 左右，进行第二次划锄。这次划锄的要求是深。一般深度达 5～6cm 为宜，2～3d 后再稠锄一遍，使土壤得以充分翻晒，促进根系迅速生长，并引根深扎。

吊蔓前，缓苗后 15d 左右，进行第三次划锄。吊蔓前 6～7d，地上部表现为叶色浓绿、茎秆粗壮，则结束蹲苗，浇水促根。浇水后 3～4d，地面呈半干半湿状态时，即进行第三次划锄。这次中耕因植株开始旺长，根系长满畦面，中耕不可过深。若是秋茬蔬菜，因此时温度较高，杂草种子大量萌发，此次划锄兼有锄草的作用，所以这次中耕更要细致严密。

划锄，可起到改良土壤、保墒、促进生根、控制地上部徒长等作用。改良土壤，可打破地表板结层，从而起到改善土壤的理化性质、增加土壤透气性的作用。保墒，能将毛细管切断，减少蒸发，蓄水保湿，既可保持地面疏松干燥，又可保证地表下土壤有一定的湿度。综上，划锄便具有了促进生根、引根下扎的作用。因而，划锄是蔬菜栽培中强根壮棵的重要管理措施之一。

（2）灌根　灌根是菜农在农事操作中惯用的一种手段，其目的有四：一防病，二促根，三补水，四补肥。其中尤以前两个目的的灌根居多。

例如，为防辣椒死棵，很多菜农从辣椒定植后到果实坐住果会进行 3～4 次灌根，并且每次都配加生根剂。四次灌药是在辣椒定植 2～3d 后开始进行的，7d 一次，直到辣椒坐住果时结束。其具体操作如下：

第一次：定植后 3～4d，辣椒缓苗时，常因疫霉根腐病或细菌性软腐病等病害侵染辣椒根茎而发生死棵，用霜霉威盐酸盐混加琥胶肥酸铜和生根剂进行灌根。

第二次：定植后 10～15d，常因疫病或菌核病病菌侵染而发生死棵，用甲基立枯磷混加异菌脲和生根剂进行灌根或喷淋。

第三次：辣椒果实坐住后，常因枯萎病病菌侵染根系，进而根茎木质部变色腐烂而死棵，用氯溴异氰尿酸钠和生根剂进行灌根。

有的菜农为巩固防效，期间还要再灌一次。可是，在连续灌根后，常发现如下问题：一是仍旧死棵；二是地上部生长异常，拔节短，叶片黑且小。这是由于灌根的目的不明确所致。

其一，辣椒怕涝，因而菜农在浇水时多不敢大水漫灌，于是小水勤浇，而灌根本身就是一种浇水的方式，若在灌根前后仍然按照小水勤浇的方法进行浇水，结果会导致药液浓度降低，达不到防病治病的效果。特别是在土壤湿度较大的情况下进行灌根，还易造成沤根，反而增加伤根或根系染病的概率，所以仍旧死棵。对此，建议灌根前后 2～3d 要避免浇水。

其二，防病和促根混在一起本无可厚非，但连续使用生根剂，使得根际生根剂浓度过大，抑制了根系内源生长素的合成，结果地上部生长异常。

上述是实际生产中菜农灌根的方式，编者不建议采用，建议灌根应注意以下几点：

一是灌根应在控水蹲苗期进行。一方面，若严格执行上述操作，基本可确保根系健壮，不感染根部病害；另一方面，若为巩固防效，避免根部病害，在蹲苗期灌根，还可起到补充水分的作用，一举两得。

二是减少灌根次数，改 3～4 次为 1～2 次即可。第一次灌根，可在第一次划锄后进行，根据以往经验和植株生长状况，有针对性地进行灌根，如防线虫，可用噻唑膦＋阿维菌素，或者阿维菌素＋甲壳素，或者氟吡菌酰胺等进行灌根。一般情况下，预防根部病害灌根进行一次即可。若要进行第二次灌根，可在 10d 后进行，也可起到补充水分的作用。

三是不要直接使用激素生根。若需与生根剂搭配，可从上述产品中筛选、替代，安全且友好。当然，因辣椒根系的再生能力弱，可使用激素类生根剂 1 次。

四是灌根虽节药节水，而且药剂浓度和有效深度精准，但费工费力。从这个方面来讲，不建议多次进行。但在冬春低温季节，特别是遇连续阴雨天气时，菜农往往 20 多天不浇水施肥，甚至浇水施肥间隔时间更长，难以满足蔬菜对水肥的需求。此时，建议用盈莱胜之道、荷兰易普润、漯效王超级肥等稀释 500～1000 倍液进行灌根，同时结合叶面喷施海藻类产品，补充水肥，提高植株抗逆性。

（3）盖地膜　地膜覆盖是种植大棚蔬菜的成功经验之一，它的主要作用是保持土壤温、湿度，减小棚内的空气湿度。但在生产中，地膜覆盖的时机常被很多菜农忽视，有不少菜农在蔬菜定植后 5～7d 开始覆盖地膜，特别是在冬春低温季节，很多菜农更是在浇完定植水后就将地膜覆盖上了。其实这种做法是不科学的，忽视了覆盖地膜的时机等于忽视了地膜的作用。地膜具保温、保湿的作用，但覆盖过早反而不利于蔬菜生长。覆盖地膜过早的结果是：根系不再深扎而是停留在近地面的土层当中，即容易造成地表毛细根聚集而下部根系少的根量不均衡的状况，体现在蔬菜长势上就是"头重脚轻根底浅"。

当天气尚暖时，可以在地膜下见到浮在地表白花花的一层根，但在温度过低时，这层浮根连同近地表的根系相继消失。同时，膜下及地表层的这些毛细根还非常容易受水肥影响而受伤。

而晚盖地膜，可促使根系深扎，寒流到来时根系不会受多大影响，植株的抗寒、抗冻能力强。

正确覆盖地膜的时机应为：在蔬菜定植缓苗后，及时划锄 2 次，引根下扎后覆盖地膜，也就是蔬菜定植后 15d 左右覆盖地膜最为适宜。

3. 春季气温回升后蔬菜如何进行养叶？

春季气温回升后，蔬菜植株生长旺盛，侧枝萌发迅速，加之老弱病残叶未能及时疏除，导致植株间郁闭，侧枝见光少。同时，新生叶片幼嫩，还应加强保护。护叶工作应做到以下三点：

（1）及时摘除老弱病残叶　摘叶的目的在于既能保证果实生长所需的干物质，又不会造成田间郁闭的环境。一般摘叶量不能超过植株叶片数量的五分之一。有些菜农习惯进行重度的整枝打叶，有些甚至摘掉植株的三分之一以上的叶片，使得植株叶面积大大减少。虽然改善了植株的通风透光条件，但势必会导致光合产物供应不足，影响辣椒等蔬菜的根系和果实发育。摘叶应该遵循"摘黄不摘绿、摘下不摘上、摘内不摘外"的原则，分次摘除病残黄叶、老叶、稠密叶。切记摘叶要适度，不可过狠。

（2）及时补充叶片营养　春季气温忽高忽低，很容易出现黄叶现象，这主要是植株缺少必需元素中的中微量元素导致的。所以，养护叶片要及时给叶片补充足够的营养物质，最常见的方式就是喷施叶面肥，可以用氨基酸加全营养型叶面肥。如果叶片黄化严重，还应配合甲壳素和细胞分裂素，这样对预防后期叶片早衰有明显的效果，也能促进叶片的正常生长。另外，在生产实践中发现，钙肥对提高果实品质有重要的作用，要注意对中微量元素的补充，能够有效减少僵果以及畸形果的数量。

（3）及时预防叶部病害　叶部病害会影响叶片的光合作用。使叶片制造的有机营养迅速减少，无法保证根系生长和果实正常发育的营养供应。如外界温度较低，棚内湿度难以控制，就会造成病害高发。一般来说，叶部最常见的病害有疫病、霜霉病、叶霉病以及细菌性病害。对于病害应该以防为主，一旦大面积发生，再进行控制就比较难了，而且会对植株正常生长造成严重影响。提前防治最主要的措施就是控制棚内湿度，尽量创造适宜蔬菜生长却不利于病原菌侵染、繁殖的环境条件。对于疫病和霜霉病，可用 722g/L 霜霉威盐酸盐水剂 600 倍液、50% 烯酰吗啉可湿性粉剂 800 倍液等药剂喷雾防治；细菌性病害可以用 30% 琥胶肥酸铜可湿性粉剂 500 倍液混加 3% 中生菌素可湿性粉剂 800 倍液等进行防治。

4. 蔬菜整枝打杈应注意的问题有哪些？

整枝打杈是蔬菜生产中的一项常规措施，但若在整枝打杈过程中不注重细节，造成的伤口会成为很多病害尤其是细菌性病害的侵入途径，加剧了病害的发生。蔬菜整枝后若温度低、光照弱，难以通风，棚内湿度很大，伤口难以愈合，病原菌就会趁机侵染，导致大棚内辣椒等蔬菜茎秆腐烂的现象大面积发生。因此，在整枝打杈时应注意以下几点：

一是整枝前一定要看好天气预报，保证整枝后 2～3d 为晴天，留出促进伤口愈合的充足时间。

二是考虑浇水的因素，应在浇水 5d 以后，最好是下次浇水前 3～5d 进行整枝。

三是选择晴天上午进行整枝，此时蔬菜体内的水分含量相对较低，疏叶后不易产生伤流，有利于伤口尽快干燥和愈合，降低病原菌侵染的概率。打老叶时，要适当留一段叶柄，注意打叶技巧，减少伤口。

四是做好伤口的防护。如西葫芦、番茄、黄瓜等茎蔓含水量较高、伤口较大的蔬菜，可留下一部分叶柄，避免病害侵染后直接危害茎秆。打叶后，需要立即用 50％甲基硫菌灵可湿性粉剂 300 倍液或 12％松脂酸铜乳油 300 倍液等涂抹伤口，预防病原菌侵染。辣椒、茄子等叶片较多、伤口较小的蔬菜，则应在整枝后立即用嘧菌酯、百菌清或琥胶肥酸铜等喷雾，重点喷洒茎秆，预防病害。或者在晚上用百菌清烟剂、腐霉利烟剂等熏棚，切断病原菌的传播途径，降低病害发生的概率。

五是及时用药剂防治。一旦出现茎秆腐烂的问题，要及时清除腐烂组织，茎叶喷施嘧菌酯、叶枯唑、中生菌素、松脂酸铜等进行防治。腐烂部位清除干净后，可以将以上药剂加水调成糊状进行涂抹。涂抹时不要只涂抹伤口处，最好用毛笔或刷子将伤口周围也一并涂抹，这样不仅对整个伤口进行了全面防治，对伤口周围的部分也起到了防治效果。涂抹药剂后会在伤口处形成较长时间的水膜，这为细菌的侵入提供了条件。因此，最好在药剂中再添加细干土以达到吸湿的目的。

❖ 5. 防止春季大棚蔬菜徒长的措施有哪些?

春季大棚蔬菜易发生徒长，多数是夜温过高导致的。

白天棚温的控制工作一般都做得较好，能根据蔬菜的生长对温度的需求及时做出调整，但在夜温的控制上却不注意，关上通风口，放下草帘就不管了，春季菜农一般在棚温降到 20℃时关风、18℃时放棚，以致棚内夜温过高。建议根据棚内的蔬菜种类，调整关闭通风口及放棚的时间，拉大昼夜温差。对于种植苦瓜、丝瓜等喜温蔬菜的菜农来说，可在棚温降到 20℃时关风、18℃时放棚，而对于辣椒、茄子等蔬菜，应适当延长关风和放棚的时间，可在 17℃左右关风、15℃左右放棚。如果放棚后温度还是降不下来，可把棚膜留 5cm 宽的缝，以降低后半夜的温度。当棚内最低气温保持在 13℃左右时，可不再放棚保温。

要想控制植株徒长，最常用的就是"三控法"，即控温、控水、控肥。因此，对于发生徒长现象的植株，除了降低棚内的夜温外，还应减少浇水次数，并控制氮肥的用量。在采取上述措施的基础上，也可采用药剂控旺，如用 25％甲哌鎓水剂 750～1000 倍液或 50％矮壮素水剂 1500～2000 倍液喷雾控制。

需要注意的是，控制徒长要把握住分寸。若控过了头，就会造成蔬菜迟迟不发棵。因此，蔬菜控长一定要有度，尤其是在春季多变的天气里，以免适得其反。

一是春季蔬菜尽量不要用生长抑制剂控长。因为春季天气多变，时有倒春寒发生。如果今天觉得植株长得挺快而喷了生长抑制剂，一旦明天变了天，出现大降温的天气，在低温和生长抑制剂的双重作用下，很容易造成控长过度。因此，春季蔬菜控长一定要慎用植物生长抑制剂。

二是采取"三控"措施控制植株徒长要随着天气而变。除喷生长抑制剂外，控制蔬菜徒长还可通过控温、控水、控肥等"三控"措施来实现。而在采取这些措施时，也要根据天气状况有的放矢，以免收到适得其反的效果。如天气突变时，就不要再考虑调温控苗了，而应以保温为主，这样大棚夜间温度尤其是下半夜温度才不至于降得太低，从而致使蔬菜遭受冷害。

三是留根瓜控长。这种做法虽不错，但需要提醒的是，留下根瓜的目的只是控制徒长，切忌为图小利，将根瓜留大后上市售卖。若让根瓜长大，易坠住植株，造成植株迟迟不返棵，得不偿失。

❖ 6. 蔬菜花果畸形的表现有哪些?

蔬菜要想效益高，提高精品果率是一项重要的措施，而在蔬菜的栽培管理中，畸形果的大量出现是困扰菜农的一大难题。蔬菜从发芽到开花结果，每一个生长时期对环境条件、营养状况都有不同的要求，一旦条件不合适，就会产生大量畸形花、畸形果，进而影响蔬菜的产量和品质。

（1）番茄畸形花果症状　正常番茄花基数一般为5～7个，基数为5的多为小型果品种，基数为6～7的多为中、大型果。所谓畸形花，其基数多为8以上，基数为8的还可长成一个稍扁圆形的多心室的大果，不影响上市；基数大于9的，所结果实多为畸形果。

番茄畸形果是指番茄在低温、光照不足、肥水管理不善、植物生长调节剂使用不当时，导致根冠比失调，果实不能充分发育，从而出现尖顶、畸形；或养分过多集中输送到正在分化的花芽中，致使花芽细胞分裂过旺，心皮数目增多，从而形成多心室的畸形果。番茄畸形果常表现为纵沟果、指突果、豆形果、菊形果等。

（2）黄瓜畸形花果症状

① 曲形瓜　产生曲形瓜有生理和物理原因，有的子房花期就表现出弯曲状态，随幼果长大弯曲加重，曲形瓜在最初或最后的果穗发生多。此外，雌花或幼果被架材及茎蔓等遮阴或夹长等物理原因也可造成畸形果。

② 尖嘴瓜和大肚子瓜　早春大棚中传粉昆虫少，黄瓜不经授粉也能结实，这是单性结实，没有种子。这种瓜如果营养条件好，能发育成正常果实，反之则形成尖嘴瓜。当雌花受粉不充分，受粉的先端先膨大，营养不足，或水分不均，就会形成大肚子瓜。

③ 细腰瓜 当营养和水分有时供应充足，有时供应不正常时，导致同化物质积累不均匀，就会出现细腰瓜。此外，黄瓜染有黑星病或缺硼，也会出现畸形瓜。

（3）茄子畸形花果症状 畸形花，正常的茄子花，大而色深，花柱长，开花时雌蕊的柱头突出，高于雄蕊的花药，柱头顶端边缘部位大，呈星状，即长柱花。生产上有时遇到花朵小，颜色浅，花柱细、短，开花时雌蕊柱头被雄蕊的花药覆盖起来的花，即为短柱花或中柱花。当花柱太短，柱头低于花药开裂孔时，花粉则不易落到雌蕊柱头上，不易授粉，即使勉强授粉也易形成畸形花或花脱落。

畸形果，茄子生产中有时会出现畸形果，常见的有僵果、双子茄、裂果和无光泽果等。僵果果实小，果肉质硬，果内无种子，颜色发白，无商品价值及食用价值。双子茄、裂果、无光泽果等，虽可发育长大，但因外观不好，基本无商品性可言，故对经济效益影响也很大。

（4）辣椒畸形花果症状 不同于正常果形的果实，如果实扭曲、皱缩，僵果等。横剖可见果实里种子很少甚至没有，有的果皮内侧变褐，失去商品价值。

❖ 7. 导致蔬菜花果畸形的主要原因有哪些？

蔬菜花果表现畸形症状，主要是果实在形成前或形成时受到了各种因素的影响，其中温度、水分、营养、点花药等是影响较大的几类因素，另外药剂使用不当、虫害或机械损伤等也会造成花果畸形。

（1）花芽分化不良 蔬菜出现畸形的花和果实，最大的一个因素就是花芽分化不良，即在花芽分化时由于不适宜的温度、供水不足、连续阴雨光照不足等原因，导致花芽分化出现障碍，在花芽形成以后就处于畸形状态。或者是在授粉受精过程中由于以上不良因素，使得授粉受精不良，最后形成不正常的花或果实。这都会造成蔬菜出现畸形的花和果实。

在蔬菜花芽形成及分化时期（开花前至开花期）是对温度最敏感的时期，温度过高或过低都会影响到花芽的正常形成和分化。如早秋茬番茄的定植时间一般在7月份，此时正值高温，定植后的3~4叶1心正好是头两穗花形成的时期，在这一阶段常出现37℃以上的高温，棚内温度甚至高达40℃以上，如此高的温度非常不利于花芽的形成和分化。而对于越冬茬或早春茬蔬菜，当花芽分化时遇到6℃以下的低温环境，就容易造成花芽不分化或分化畸形，从而加重畸形花果的产生。对于以上几种不同茬口的茄果类蔬菜来说，前两穗畸形较多就是受温度影响所致。

对于瓜类蔬菜而言，在花芽分化时期所需要的温度要比茄果类蔬菜更高，因此其对温度的要求也更加严格。如黄瓜在花芽形成时期，温度需要控制在16~33℃，若高于40℃或低于8℃，花芽分化易受影响，严重时引起落花落果。

温度对花芽分化的影响较大，同样在花芽分化时期若遭遇水分胁迫及寡照，也容易使花芽分化受阻。在花芽分化时期内，缺水可导致养分供应不足，在缺乏硼、钙等元素的情况下，花芽形成时细胞分化异常，可导致畸形花或落花。光照不足时不能供应足够的碳水化合物，花芽也会因缺乏有机营养而畸形。

（2）营养供应失衡　蔬菜的开花坐果期一般是营养的临界期，在此时期内蔬菜对养分的需求非常敏感，而影响到植株体内养分供应的因素主要集中在养分在植株内的移动分布、土壤的供肥情况、根系的吸收能力这三个方面。

在实际生产当中，很多菜农在缓苗至开花前这段时间都会通过调节生长环境及使用生长激素的方式控制植株徒长，其目的就是保持营养生长和生殖生长的平衡。在高温季节，蔬菜容易发生旺长的情况，即营养生长过于旺盛，争夺了大量矿质养分，使得供应到花芽上的营养较少，从而养分缺乏导致花、果的畸形。

在蔬菜生长的营养临界期内，土壤供肥能力的表现也很关键，特别是对于花芽形成和分化非常关键的硼、钙元素。这两种元素在土壤中的含量相对较少，并且如果菜农盲目增加氮、磷、钾等元素，如基肥中施用大量的复合肥等，会导致土壤养分失衡，过量的氮、磷、钾会严重抑制硼、钙的转移和吸收，一方面过量的氮造成了植株徒长，营养器官争夺养分的情况更加严重，另一方面硼、钙受到大量元素的拮抗，植株吸收更加有限。最终缺乏关键元素导致畸形花、果的形成。

在开花坐果之前要培养强壮的根系，其目的是有助于形成壮棵，更重要的是保证根系良好且有持续的吸收能力。根是吸收矿质营养的主要器官，根系吸收能力的强弱也决定了养分供应能力的高低。在开花坐果之前，强壮的根系可满足植株营养生长和生殖生长对矿质元素的需要，而一旦根系的吸收能力变弱，营养供应出现问题，那么势必会影响到地上部分的生长，也会对即将转入生殖生长的植株造成严重的影响。

（3）点花药浓度不适　除了花芽分化、养分这两大因素外，普遍使用的点花药也是很重要的一个因素。点花药导致畸形花果的出现主要集中体现在不适宜的点花时间和一成不变的药剂浓度这两个方面。

目前常用激素处理的蔬菜集中在番茄、茄子、西葫芦、黄瓜、丝瓜、甜瓜、南瓜等茄果类和瓜类蔬菜当中。茄果类蔬菜常用点花或喷花措施，而瓜类蔬菜则多采取蘸瓜的方式，无论是哪一种方式都需要注意点花时间和药剂处理的浓度。

值得注意的是，除了关注到点花时间和药剂浓度要变化以外，还应根据不同的点花方式和植株长势适当调整。如番茄点花时，正常的植株可使用正常的药剂浓度，而对于植株出现徒长的情况，再使用固定的浓度就会导致畸形果的产生。一般茄子的点花方式是仅涂抹茄子的花柄，既不能绕花柄抹一圈，也不能顺花柄拉长抹，只能轻轻一点，避免用药量过大造成对花苞、幼果、主茎及叶片的药害。

（4）药害及其他原因　药害、病虫害、机械损伤等原因也会造成畸形花果的出现。当植株发生杀菌剂、杀虫剂、生长调节剂、除草剂等药害时，植株的长势变弱，养分的吸收和分配能力降低，直接或间接影响到了花芽的质量，导致畸形花果的出现。

病虫害导致畸形果的出现主要集中在病毒病这一方面。番茄、西葫芦、水果黄瓜、苦瓜等蔬菜受病毒病影响较为严重，常造成大量畸形花果的出现。如花叶病毒、条斑病毒、绿斑驳病毒等，不仅会严重影响番茄、黄瓜的开花坐果，已长大的果实也会变成花脸果、青皮果及生瘤，果面凹凸，丧失商品价值。

在对植株进行整枝抹杈或换头等农事管理操作时偶尔也会伤及花果，但此种情况出现不具代表性，因而可忽略不计。

❖ 8. 如何预防蔬菜花果畸形?

畸形花果一旦出现便无法挽救，只能摘除，以利于正常花果的生长。因此，在生产中应采取综合措施提前预防，以防造成损失。

（1）选择适宜种植的品种　品种特性是决定花果发育好坏的基础。为适应多变的市场，近几年蔬菜新品种层出不穷，更新换代速度很快。选择品种是夺高产、高效的第一步，有了好的品种支撑，加上精心的管理，才可能获得更高的产量、更高的效益。而有的蔬菜在不同的季节栽培对品种的要求是很严格的，如果品种选择错误，就会产生大量畸形果或者不坐果。

每一个蔬菜品种都是在一定的生态环境和栽培条件下选育出来的，都有其特定的适宜种植的区域和茬口。受各地气候、土壤、大棚设施、种植茬口等综合因素的影响，在这个地方是一个优质高产的优秀品种，拿到另外一个地方就说不准了，尤其是不同茬口种植，差异较大。对于适宜越夏栽培的番茄品种来说，其耐热性、抗逆性强，夏季高温栽培种植时花芽分化优良，花果畸形率低；适宜越冬栽培的番茄品种在夏季高温栽培种植时，花芽分化受影响大，花果畸形自然少不了。因此，在选择品种时要特别注意茬口安排、种植模式、大棚环境等，避免影响开花坐果。

（2）加强育苗期管理　从育苗厂订的苗，蔬菜前几穗果出现畸形花果的概率较高，这与苗子在育苗厂的管理关系很大。一般蔬菜在苗期就进行花芽分化，以番茄为例，番茄果实后期发育成正常果还是畸形果，取决于花芽分化的质量。番茄花芽分化早且快，一般幼苗 $2 \sim 3$ 片真叶时第 1 穗的花芽开始分化，$4 \sim 5$ 片真叶时第 2 穗花芽分化，$6 \sim 7$ 片真叶时第 3 穗花芽分化，$8 \sim 11$ 片真叶时分化第 $4 \sim 6$ 穗花芽。此段时间内若出现异常的环境变化，极易出现畸形果。而在接收苗子时一般是 3 叶 1 心或 4 叶 1 心。来苗时第一穗花的花芽分化已经完成，第一穗花出现大量畸形与育苗期的环境条件不适有关。对此，要解决花芽分化导致的畸形果的问题，首先要培育壮苗，蔬菜苗期要防止过度低温或苗龄过长及多肥高温，这是防止产生畸形花果的根本措施。

对于番茄，幼苗花芽分化期，尤其是 $2 \sim 5$ 片真叶展开期，正处于低温诱发畸形果的敏感期，应确保这一时期的夜温不低于 $15 ℃$，白天温度 $24 \sim 25 ℃$，以利于花芽分化。防止苗床营养过剩，如果苗期营养过剩，尤其在低温条件下，番茄生长受抑制，使输送和贮藏到花芽的养分增多，细胞分裂旺盛，番茄形成更多的心室，就会产生大量畸形花和畸形果。育苗期避免土壤过干或过湿。在低温季节育苗注意减少浇水量，在高温条件下育苗应尽量多浇水。在苗期尤其是花芽分化期的2～6片叶时，应避免使用矮壮素、乙烯利等易产生畸形果的生长调节剂。

对于茄子，要搞好育苗期光照、温度、水分的调节。因为茄子两片真叶期已经开始分化门茄的花芽，4～5片真叶期对茄的花芽已分化。茄子又是很喜强光照的作物。育苗期应特别重视改善光照条件，冬季每天的日照时间尽可能争取达到8h以上，并勤擦拭无滴棚膜，以增加棚内的光照强度。在温度调节上，白天保持在26～30℃；夜温，出苗期17℃，子叶期后控制在14～15℃。秋延茬茄子育苗期处在夏季，白天控制最高气温不超过32℃，夜间最高气温不超过23℃，昼夜温差≥8℃。苗床土湿度保持田间最大持水量的75%～80%。

育苗厂在育苗时，棚内有风机、遮阳网、空调等温度调节设备，秧苗生长条件适宜。菜农在自己育苗时常因棚内环境调控不当，影响了第一穗花的花芽分化，导致畸形果增多。冬季低温期，可通过覆盖草帘、保温被及棚内设置多层膜、棚内生炉子等措施将棚温控制在适宜幼苗生长的范围内，而夏季高温期，应通过铺设遮阳网、喷洒降温剂、泼洒泥浆等措施进行遮阳降温。

（3）定植后培育壮棵

① 创造适宜的大棚环境　不利的大棚环境是造成蔬菜花芽分化不良的主要原因。因此，应密切注意天气变化，严格调控好大棚温度、湿度和光照环境，严防温度过高或过低。一般情况下，菜豆花期最适宜的温度白天是24℃，夜间是15～16℃；茄子白天是25～30℃，夜间是14～15℃；辣椒白天是25～30℃，夜间是15～16℃。根据这一要求，应及时开、关通风口，拉、放草帘。同时要注意合理浇水，保持干湿适宜的土壤环境，因土壤过于干旱或水分含量过高，都能造成植株徒长影响植株的花芽分化。一般浇水以水到畦头为宜，切忌大水漫灌，避免水大伤根造成根系吸收困难，从而导致蔬菜花芽分化不良。菜豆花期应停止浇水，以免直接造成落花落荚。

② 管好光和水　光照中的紫外线等蓝紫光有助于植株的横向生长。因此，在夏秋高温季节，不应全天遮光，而要在近中午的高温时间段遮光，否则会因为弱光使植株更易徒长。在冬春季节，要注意为棚内补足光，如勤擦拭棚膜，在棚内设置反光膜等。在浇水上，夏秋季节不建议大水过勤，也不建议控水过度，以保持土壤湿度在75%为宜。

③ 保证植株营养供应充足　植株的营养状况将直接影响到蔬菜花柱的长短和果实的发育。因此，蔬菜定植后一定要合理施肥，保证充足的营养供应。但需注意的是，施肥一定要科学合理，要学会配方施肥，并注意避免施用含氮量过高的肥料，以免植株营养生长过旺，花芽分化不良，致使蔬菜开花坐果率低或畸形果多。另外，还要注意生物菌肥的配合施用，效果较好。

④ 注意控制蔬菜徒长　植株徒长是造成蔬菜花芽分化不良、开花坐果率低、

畸形花果多的一个主要原因。因此，在蔬菜栽培管理的过程中，一定要采取措施控制植株徒长。除环境调控外，在管理中可通过适当控水、勤划锄等措施提前干预，而一旦发现有徒长迹象或已经发生严重徒长的植株，可迅速喷施控旺的药剂。根据徒长程度的不同，所使用的叶绿素、矮壮素、甲哌鎓等生长抑制剂，要么只抹生长点，要么全株喷洒。

（4）合理点花留果　点花药剂对坐果和果形有很大的影响，所以在使用药剂时建议先进行小面积的试验。另外，用于促进坐果的激素类药剂还受到温度、水质等多方面的影响，从而影响果实形状的形成。点花药剂出问题的例子很多，如番茄尖凸果、顶裂等。

① 根据季节变化掌握合理的浓度　一般来说，11月至翌年的2月，温度较低时，使用浓度可高一些；翌年的3～10月，温度较高时，使用浓度要低一些。

② 掌握正确的使用方法　点花药剂用量的多少不能马虎。如番茄点花，在晴天上午8～10时用毛笔蘸取少量药液，在刚刚开放的雌花花蒂处点一下或轻轻涂抹于花梗上。如果棚内温度较低，开放的雌花较少，可以每隔2～3d点一次花；如果温度较高，雌花开花较多，可每隔1d或每天点一次花。

③ 点花要适时　点花一直有个"早僵晚裂"的说法，所以点花的时间也很重要。如番茄点花，在第一穗花开放2～3朵花时可开始点花，当雌花的花瓣完全展开，且伸长到喇叭口状时，点花最为适宜。

④ 点花不重复　如果重复点花，会造成药液浓度过高，容易出现畸形果，还易造成激素中毒，从而使生长点生长不良。

⑤ 点花要小心　点花处理时，如果药液滴落到嫩枝、嫩叶和生长点上，则易发生药害，导致受害部位出现萎缩或坏死的现象。

⑥ 点花保果和疏花疏果相结合　每个花序的第一朵花容易产生畸形果，应在蘸花之前疏掉。若每穗花的数量太多，应将畸形花和特小的花疏掉，一般只保留5～6朵花。如果点花数量太多，不但费工、费时、费药，而且会给疏果带来不便。坐果后选留3～4个果形端正、大小均匀、无病虫害的果实。如坐果太多，往往会造成果实大小不一，单果重量减少，果实品质降低。

⑦ 点花保果和其他栽培管理相结合　坐果后，果实生长速度加快，要及时放风排湿，调节好棚内温湿度，加强水肥管理，搞好病虫害的防治，促进果实成熟，提高果实的产量和品质。

（5）药剂使用要合理　往往花期造成的药害都是难以察觉的，这是因为花器组织脆弱，难以承受药剂的刺激，所以往往容易造成药害，但是发现的时候多是在结果期，难以找出具体的原因来。

① 花期慎用激素类农药，否则会影响果实膨大　果实偏小、偏短，往往有很多现象都是药剂造成的。例如调节植株长势的甲哌鎓、矮壮素、叶绿素等，为了调节植株长势、促进果实膨大，花期用药导致了细胞分裂受到影响，从而引起果实

形状的变化。

② 花期选择安全性高的药剂　往往对花期影响较为严重的就是药剂的触杀性，花期组织脆弱，容易造成损伤而使果实生长受到影响。如氢氧化铜，使用铜制剂容易影响甜瓜膨果，所以花期用药应注意选择安全性相对较高的药剂。

（6）避免机械损伤　往往农事操作造成损伤后，果实表面愈合而形成愈伤组织，这些组织影响果皮的发育，造成畸形果的产生。所以，避免机械损伤应从以下几个方面着手：

① 农事操作需谨慎小心　要合理种植，避免操作行植株过密。若为了能获得高产，将种植密度一再增加，在进行农事操作时易造成植株间摩擦，或人为破坏花器，或造成果实上有严重的机械损伤。所以定植时一定要选择合理的种植密度。

② 注意防虫，避免对果实产生伤害　有很多的畸形果是由于害虫咬食导致的，例如蓟马喜欢躲在花朵之中，形成的果实容易畸形；还有螨虫咬食果皮，形成皱裂纹，严重的畸形、裂果，这些都是虫害造成的。

防虫的宗旨一直是物理防治与化学防治相结合。化学防治方面应注意虫卵兼杀，物理防治主要是采用防虫网、粘虫板等。

（7）施好肥料

① 花前补充全营养肥料　一般来说，常规肥料的见效时间为 7d 左右，而果实坐住后即使冲了肥，但肥料短期发挥不出作用，因而见花或见果后施肥对花果的意义也不大。因此，建议在开花前 3d 浇水施肥。可用优质平衡型大量元素肥减半提前冲施，如用荷兰易普润等冲施，亩用量 3～4kg 即可，以起到促进生根、协调生长、补充营养的多重作用。

② 辅助喷施硼、钙肥　硼可促进生殖器官的形成和发育，硼供应充足时，花芽分化良好，花粉和子房发育良好；缺硼时子房不能正常发育，甚至不能形成。这也就导致了许多蔬菜出现"花而不实"的现象，落花落果严重。

对于瓜类、茄果类等蔬菜，果实的形成是产量和效益的基础。一旦果实不能正常形成，那么产量和效益也就无从谈起。应该说，在蔬菜生长过程中，抓住蔬菜需硼的关键期，要比笼统施硼更有效果。苗期、开花之前这两个阶段是补硼的关键期。硼有利于细胞的伸长和分裂，稳定细胞的功能。对根系而言，除了磷、钙、锌对根系的生长有利以外，微量元素中的硼对根系的生长有明显的作用。在基肥中适量施用硼肥，有利于蔬菜在苗期建立强壮的根系。当前常用的硼肥有硼砂和硼酸。可作为基肥、种肥、叶面肥施用。硼作基肥时可与氮、磷、钾肥混合施用，也可单独施用。要求硼肥在田间分布均匀，每亩施纯硼 125～200g。

以基肥施的硼肥，一般施用一次可持续 3～5 年，但施用量不得任意加大，以免蔬菜受害。浸种时把种子放在种子量 2 倍的溶液中，溶液浓度以 0.01％～0.1％（硼砂）为宜，浸种时间 12～24h，捞出后用清水洗净，然后催芽、播种、育苗。拌种时浓度不宜过大，不可超过 0.1％。叶面喷肥是蔬菜栽培上常用的一种方法，喷施浓度为：硼砂 0.1%~0.2%，硼酸 0.01%。

钙肥可选择螯合态钙或矿物分子钙等。

一定要做到"花前补硼，花后补钙"。

③ 重点施用功能性肥料　在众多的功能性产品中，有助于提高植株抗逆能力的物质有海藻精、甲壳素、腐植酸、有益元素、亚磷酸盐和复合有机物等。其中常用的有海藻精、甲壳素、腐植酸等，在夏秋高温季节，合理施用功能性产品以提高植株抵抗高温、弱光、干旱、盐碱的能力。建议蔬菜定植以后随水冲施金盈菜等。配合 2~3 次叶面喷施效果更好。

（8）人工辅助减少畸形果　在种植黄瓜、丝瓜等蔬菜时，经常出现弯瓜的情况，影响了商品性，不少菜农通过在瓜条顶部坠重物的方法巧妙地解决了弯瓜的问题。辣椒幼果在生长过程中经常被叶片及枝条阻挡，出现弯果。发生这种情况时，应及时疏枝，尤其要将内膛枝及结果主枝下部不结果的侧枝疏除。发现果实被叶片及枝条阻挡，应将果实移开，让其垂直向下生长。

◆ 9. 蔬菜落花落果及化瓜的原因有哪些？

茄果类、瓜类蔬菜常出现落花落果、化瓜的问题。果实在发育过程中受损，既会影响植株自身长势，又会降低经济效益。要想尽办法，在管理中积极采取办法应对，避免异常情况的发生。其发生的原因主要有以下几点：

（1）花芽分化不良　一是土壤缺硼。缺硼会使花芽瘦小或花器有缺陷，也会使授粉不良或花粉营养生长弱，完不成授粉受精的过程。

二是苗期或花芽分化期植株营养条件差，植株形成弱花或畸形花，如表现为黄瓜雌花小，番茄、茄子柱头短等。形成的花多、颜色淡，如茄子花不紫。

（2）授粉不良　在寒冷冬季，也易出现这种现象。冬季注意保温，尤其是提高地温，确保授粉受精的完成。使用点花激素时，深冬约为 20~50mg/kg，春夏为 10~20mg/kg。夏季棚温高，如番茄、茄子、甜椒在温度超过 35℃时，不能完成授粉或受精，所以大棚茄科蔬菜尤其是辣椒，常出现较长时间的严重落花落果现象。

（3）植株徒长　在气候适宜、水肥充足时植株常发生徒长，诱发落花落果。理论上营养生长过旺，枝叶生长与开花坐果争夺营养，生理上也对花芽的形成不利。除了停用氮肥增施磷钾肥外，还要注意不要过多浇水，喷施抑制生长的植物生长调节剂，茄果类蔬菜可喷施 25% 甲哌鎓水剂 750 倍液或 50% 矮壮素水剂 1500 倍液，瓜类蔬菜可喷施 50% 矮壮素水剂 2000 倍液抑制徒长。对于辣椒旺长不坐果的现象，还可以喷施 30mg/kg 萘乙酸钠混加 25% 甲哌鎓水剂 750 倍液一次，有很好的转变效果。只是喷施后叶片下垂，但两三天后就可逐渐恢复正常。

（4）果柄、瓜柄形成离层　常在近成熟期发生，其主要是由于旱涝不均，花期浇水追肥，喷用催红素、催熟剂等，也与品种特性有关，在樱桃番茄上出现最多，果实常从果柄或从花萼处脱落。要避免旱涝变化剧烈。花期不要过分干旱，易出现落果的品种不要喷用含有乙烯利的催红素。发生这种类型的落花落果，可喷施 20～30mg/kgα-萘乙酸钠，第二天即能明显改善落花落果的现象。

（5）药害　有些农药会造成果柄离层的产生导致花果脱落，尤其是在浓度过高或在高温天气的情况下更严重。在部分农药的使用浓度过高或熏棚时间过长，又恰遇花前或花期阶段时，可引发落花落果，有时甚至喷用叶面肥与微量元素肥也有这种问题发生。如瓜类、茄果类蔬菜，即使喷用硼肥时也要避开花期为好。这一点在使用催红素、催熟剂时更为重要，因为这类药物中多含有乙烯利，常会引起离层的产生，造成花果脱落，所以盛花期要尽量避免使用。因此产生的落花落果问题，需要对所喷施的药物有充分了解，也要注意避免高浓度使用。初发阶段，可喷用 1.8％复硝酚钠水剂 6000 倍液混核苷酸 500 倍液缓解。

❖ 10. 防止蔬菜落花落果的措施有哪些?

首先要结合各自大棚和植株长势的实际情况，提前采取应对措施，跟进管理。如硼元素的补充，应在花前进行，才能起到优化花芽分化的效果。

其次是调节环境条件。不同的作物有不同的生长条件，如瓜类作物喜高温等，需要调节一个适宜于作物生长的环境条件。

再有就是合理的水肥供应。适宜的环境条件配合适当的水肥供应，才能确保植株生长均衡、健壮，不可盲目控水、控肥来调节蔬菜生长。

还有合理使用农药，包括浓度和混配种类。同时，还要避开花期，避免喷药对授粉的影响。

❖ 11. 如何防止瓜果类蔬菜皱皮裂果?

每年的 4～5 月、10～11 月正处于果实的膨大期，而在此时期内由于温差大等原因，果实的皱裂情况比较严重，要精心管理，防止皱裂。

（1）管理好风口　随着冷空气的来临，外界的温度不断降低，此时对于风口的管理就越来越关键。在很多情况下，果实的皱裂就是由于通风口管理不当造成的。如上午放风时，棚内的温度已经升高，但外界温度较低，突然开大风直吹果面就会造成果实从蒂部开裂，如番茄，像水果黄瓜等蔬菜会出现皱皮的情况。因此要采取分次放风的措施，在不导致棚内温度突然降低的情况下把棚内湿气排出。同时为了避免冷风直吹果面，需要在通风口下安装挡风膜，有条件的可以在通风口下设置目数低的防虫网，把进入棚内的空气打散，也能有效避免冷风直吹。

（2）防止果实表面结露　由于早秋茬口的蔬菜一般不会覆盖地膜，夜间蒸发的水分大都在果实、叶片等表面凝结，天亮后随着棚内气温的快速升高，果实表面温度不均，从而造成皱裂。为了减少结露的产生，降低棚内空气湿度非常关键。

在无地膜覆盖的情况下，建议采取操作行内铺设秸秆、稻壳的方式减少土壤水分蒸发，吸收空气中的水汽，以减少果实表面结露。

（3）稳定浇水量和浇水时间　在很多情况下，突然增大浇水量或两次浇水的时间间隔太长，也是导致皱裂的一个关键因素。如原来固定每周浇一次水，突然拉长到10d以上后再浇水，可能就会出现较多的裂果。建议最好根据棚内土质情况和覆盖措施合理浇水，因为按照原来的以天数浇水往往导致供水不均而出现皱裂果。

（4）提前补充钙肥或某些功能性肥料　钙能够维持细胞的稳定性，提高细胞的张力，从而使得果皮具有良好的韧性，因此及时补充钙肥具有一定的预防皱裂的效果。同时，许多功能性的肥料产品也具有预防皱裂的效果。比如氨基酸、酶类物质的功能性肥料可以促进果实、叶片细胞的抗性和柔韧度，从而减少果实皱裂。

❖ 12. 春茬大棚蔬菜生长中后期防早衰的技术措施有哪些？

5月底，春茬蔬菜正处于生长中后期，若在管理上放松，易导致植株早衰严重、病虫害多发、品质和产量明显下降。因此，应加强管理，避免植株早衰，提高蔬菜后期产量和质量。

（1）合理调控棚内温湿度　进入夏季以后，气温迅速升高，棚内温度常达到35℃以上，高温强光不利于蔬菜的正常生长，若不能采取有效措施，蔬菜极易出现萎蔫、日灼、落花落果等问题。一定要加强通风，一般情况下，茄果类蔬菜白天应将温度控制在25～30℃，夜间应将温度控制在15～18℃；瓜类蔬菜白天应将温度控制在26～32℃，夜间应将温度控制在15～18℃。

当棚内温度超过35℃时，应在棚顶或棚内设置遮阳网、喷降温剂降温。遮阳网应只在中午高温时使用，时间不宜超过3h，更不能全天覆盖，以防光照不足。夜间温度若超过18℃，应加大通风，以拉大昼夜温差，保证蔬菜正常生长。

除了采取遮阳降温和加大通风的措施外，还可以浇水降温。适时灌水可以改善田间小气候条件，使气温降低1～3℃，地温降低幅度更大，从而减轻高温对花器和叶片等的直接损害。还可将喷灌设施适当改造，铺设到植株上部或地面上，在温度过高时喷水，既能及时降温，又可提高棚内湿度，增强植株的耐热性，减少病毒病的发生。

（2）适时浇水追肥，补充养分　如果在蔬菜生长后期疏于管理，减少浇水追肥次数，易导致植株早衰。夏季温度高，植株生长快，果实膨大需要大量的营养供应，若根系弱或根系吸收的矿质元素不足，必定会影响果实膨大和植株生长。

建议适时冲施高氮高钾的全水溶性肥料，促进植株与果实生长，同时冲施甲壳素、氨基酸类养根性肥料，养根护根，增强根系的吸水吸肥能力。

（3）防治叶部病虫害　蔬菜进入生长后期，根系吸收养分的能力降低，应注意叶面补肥。可叶面喷洒全营养型叶面肥、细胞分裂素等，每 7～10d 喷一次，缓解叶片黄化。到了生长后期，植株长势弱，叶部病害多发，应及时观察棚内病虫害的发生情况，及早防治。对于缺素造成的黄叶，建议及时浇水追肥，并喷施甲壳素、氨基酸类叶面肥，补充营养，提高叶片抗性。

（4）果实成熟后及早采收。

❖ 13. 大棚越夏蔬菜定植后划锄的作用有哪些？ 如何进行划锄？

俗话说"到了夏至节，锄头不能歇"。可见，勤划锄对越夏蔬菜的生长非常重要。划锄的作用并不仅仅是锄掉杂草而已，更重要的是能够增强土壤的通透性，提高土壤的保墒、保水性能，促进作物根系的伸展和下扎，从而提高作物的抗逆性，为日后的高产高效打下基础。

一锄要全面。当蔬菜浇完定植水后，待土壤见湿见干时，进行第一次划锄。此次划锄要全面，由于秧苗是带坨定植，为避免划锄将秧苗的根系划断，影响缓苗，主要是对苗坨四周及底部进行划锄，目的是增加苗坨周围土壤的透气性，让浇水后的秧苗逐渐适应新的生长环境。同时，划锄时可顺便将裸露的苗坨（栽得浅的或浇水冲的）覆盖好、并将歪斜的秧苗扶正，利于缓苗。

二锄打破苗坨。浇完缓苗水后，当地面略干燥时，进行第二次划锄。此次要进行细划锄，即从苗坨外部至内部适当由浅到深地进行，为的是打破苗坨，使根系舒展，促进下扎，但需要注意的是，虽然已经浇完了缓苗水，但秧苗还不是很健壮，划锄时仍需小心，不要将幼苗根系锄断，以防影响秧苗的正常生长。

三锄浅划。浇完促棵水后，同样是当土壤见湿见干时，进行第三次划锄。此时种植行要适当浅划，目的是引根下扎，培育强壮的根系，操作行可适当深划，增强土壤通透性。随后可在操作行铺上稻壳或碎作物秸秆，可吸湿保水，防止阳光直射，降低地温，利于幼苗健壮生长。

❖ 14. 如何预防大棚越夏蔬菜旺长？

丝瓜坐瓜难，只长植株不结果；黄瓜光长藤蔓不结瓜，黄瓜叶片大而浓绿，茎节长，雌花少，难坐瓜，即使结出幼瓜，也弱小、畸形、难长大；番茄茎秆细弱，叶片黄绿色，第一穗花小且黄，授粉难；等等。进入夏季，白天温度高，夜温也高，蔬菜新陈代谢速度加快，若环境条件适宜，植株易出现旺长或徒长的问题，即营养生长和生殖生长失衡，对后续开花坐果不利。若不及时调控，易形成恶性循环，导致出现光长植株不结果的现象，影响蔬菜的产量和品质。控旺的最终目的就是把握好植株生长的平衡，也就是协调好地上部与地下部的平衡、营养生长与生殖生长的平衡。

（1）晚抹杈促进地上部与地下部的平衡 越夏蔬菜定植后，很容易出现旺长的现象，如长茄的侧枝和枝杈较多，很多菜农觉得这些枝杈会争夺营养，一直有"见杈就抹"的习惯，其实这是不合理的，因为"根深"和"叶茂"是相对应的，也就是说地上部和地下部的关系是相对应的。特别是茄子生长前期，提早抹去地上部的枝杈相当于提早断了地下部根系的下扎、伸展，没有足够的根，一是影响肥水的吸收，养分不足难以保证长茄的产量和品质；二是根系弱，植株后期易早衰，影响茄子的正常生长。因此，当生长前期植株出现旺长时，不要着急疏枝抹杈，可等到植株封垄后进行，此时地下部的强大根系已经形成，疏除侧枝既可减少养分消耗，又能引导养分向果实输送，一举两得。

（2）多措并举保持营养生长与生殖生长的平衡　越夏蔬菜徒长后也容易出现膨果慢、落花落果的现象。其主要原因是营养生长和生殖生长不平衡，营养生长过旺，生殖生长受到抑制，有机营养多向枝叶而不向花果运输，从而导致花芽分化不良，坐不住果。即使坐住果，果实也往往畸形，甚至不膨果。

通常越夏蔬菜营养生长过旺的原因是夜温过高。因此，可通过设置遮阳网、喷洒降温剂、延长放风时间等方法进行降温，并在操作行铺设稻草等来拉大昼夜温差，抑制过旺的营养生长，达到营养生长与生殖生长的平衡。

化学调控。一种是选用具有双向调节功能的产品，如磷酸二氢钾、氨基酸、海藻酸、甲壳素等，无论是冲施还是喷施，都能平衡植株长势，让其生长正常。另一种是选用化学药剂，常用的控旺药剂有矮壮素、甲哌鎓、叶绿素等。如50%矮壮素水剂20mL，兑水15kg喷雾，喷药时只扫植株顶部，适用于旺长较严重的情况。还可适当增加蘸花药浓度，先坐住果，争夺部分养分。

❖ 15. 大棚越夏叶类蔬菜栽培易出现的问题有哪些？如何解决？

叶类蔬菜越夏栽培，由于其生产周期短、费工少、效益高，种植面积越来越大。但夏季高温、强光、多雨的环境，又使喜欢冷凉气候的叶菜生产面对种种障碍，加上重茬问题，使得种植过程中出现的问题较多，如菠菜死棵、生菜抽薹等问题。

（1）防徒长　叶菜的生长期一般较短，费工较少，见效快。但在大棚内越夏反季节种植，受高温强光天气的影响，再加上通风降温措施不力，很容易出现徒长的现象。尤其是越夏茼蒿，最怕徒长。一旦徒长，细细的茎秆上只顶着几片叶，严重影响产量。以茼蒿为例，要想防止茼蒿徒长，播种后应保持土壤湿润，以利于出苗。出苗后一般不浇水，促进根系下扎。小苗长出8～10片叶时，应选择晴好天气浇水1次，并且结合浇水施肥1次，可每亩施硫酸铵15～20kg。生长期浇水2～3次，注意每次都要选择在晴天进行，水量不能过大。棚内湿度大时，要及时通风排湿，防止徒长。出苗后要及时间苗，使株距保持在2～3cm左右，也可在茼蒿轻微徒长后用1.8%复硝酚钠水剂3000倍液或25%甲哌鎓水剂1500倍液叶面喷洒，促进茎秆粗壮，防止倒伏。

（2）防抽薹　越夏叶菜多为耐寒型蔬菜，喜欢冷凉湿润的气候，高温、高湿、强光对其生长都不利，尤其是菠菜、生菜等。在夏季种植时特别容易出现抽薹现象，一旦抽薹，也就失去了其商品价值，导致卖菜难。

要防止抽薹，一是防止高温强光。除使用遮阳网遮阳降温外，还应在中午温度较高时对叶面进行喷水以降低温度。二是缩短叶菜的生长期。提早收获上市，降低其抽薹的概率，避免抽薹，影响品质。如越夏菠菜长到 20～25cm 即可收获，能减少抽薹现象的发生。三是定植密度不可过大。因为定植过密也会在一定程度上促进叶菜的抽薹。同时还可与茄果类及瓜类蔬菜进行套种，充分合理地利用空间，利用这些蔬菜植株较高的特点，为其进行遮阴降温，利于叶菜的生长。

（3）防死棵　死棵是制约越夏叶菜生产的一大难题。

一是夏季雨水多，防护不当易灌棚。因为越夏叶菜生长期短，根系多入土较浅，耐旱、耐涝性都较差。而夏季雨水偏多，暴雨后雨水进棚或棚内出现高温高湿的环境，导致田间积水，就很容易造成烂根死棵，并且还容易继发感染细菌性病害。因此，一定要严防雨水进棚。下雨前，首先要对旧棚膜进行检查，发现有窟窿的要及时修补。其次，在下雨前把大棚两侧的薄膜放下，以防雨水进棚。如果有大雨来临，为了保险起见，可在大棚两侧培上一层土，再把两侧薄膜压在土的外面，这样就能保证雨水不进棚。如果由于防护不当导致雨水进棚，应及时做好排水工作，并及时浇清水，最好再划锄一遍，增加土壤的通透性，防止发生沤根死棵现象。

二是病害较多。造成叶菜死棵的病害主要有三种：心腐病、立枯病、枯萎病。心腐病主要是种子带菌导致的，带菌的种子未经消毒，发芽后幼苗很快染病，出土后幼苗茎基变褐、缢缩，引起植株猝倒或腐烂，造成缺苗。刚出土的幼苗还易受立枯病病菌侵染，干缩枯死。枯萎病易在成株期引起死棵，这是一种土传病害。药剂防治：防心腐病可喷施 50% 异菌脲可湿性粉剂 1000 倍液，或 10% 苯醚甲环唑水分散粒剂 1500 倍液；防立枯病可用 20% 甲基立枯磷乳油 1000 倍液灌根；防枯萎病，可用 50% 氯溴异氰尿酸可溶性粉剂 1000 倍液灌根防治。

（4）养护好叶片　叶片是决定叶菜商品性高低的一个重要指标，一旦管理不当，极易出现烂叶、煳叶子的情况，严重影响生产效益。要保护好叶片，生产中应做好两点：

一是要合理浇水，避免蔬菜因缺水出现干尖、烤煳的现象。要掌握好浇水量，不要等到看到作物畦面发白时再浇水，那样就说明作物已经非常缺水了。应该随时观察作物畦面的状况，看到作物畦面稍微干旱时，可先叶面喷洒水分暂时补充植物所需的水分，然后再小水溜一遍，这样既不会导致作物缺水，又不可能发生沤根死棵现象。切忌在中午温度较高时浇水，一般应选择在上午 10 点之前和下午4 点以后进行，尤其对叶菜来说，更应如此。因为叶菜种植最主要的工作是保叶，而如果在靠近中午时浇水，到下午时叶片便突然卷起来，个别叶片边缘都被烤煳了，失去了商品性。

二是要做好防病、防虫工作。越夏叶菜常发生的叶部病害主要有疫病、霜霉病和细菌性病害，虫害主要有蚜虫、小菜蛾等，一定要做好预防工作。另外，为保证叶片健壮、叶色浓绿，提高叶菜的商品性，可在喷药时混配 500 倍的磷酸二氢钾溶液，不仅能补充植株所需的营养，还能提高叶片的抗逆性。

❖ 16. 如何搞好越夏大棚蔬菜初果期的管理？

越夏黄瓜、番茄、西葫芦等蔬菜进入初果期时正值夏季，高温、强光、长日照的环境条件不利于越夏蔬菜的生长，尖头、畸形果、坐果难、病毒病等问题多发。管理中应重点抓好以下三点：

（1）遮阳降温不松懈　当前，白天棚里温度常达到 35～40℃，夜间温度在 20～25℃，这样造成植株在白天光呼吸强度大，有机营养产生少，而夜间高温呼吸作用强，植株徒长严重，畸形果多发。因此，在通过放风仍达不到降温效果时，就要及时采取其他降温措施，如棚外设置遮阳网、泼洒泥浆、喷洒降温剂等，可起到明显的降温效果。

（2）合理用肥壮根系　越夏蔬菜生长期短、产量高，植株负担较重，为了促进植株长势健壮、延缓早衰，应注意合理用肥。追肥的原则是"少食多餐"，避免一次性追肥过量造成烧根，影响植株的发育。除了随水冲肥，也可通过追肥调控，可叶面喷施 0.5％磷酸二氢钾 500 倍液结合速乐硼 1500 倍液或硼砂 800 倍液，提高植株的抗逆性，促进果实正常发育。越夏栽培地温较高，影响根系的生长，应注意加强根系的养护，可选用甲壳素、氨基酸、海藻酸类生根剂，也可冲施生物菌肥等。

（3）病虫害防治　当前病害以预防高温高湿条件下多发的细菌性病害和病毒病为主，虫害应重点预防蚜虫、粉虱、蓟马和小菜蛾等。7 月份后，降雨增多，高温高湿的大棚环境加快了细菌性病害的流行。在晴好天气时，棚内湿度一般不会太大，应主要做好降温工作；遇到降雨天气时，则要及时降湿。对于零星发生的病毒病植株该拔除的拔除，同时使用防病毒病的药剂防治。当前适合蚜虫、粉虱等害虫滋生繁衍的场所越来越多，若不及防治，不仅直接威胁蔬菜的生长，还会造成棚内病毒病的蔓延。应注意在通风口处安装防虫网，棚内悬挂粘虫板，并经常对两者进行检查维护和更换。同时，及时清除大棚周边的杂草。

❖ 17. 越夏蔬菜结精品果的管理要点有哪些？

高温季节种植蔬菜，管理难度极大。高温、强光、长日照、管理不当等因素都会影响越夏蔬菜的正常生长，导致蔬菜品质下降。越夏蔬菜生长期较短，如越夏黄瓜从定植到拔园也就两个多月的时间，越夏西葫芦从定植到拔园也只有 70d 左右。因此，要加强管理夺高产。

（1）培育壮棵，养护根系 发达的根群、强大的根系是蔬菜抗病、抗逆的保障，也是越夏蔬菜稳产高产的基础。但实际生产中，常因环境条件、土壤状况、浇水施肥等导致根浅、根弱、伤根、烂根等系列问题，限制了越夏蔬菜的生长。

① 栽培方式要合理 种植蔬菜，一般有垄栽和平畦栽培两种方式。在地下水位高、土壤黏重、土传病害较多的大棚中可采用垄栽的方式。在以上情况少的大棚内可采取平畦栽培的方式。越夏蔬菜不提倡定植到沟底或定植过深。以越夏番茄为例，最好选用平畦栽培，这样有利于浇水，不会造成土壤干旱、根系缺水，而且不会造成地温过高，影响根系生长。

② 缩短缓苗期，促根下扎 定植时，可以使用激抗菌968蘸根宝蘸根，每包200g兑水15kg，蘸1200～1600株，防病又促根。苗子定植后，定植水要浇足、浇透，浇完定植水及缓苗水后应适当控水，促进根系下扎，浇水时可冲施生物菌、甲壳素、海藻酸等肥料，养根护根。在蔬菜前期的管理上，应将划锄作为一项重要的管理措施来抓。一般来说，缓苗后到结果前，至少要划锄2次，如土壤黏重，划锄次数还要增加。

③ 勤用养根肥 根系养护是一个系统的工程，从蔬菜定植后就要注重根系的养护。到了夏季，很多菜农就不再使用生根剂了，其实夏季高温季节更需要生根剂。蔬菜定植后生根较慢，适当使用生根剂辅助生根，可促进蔬菜快速缓苗。选择生根剂时，可选用甲壳素、氨基酸、海藻酸类等非激素型生根剂，不仅能起到养护土壤和根系的作用，还能均衡植株生长。

（2）防止徒长 越夏蔬菜管理中，经常会发生植株徒长的现象。植株徒长后，营养生长过旺而生殖生长不足，常导致坐不住果、畸形果多、膨果慢等一系列的问题，并且植株自身的抗病、抗逆能力大大降低，容易感染各种病害。导致徒长的原因很多，大致可归结为以下几点：一是温度过高，特别是夜温过高，一旦夜温过高，尤其是高于20℃时，植株呼吸作用加强，过量消耗有机营养，造成植株茎秆细长，出现徒长的现象；二是光照弱，如遇连续阴雨天气、遮阳网覆盖时间过长、田间郁闭等，使得光合作用时间缩短，制造的养分减少，植株的向光性常使茎叶争光，进而出现徒长的现象；三是田间湿度过大，如遇连续阴雨天气或浇水过勤等，都会导致茎叶生长迅速；四是氮肥用量过多，特别是铵态氮肥用量过大，更易导致茎叶猛长、茎秆粗壮、叶片大、叶色浓绿的徒长现象。

对于有徒长迹象但不明显的植株，建议采用物理控旺法，如多留果控旺、调整植株长势控旺、控水、控肥、控温等。控温主要是指控制夜温，夜温高主要是由于棚内土壤及大棚体等白天储存的热量，到了夜间再释放出来导致的。因此要尽量减少白天的热量储存。可通过合理整枝、地面覆盖秸秆、用无纺布遮挡大棚体等措施减少储热。

（3）保花保果 对于越夏茬蔬菜来说，雌花少和畸形花果多是菜农反映较多的问题。虽然选择了越夏品种，但是夏季的高温强光对蔬菜的生长仍极为不利。例如，越夏大棚番茄一般留 6 穗果，但是能结 3 穗好果就可以了，畸形果很多。而越夏黄瓜经常出现四五片叶才见一个瓜扭的情况，严重影响产量。生产中，除了采取遮阳降温、控制植株徒长等措施促进植株开花坐果外，还应配合使用保花保果产品，培育精品果。

① 花前补硼肥　硼可促进生殖器官的形成和发育，这是在蔬菜栽培中最重要的一个部分。硼供应充足时，花芽分化良好，花粉和子房发育良好；缺硼时子房不能正常发育，甚至不能形成，这也就导致了许多蔬菜花而不实、落花落果现象严重。因而在开花坐果期，可用 600 倍液的硼砂或 1200 倍液的速乐硼叶面喷施补充硼肥，可促进花芽分化，提高坐果率。

② 早用功能性产品　想要改变花芽分化，就要从前期开始做好管理。目前，市场上促花效果较好的产品，主要有单硅酸和海藻酸两大类。如亩用单硅酸（融地美）500mL，每月一次，连用 2~3 次，可以有效提高茎秆强度，促进花芽分化，保持营养生长与生殖生长的平衡。也可用海力佳有机水溶性肥料 500~1000 倍液喷雾，连续喷施 2~3 次，可显著提高花的质量。

③ 使用植物生长调节剂促进雌花分化　部分蔬菜属于短日照植物，夏季容易出现雌花少的情况，可在秧苗接收后及时用乙烯利等处理，促进雌花分化。例如，种植越夏黄瓜时，可在黄瓜苗长到 3~4 片叶时喷洒增瓜灵，促进雌花分化，但一定要掌握好浓度。要根据品种特性、植株长势和大棚水肥情况，选择合适的喷洒浓度和用药量，避免出现药害，影响苗期生长。喷洒增瓜灵时，只喷植株的生长点即可大大提高越夏黄瓜的雌花数量。

❖ 18. 如何加强大棚秋延后蔬菜定植后的管理达到壮棵的目的？

大棚秋延后蔬菜定植期正值高温强光的夏季，若管理不善，由于温度过高，遮阴时易出现遮阴过度的情况；不合理浇水，易出现干旱或沤根死苗的情况；肥料不足或过量易出现弱苗或徒长的现象；等等。从而达不到壮棵的目的，影响蔬菜中后期的产量、产值。因此，定植后要从温、光、水、肥、病虫害预防等方面着手，采用促控结合的方式，加强定植后的管理，培育壮棵。

（1）调控温度　大棚秋延后蔬菜定植后，要特别注意环境调控，主要是温度调节。定植后，外界温度依然较高，若大棚内温度过高，不仅会影响植株的长势，还会影响其花芽分化。因此，要通过大棚合理揭盖、加强通风、合理遮阴等措施，把蔬菜苗期的温度控制在适宜生长的温度范围内，如茄果类蔬菜白天应将温度控制在 25~30℃，夜间应控制在 15~16℃；瓜类蔬菜白天温度应控制在 25~32℃，夜间控制在 16~18℃。

（2）合理遮阴　大棚秋延后番茄、辣椒等定植后，若受高温、阴天天气的影响，常出现叶片难展开、茎秆细弱等问题，这与天气和管理均有关。夏秋季高温时段长、温度高，大棚内温度比外界更高。为降低棚内温度，常采用遮阳网遮阳降温，若覆盖时间较长（超过 6h），易导致大棚内长期光照较弱。也有的采用大棚降温剂遮光降温，由于大棚降温剂的遮光率是一定的，弱光条件时棚内的光照会更弱。蔬菜在高温、弱光的条件下，植株呼吸作用强烈，光合作用却较弱，光合产物供不应求，消耗过多，营养积累少，容易出现幼苗徒长、细弱的问题。

因此，应加强遮阳网的揭盖管理。遮阳网一天内的使用时间不应超过 4h，且应选择遮光率较低的遮阳网，确保大棚内适当的光照强度，再结合喷水等多种措施来降低棚温，不能只依靠遮阳网降温。阴天则应及时揭开或卷起遮阳网，避免棚内光照过弱。若植株出现徒长现象，应提前喷洒植物生长调节剂进行调控。

（3）合理浇水　蔬菜定植后，若浇水过勤，土壤过湿，根系难以下扎，蔬菜容易徒长、抗病性差、坐果难。若为防蔬菜旺长，不敢浇水，过度控苗，也会影响蔬菜长势。蔬菜定植后应重点浇好"三水"。

一是浇透定植水。大水可以加速秧苗根系与棚内土壤的结合，降低地温，更有利于缓苗。不必担心浇大水后，蔬菜会出现沤根死棵的现象。因为蔬菜定植前大棚土壤经过了深翻，施肥后透气性好，再加上秧苗根系少且多分布在 5cm 深的耕作层内，浇大水一般不会造成根系缺氧而沤根，再加上秋延后蔬菜定植后温度依然较高，水分蒸发量大，更不会出现沤根。

二是适量浇缓苗水。缓苗水一般在蔬菜定植后 6～7d 左右浇，时间宜在早上 5～6 点，该时间段水与地温的差距最小，对根系影响小。若在早上 8～9 点或下午浇，常因地温高而水温低造成伤根。注意该水水量不宜过大，一般水流到种植行的前端即可。若浇水过大，田间积水易造成沤根现象，即使不发生沤根也会因地表水分充足，蔬菜根系多聚集于地表层，不利于根系深扎，容易受地表水分、温度变化的影响，抗逆性差。此外，浇缓苗水后，要及时中耕松土。

三是视情况浇促棵水。在浇完缓苗水后 15d 左右，视土壤干湿情况浇灌，该时段主要以控水蹲苗为主，一般不浇水，过干时适量浇，浇水量同缓苗水，目的是为了促棵、提高蔬菜的坐果能力。

以上所说的"三水"也不是一成不变的，应根据实际情况具体对待。当大棚内温度较高，单靠放风、设置遮阳网等措施仍达不到降温效果时，可以考虑浇小水降温。另外，当温度过高，水分蒸发量过大，土壤干旱，棚内蔬菜出现萎蔫症状时，也要根据情况及时浇小水，确保蔬菜正常生长。

（4）中耕松土　中耕松土即划锄，其主要作用有以下三点：一是保持土壤墒情，促根下扎；二是断根控棵，大棚秋延后蔬菜因温度高、浇水大，易旺长，尤其是豇豆、樱桃番茄等，若在蔬菜秧苗出现旺长迹象后，通过深划锄、近划锄，切断部分浅层根系，暂时降低其根系吸收功能，可抑制其旺长；三是中耕松土可起到除草的作用。

因此，蔬菜定植后的中耕松土是一项必不可少的农艺措施。蔬菜定植后一般中耕松土 3 次。第一次是在定植后 3～4d，待地表不干不湿时进行，此时因幼苗较小，划锄时宜用条镢或二齿钩浅划锄，第二天再用锄头将划出的土块敲碎。第二次是在定植后 7～8d，即在浇第二水后进行，深度一般 5～6cm，但要注意根际周围要适当浅些，避免伤根，可改善土壤墒情，引根下扎。第三次是在瓜果类、豆类等蔬菜吊蔓前进行，即蔬菜蹲苗后 10d 左右，发现土壤干旱时就可进行浇水，浇水后 2～3d，地表呈半干半湿状态时，即可进行，注意划锄不可过深，要细致、严密。

（5）合理追肥　苗期需肥量少，基肥一般能够满足作物生长的需要，但也应视苗期情况，看苗追肥，有利于培育壮苗，提高蔬菜自身的抗病、抗逆能力。此外，应选用功能性肥料强根壮叶，促进壮棵，为蔬菜生长的中后期高产优质打好基础。

① 基肥充足的苗期追肥　蔬菜定植前，若一次性施入了腐熟有机肥、商品有机肥、复合肥及中微量元素肥料等大量的肥料，土壤中的营养完全可以满足蔬菜苗期生长的需要，苗期可以不追肥。如果追肥不当反而会导致烧根，因为蔬菜定植后，部分有机肥或化肥开始逐步被土壤微生物分解，释放出可以被蔬菜根系直接利用的养分，再随水追肥会造成大量的养分聚集在幼嫩的蔬菜根际，不但不会被根系吸收，反而会造成大量的养分倒流，导致根系受伤。同时如果苗期使用较多的氮肥，还可能造成蔬菜幼苗旺长、植株拔节过长、根系下扎浅等情况。

但如果秋延后蔬菜定植后，由于天气等原因，造成蔬菜缓苗慢，可酌情施入激抗菌 968 苗期冲施肥等，配合海藻酸或甲壳素等蘸根，可有效促进根系生长、茎秆健壮，还可以大大减少根部病害，提高抗病性，减轻重茬危害。

② 基肥不足的苗期追肥　如在上茬作物拔园后，不翻地直接种植蔬菜，或新棚种蔬菜，基肥施用不足。在这些情况下，蔬菜苗期都应该追肥。基肥施用不足，若苗期再不追肥，蔬菜苗期生长得不到足够的营养，生长发育不良，抗病、抗逆能力下降，缓苗慢，迟迟不长，花芽分化不良，易感病、死苗。苗期追肥宜用全水溶性肥料，每亩用 5～8kg。

③ 强根壮叶的追肥措施　一是叶面施肥。苗期叶片制造养分的能力弱，但组织幼嫩，吸收外界营养的能力强，可在定植前后喷洒葡萄糖 300 倍液或海藻酸或甲壳素 1000 倍液等，补充养分。若植株长势较旺，但基肥中粪肥用量较大、营养不匀，应在苗期适当调整追肥，如喷洒磷酸二氢钾、冲施钙肥等，调整植株体内养分，避免植株长势失调，培育健壮植株。

二是用好促花肥。大棚秋延后番茄，在高温弱光的条件下生长弱，花芽分化会受到很大影响，易出现大量的畸形花，可在浇缓苗水时冲施单硅酸、海藻酸等功能性产品，协调营养吸收，提高光合速率，促进花芽分化，明显减少畸形花的数量。也可叶面喷洒含钙、镁、铁、锌、硼等中微量元素肥料，保持营养均衡，促进花芽分化，可间隔 10d 左右喷洒一次，连续喷洒 2～3 次。

三是促根。促根是为即将来到的冬季低温期以及盛果期打好根系基础。由于秋延后蔬菜在高温时定植，地温高不利于根系生长，根系弱、根量少，应在坐果前就开始注重促根。可选择微生物菌剂、腐植酸、氨基酸、甲壳素等不同类型的产品。若是根量极少或受害后想快速恢复，在灌根或浇水时可适量添加强力生根壮苗剂，但要注意不能长期连续使用。

（6）提早预防病害　秋延后蔬菜定植后气温高，植株易出现弱苗、徒长苗等情况，抵抗病害的能力弱，因此要提前做好病害的预防工作，如提前喷洒枯草芽孢杆菌、哈茨木霉菌等，抑制病原菌增殖，也可以喷洒百菌清、甲基硫菌灵、霜霉威盐酸盐、中生菌素等化学药剂，做好前期预防工作。

❖ 19. 大棚秋延后蔬菜气温下降后的管理措施有哪些?

进入9月份，气温下降明显，湿度开始增加。应根据秋季的气候特点及时做出调整。

（1）拉大昼夜温差，促进营养积累　秋延后蔬菜如番茄、茄子、黄瓜等陆续结果，进入营养生长和生殖生长并进的关键时期，一旦管理不当，很容易出现植株徒长不坐果或坐果过多坠住植株的情况。要想使植株营养生长和生殖生长保持平衡，温度的调节是第一位的。尤其是对于初果期的蔬菜来说，植株还未完全长成，应保持适宜的温度，促进营养生长加快进行。

在蔬菜栽培中，拉大昼夜温差，可促进有机营养的积累，提高蔬菜产量。蔬菜有机营养的供应主要是靠叶片进行的，白天温度在28～30℃最适合光合作用的进行，光合速率最高，制造的有机营养最多。呼吸作用是影响营养积累的另一主要因素，要注意降低夜温，减少呼吸消耗，来促进营养物质的积累。不断加大昼夜温差，应利用好环境条件，拉大昼夜温差，促进营养积累。一般白天应将棚温控制在30℃，夜温控制在15℃，温差控制在10℃左右。

（2）早防果实皱裂　随着气温下降，棚内湿度增大，大棚蔬菜皱裂现象也进入高发期。皱裂现象在无刺小黄瓜、番茄、辣椒上表现尤为突出。导致蔬菜皱裂的根本原因是果实内部的生长速度与果皮的生长速度不同步，而直接原因有很多，如放风不当、温湿度剧烈变化、药害、硼元素缺乏等，要早做预防。

① 合理通风，避免放风过大、过急　天气逐渐转凉，大棚内昼夜温差很大，白天温度高达30℃以上，而夜间温度可降至15℃左右，相对湿度很大，果面以及叶片很容易出现结露的现象。加之秋季大风的天气较多，在果面结露较多的情况下，如果早上突然放风，果面水分蒸发很快，干湿度变化太快会导致果面出现裂纹甚至裂果。因此，一定要适时放风。在上午温度达27～28℃时，果面结露消退后再通风，这样有利于减少裂果。

② 及时摘叶，减少果面结露　及时摘除果实周围的叶片，既可避免叶片上的露水流到果面上，也可增加植株下部的通风透光性，减少病害的发生。

③ 合理浇水　当下部果实将要采收时，植株上部果实正处于坐果期或膨大期，为提高产量，仍需要充足的水肥供应。因此，蔬菜进入膨果期后，要根据大棚内的土壤墒情，及时追肥浇水，保证不过干过湿，不大水大肥，以"小水勤浇"为好，并要尽量避免旱涝不均，防止裂果的发生。

④ 把握好喷药时间及浓度　秋季，在喷药防病的同时，也要把握好浓度与时间。若喷药时温度偏高或喷药时间安排在中午，药液挥发快，果面残留的药液浓度会迅速变大，果皮易开裂，从而形成裂果。因此，喷药可在早上果面消露后进行，尽量避免中午高温时间喷药。对于药剂浓度也要合理掌握，并且不可乱配农药，防止因出现药害而致使果实皱裂。

⑤ 补充硼肥和钙肥　土壤中钙和硼含量少也易引起果皮的老化，建议定期喷洒含硼、钙等微量元素的叶面肥，增强果皮的韧性，提高抗性。

果实皱裂的原因之一就是棚内气温的剧烈变化，而造成棚内温度忽高忽低的原因就是外界空气进棚后直吹果实。为了防止这种情况的出现，大棚内安装调风膜（也可称之为挡风膜）是一个比较好的解决办法。大棚的调风膜不仅在顶部通风口设置，还需要在两侧通风口设置。

（3）早防病害　秋季大棚内温度偏高、湿度较小，病害发生相对较轻，主要防止瓜类蔬菜上的霜霉病、细菌性角斑病、靶斑病、白粉病、炭疽病等，茄果类蔬菜上的灰叶斑病、炭疽病、白粉病、叶霉病。对于大棚内的病害来说，发病时间越来越早，病害的治疗越来越困难。因此，应在做好环境调控的同时及时进行药剂防治。

❖ 20. 如何加强大棚蔬菜的冬季管理？

进入冬季，大棚内光照减弱、气温降低，部分棚内蔬菜普遍长势偏弱，表现为茎秆细弱、叶片黄化。应做好以下几方面工作：

（1）增光　冬季光照本来就弱，一旦遇到连阴雪天气，许多菜农一整天都不开棚，导致棚内蔬菜不能见光，光合作用不能正常进行，而蔬菜的呼吸作用却正常进行，植株呼吸作用消耗的营养远远大于叶片光合作用制造的营养，长时间下去，不但导致植株茎秆细弱，还会影响开花坐果。在这种环境下，要尽量揭开草帘，延长蔬菜的见光时间，并及时清扫棚膜上的灰尘，增加棚膜的透光率，有条件的还可以在大棚内安装补光灯来增加光照，或喷洒植物防冻液御寒。

（2）保温　随着外界温度的不断下降，大棚的夜间保温成为重中之重，不同蔬菜所需的适温不同，同一种蔬菜的不同生长阶段，生长的适温也存在差别，大棚的夜间温度应保持在适宜蔬菜生长的范围之内，即是最合理的。以番茄为例，夜间适温分别为：幼苗期 10～15℃，开花结果期 15～20℃。黄瓜的夜间适温是13～15℃。苗期植株生长迅速，夜间适温相对较低，而进入开花结果期后，花芽分化及果实发育需要一定的温度保证，所以要求温度较高。同时，夜间大棚温度较土壤温度低 5～6℃，而大部分蔬菜根系能正常生长的温度在 10～12℃之上，适宜温度在 20～25℃。对于生长环境中的多种因素，蔬菜对温度是最敏感的。所以，寒冷季节，要想蔬菜生长健壮、多结果实，首要任务是调控一个合理的温度环境。

（3）养根　根深才能叶茂，根系是植株生长的基础，只有养好了根，植株才能健壮生长。冬季地温低，蔬菜根系活性差，吸收水肥的能力减弱，很容易导致植株长势衰弱。强根的目的是让主根和侧根生长良好，增加根系的深度和广度，而不是促生更多的毛细根。日常管理中促进主根和侧根生长的措施主要有：施足利于根系生长的磷、钙、锌、硼等元素，这些元素可以满足根尖快速生长的需要，使主根及侧根加快生长；适当控水，可吸引根系向水分充足的深层土壤生长；适时划锄，可切断浮于浅层土壤的根系，这些根系易受环境影响而失去吸收能力；晚盖地膜，可以避免因浅层土壤环境适宜促生地表毛细根，从而使得主根和侧根生长受影响。让土壤深层的养分和水分吸引主根及侧根向下深扎，这样才能够形成强大的根系。

切忌使用含激素较多的肥料。使用含激素较多的肥料，到后期蔬菜长势明显不行，反而得不偿失。因此可以使用一些像生物菌、甲壳素、海藻酸之类的具有护根养根功能的肥料，这些肥料能真正地让根系慢慢强壮起来。

在追肥时，最好选择全水溶性肥料和养根的功能性肥料（如棵壮旺系列等），浇水时切忌大水漫灌，有条件的最好采取膜下滴灌。

（4）补肥　蔬菜的根和叶有相互依赖、相互促进的关系，即根靠叶养，叶靠根长。蔬菜叶片进行光合作用所制造的光合营养，向下输送到根部，根才能生长发育，进而起到养根的作用，根的生长又促进了其对矿质营养的吸收，增强植株长势。可以叶面喷施全营养型叶面肥，补充营养，增强植株的抗逆性。对于因徒长造成蔬菜茎秆细弱的情况，则可选择控长药剂，如复硝酚钠、矮壮素、甲哌鎓等控旺，但一定要掌握好使用浓度、安全间隔期，以防控长过度。

❖ 21. 如何避免冬季大棚蔬菜低温寡照下伤根？

（1）忌追肥伤根　冬季冲施复合肥易造成伤根。根系一旦受伤，需要很长一段时间才能恢复活性。在冬季选择冲施肥时一定要谨慎。一般复合肥是不适合冬季冲施的，复合肥溶化到水中会进一步降低水温，不仅导致地温下降，还会损伤蔬菜根系，而且复合肥的养分利用率低，长期使用会导致土壤板结和盐害。

一般来说，冬季应以两类肥料为主，一类是全水溶性肥料，一类是养根的功能性肥料。全水溶性肥料养分全，除大量元素外，还含有多种中微量元素，可最大限度地满足蔬菜生长发育的需要，且全水溶性肥料特别适宜于微灌，利用率高，不伤根。

功能性肥料如腐植酸类、氨基酸类、海藻酸类、甲壳素类、核苷酸类等肥料，这一类肥料可刺激植物生根，提高植株的抗逆能力。虽然功能性肥料养根效果突出，但是由于其所含的氮、磷、钾等营养元素含量很低，单纯追施功能性肥料易造成蔬菜脱肥，是不能长期单独施用的，一定要与全水溶性肥料搭配施用。

此外，冬季蔬菜大棚施肥应适当控制施肥量。在低温条件下，蔬菜的生理代谢能力下降，生长发育速度变慢，所以需肥量有明显下降，因此追肥量应适当减少。若过度施肥，不仅浪费肥料，还容易伤根，引发蔬菜黄叶、土壤盐害等问题。

（2）忌大水伤根　冬季浇水不仅会降低地温，而且会增加棚内湿度，特别是对于黄瓜、辣椒等根系较浅的作物，一旦浇水过大很容易伤根、沤根。

冬季浇水切忌大水漫灌，有条件的最好采取膜下滴灌。在冬季一般15～20d浇一次水，而一天当中选择何时浇水对根系影响较大。很多根系受伤就是浇水不当造成的。浇水时间最好在每天上午10点以前，此时地温和水温相差不大，浇水后不会引起地温发生较大变动，可以减少对根系的伤害。而如果在近中午或下午浇水，此时土壤温度已经超过20℃，与地下水水温具有较大的温差，就容易发生炸根的情况。

选择在冬季换茬的，切忌在幼苗定植后浇水。这是因为浇水后需要很长时间地温才能够恢复到正常温度，并且幼苗定植以后浇水的温度过低对原本基质中生长出来的根毛造成损伤，更增大死苗的风险。

因此，冬季换茬时，应先浇后栽。在移栽前3～4d浇沟洇垄，以便提早恢复地温，而后沿垄中形成的水位线开定植穴。秧苗定植4d后根系向外扩展，在土壤深层水的引导下根系向下深扎，从而降低了因地表温度的剧烈变化对根系的影响。

（3）忌全棚覆盖黑色地膜　在一些地区栽培蔬菜时，菜农习惯性地全棚覆盖黑色地膜，这样虽然有防除杂草的作用，但是不利于地温的提升。白色地膜对地温的提升效果优于黑色地膜，因此冬季宜覆盖白色地膜。对于通透性好的土壤来说，地膜全棚贴地覆盖造成的影响要弱一些，而对于本来就黏重的大棚土壤，贴地覆盖地膜一定会影响到根系的呼吸，使得根系生长发育不良，导致植株长势衰弱。因此，在覆膜时，不能全棚密闭覆盖，以免影响透气性。建议在地膜覆盖时，一定要注意起拱。

（4）忌养分过于集中　无论是有机肥还是化肥，集中施用或大量施用，翻耕深度较浅时，都会造成养分过于集中的情况，这样既不利于根系生长，又容易造成烧根。

肥料施用过于集中导致根系难以扩展、下扎甚至发生烧根、烧苗的情况。冬季，有些菜农为了增加土壤肥力，常追施玉米面、豆面、豆子等，这些物质中有机质含量高，并含有氮、磷、钾和丰富的中微量元素，现在已被越来越多的菜农所认可。这些有机肥虽好，但玉米面、豆面、豆子等在发酵时能产生大量的热，非常容易烧根。施用这类有机肥时，一定要将玉米面、豆子等充分腐熟后再施用，这样比较安全。如果急于将这些未腐熟的有机肥施用到土壤中，可先将豆子、豆面等与生物菌肥按照2：1的量混匀，然后施用到15cm左右深的土层处，以促进其发酵腐熟，避免其与根系近距离接触。追施时应避开植株根系，撒施在距离作物植株 10cm 左右处为宜。

对于冬季换茬，当基肥中粪肥用量较大时，如果使用旋耕机翻地，在翻耕深度较浅（不超过 20cm）的情况下，大量肥料集中在地表 0～20cm 深的土层中，那么这对蔬菜根系将会产生非常大的影响。所以，基肥施用后翻耕深度最好超过 30cm，可以打破犁底层，降低肥料过于集中的危害。

❖ 22. 为什么冬季大棚在保温的同时也要注意及时放风？如何操作？

冬季大棚通风是十分必要的。其好处有以下三点：

（1）补充大棚中的二氧化碳　蔬菜的产量来源于光合作用，二氧化碳是光合作用的主要原料之一，所以大棚中二氧化碳的浓度直接决定着蔬菜的产量。大棚中二氧化碳的来源：一部分来自于土壤中有机质的分解释放，但冬季为保暖覆盖地膜后，释放到棚中的二氧化碳量会减少；一部分来自风口的通风换气，但随着通风时间的缩短，二氧化碳含量也会减少；还有一部分来自植株自身的呼吸作用。事实证明，大棚大气中二氧化碳的含量增加后，蔬菜产量增加明显。所以，在温度允许的情况下，尽可能地延长通风时间，补充大棚内的二氧化碳。

（2）排湿降低棚内湿度　湿度大是冬季蔬菜病害高发的原因之一，所以降低湿度有利于蔬菜的健壮生长，通风降湿主要体现在两方面：一方面是浇水当天下午及次日要加大通风量，尽可能地降低棚内湿度；另一方面是适当提温，能加速棚内水分散失，实验证明，当棚内温度升高至 30℃时，水分散失是最快的。那么，可以采取分段放风的办法，早晨拉起保温设施后，可提早敞开 5～10cm 宽的小风口，补充大棚内的二氧化碳。然后闭棚升温再敞开风口，迅速排湿。当然，风口下要设置挡风膜，避免冷风直接吹到植株，产生细小伤口，引发病害。

（3）排除有害气体　冬季换茬时段短，菜农习惯上使用未充分腐熟的有机肥，冬季大棚相对密闭，有机肥在腐熟的过程中产生的氨气等有害气体挥发不出去，很容易熏坏蔬菜。

因此，出现熏苗现象时，应增加放风次数和时间，以便把棚内的有害气体及时排出，避免气害的发生。当然，若喷药后遇到连续阴雨天气，在次日也要尽可能地通风，避免蔬菜产生药害。

第六章

大棚蔬菜主要病虫害防治

第一节　大棚蔬菜主要病害防治

❖ 1. 如何防治大棚蔬菜猝倒病？

猝倒病，俗称小脚瘟、歪脖子，是茄果类、瓜类、白菜类、甘蓝类、苋菜等蔬菜苗期及定植期发生的一种真菌性病害。主要发生在1～2片真叶以前的幼苗期。

（1）床土消毒　育苗用的营养土必须经过长期堆制，最好能经过一个高温、潮湿的夏季，并用甲醛密封消毒。播种前，苗床要浇透一次底水，一般深17～20cm，待水渗透后，床上再铺一层营养土。按1m^{2}用2～3g 50%立枯净可湿性粉剂配成1000倍液充分喷湿营养土，待地面床土稍干后，即可按常规方法播种。

也可以按1m^{2}苗床，用50%多菌灵可湿性粉剂和50%福美双可湿性粉剂的1∶1混合制剂8～10g或用32%多·福可湿性性粉剂10g，细土10～15kg拌匀，配成药土。播种时，先取1/3药土撒在床面上作垫土，继而把种子播上，然后再把余下的2/3药土覆盖在种子上，使种子夹在上、下层药土间。播种后至出苗前不再浇水，但需保持上层土壤湿润。

（2）种子消毒　一是温汤浸种，用温度为55℃的温水，用水量为种子体积的5～6倍，浸种时需要不断搅拌，并保持水温10～15min，然后让水温降低至25～28℃，然后直接播种，也可催芽后播种。

二是药液浸种，用药液浸种前，先将种子用水浸泡2～3h，使种子表面的病菌开始萌发，然后用一定浓度的药液浸种，约5～10min后取出种子并用清水冲洗干净，待种子晾干后播种。常用的药液为1%高锰酸钾、10%磷酸三钠、1%硫酸铜等，药液量一般是超过种子量的一倍，将种子全部浸没在药液中。

三是药粉拌种，常用的药剂为敌磺钠、多菌灵、克菌丹、拌种双（由拌种灵和福美双按1∶1的比例混配成的混合杀菌剂）等，药剂的用量大约为种子重量的

0.4%。为了使药剂与种子能混合均匀，可先将药粉与适量的中性石膏粉、滑石粉或干细土混合，然后与种子拌匀，采用药粉拌种必须用干种子播种，拌好药粉后立即播种，以免产生药害。

（3）药剂蘸盘　用50%噁霉灵＋5%噁唑菌酮＋5%霜霉威，用此复配药剂1000～1500倍液于穴盘装好基质、摆排在穴盘架上尚未播种前，喷洒一遍穴盘基质，然后播种、覆盖。在出苗后子叶期内再喷雾一遍，即可有效防治菜苗立枯病、猝倒病、红腐病、炭疽病等各种苗期病害。

（4）加强苗床管理　穴盘育苗，可大大减少猝倒病的发生和危害。苗场育苗应选择地势较高、温湿合理、避风向阳、排灌方便、透气性好的地块。此外，育苗土或基质中应施用充分腐熟的农家肥或商品有机肥，并掺入合适的杀菌剂，最大限度地防止苗床带毒。

幼苗出土后、真叶开展前，喷水要细，次数要多，保持床面不干即可。切勿大水浇泼。床面渍水时，易诱发猝倒病，要及时在床面上撒干细土吸潮。苗床适当通风，防低温和高温，防幼苗徒长，白天床温控制在10～15℃，夜间保持在10℃左右。及时间苗和移苗进钵，在进钵时，注意不伤及幼苗茎部，以免人为造成伤口引起病菌侵染、发病。移苗成活后，也应及时通风，降低苗床温、湿度，使秧苗多照光。

（5）药剂防治　首先做好种苗定植前的蘸根防病工作，如采用激抗菌968苗宝，或噁霉灵加霜霉威等。其次，定植缓苗后，也要做好根部病害的预防工作，药剂可以随水浇灌，或是地上喷雾均可。常用的预防猝倒病药剂有：30%噁霉灵、20%乙酸铜、霜霉威盐酸盐、哈茨木霉菌等。

在苗期临时发病或发病初期，及时拔除病株。若是晴朗天气，一般用药剂喷防，可选用75%百菌清可湿性粉剂600倍液或50%多菌灵可湿性粉剂500倍液、64%噁霜灵可湿性粉剂500倍液、72%霜脲·锰锌可湿性粉剂600倍液、25%甲霜灵可湿性粉剂800～900倍液、50%立枯净可湿性粉剂800倍液等喷雾，每隔7～10d喷洒一次，共喷2～3次。如果是阴雨天气，或苗床湿度较大，床土潮湿，则喷药效果常常较差。这时，可用干药土撒于苗床内，尤其是病苗附近。如果没有药，可撒清洁的干细土。

❖ 2. 如何防治大棚蔬菜立枯病?

立枯病是茄果类和瓜类蔬菜的一种主要的苗期真菌性病害。一般播种过密、不及时删苗和移苗、苗床温湿度过高等均容易诱发此病害。

（1）苗床和营养土消毒　可用97%噁霉灵原药3000～4000倍液喷洒床土，或每平方米用40%拌种双粉剂8g处理床土。

（2）种子处理　常用的方法是温汤浸种和药粉拌种。所用的药剂以40%拌种双居多。具体方法同猝倒病。

（3）加强苗床管理　及时、适时通风透光，降低苗床湿度，同时及时删苗和移苗进钵，提高秧苗的抗病能力。喷洒 0.1％磷酸二氢钾溶液以提高其抗病能力。

（4）药剂防治　可选用 20％甲基立枯磷粉剂 1200 倍液或 36％甲基硫菌灵悬浮剂 500 倍液、5％井冈霉素水剂 1500 倍液、50％异菌脲可湿性粉剂 1000～1500 倍液等喷雾防治，也可用 97％噁霉灵原药 3000～4000 倍液浇床土。

在猝倒病和立枯病混合发生时，可用 72.2％霜霉威盐酸盐水剂 800 倍液＋50％福美双可湿性粉剂 800 倍液喷淋，一般每平方米苗床用药液 2～3L。并可根据苗床湿度、发病情况，每 7～10d 喷淋一次，连续喷淋 2～3 次。

❖ 3. 如何防治大棚蔬菜灰霉病？

灰霉病是茄果类（特别是番茄和茄子）、瓜类、豆类（特别是菜豆）、莴苣、韭菜等蔬菜发生的一种严重的真菌性病害。一般在开花结果初期，灰霉病进入发病高峰，在病部产生的霉菌又通过气流进行更大范围的侵染。3～5 月及 10 月前后，是灰霉病的主要发生时期。一般在密度过大、秧苗或植株生长不良、空气相对湿度过高时容易发生该病害。

（1）加强温、湿度管理　灰霉病为低温、高湿型病害，温度达到适宜的范围、在植株表面有水滴的情况下，传播速度加快。因此，大棚温控白天应将棚内温度提高到 25～30℃，夜间温度控制在 15℃左右。

而湿度方面，病菌传播需要保持 90％以上的湿度。所以，无论是苗床地，还是定植后的大棚等设施中，均应注意通风换气，降低空气和土壤湿度。

对于茄果类、瓜类蔬菜，晴天上午适当推迟通风，当棚温上升至 33℃时再通风，这样可抑制病原菌的活性，阻止其传播；下午棚内温度保持在 20～25℃，晚上 15～17℃。

冬春低温季节，大棚气温低，闭棚时间长，为了降低棚内湿度，要尽量减少浇水次数，使用无滴棚膜、操作行铺设秸秆或在低温天气通过人工增温等措施，降低发病概率。需要浇水时，应膜下浇小水，以满足作物正常的生长需求，切不可大水漫灌。浇水应选择晴天上午，浇水后立即密闭大棚，提高棚温，中午前后再通风排湿。

（2）清除病残　移栽前清除田间上茬作物残留的残根、老叶、烂叶，然后深埋土壤。田间发病后应及时摘除病叶、病花和病果，将带菌的叶柄、茎秆连带根部剪除。研究表明，摘除幼果上残留的花瓣和柱头可有效防止灰霉病的传播，减少病菌来源，控制灰霉病的发生、蔓延。

（3）用火烧掉霉层　灰霉病孢子量大，可借气流或农事操作传播。一旦发现病斑上长霉层应立即用火烧霉层，以烧死病原孢子，之后将病部摘除装入塑料袋内拿出棚外，再进行喷药、整枝打杈等农事操作。尤其是使用弥雾机喷药时一定要先将霉层用火烧一下，以防弥雾机强大的气流带动孢子传播。

（4）培育健壮植株　灰霉病往往在植株长势弱、黄叶发生严重时易感病，而健壮植株染病轻。所以，在大棚的管理上，应调控植株长势。植株早衰，则需要养根护叶，冲或灌生根剂，喷施叶面肥。植株徒长，则需喷施生长调节剂，调节营养生长与生殖生长之间的关系。植株留果过多，则需及时疏果，适当冲施高氮肥促进发棵。植株感染其他病害，应先以治病为主，而后养棵，注意对症施药，切莫胡乱喷药。

（5）秧苗带药定植　茄果类、瓜类蔬菜定植前，用50％腐霉利可湿性粉剂1500倍液或50％多菌灵可湿性粉剂1500倍液喷淋秧苗，做到无病苗进棚。

（6）药水点花　用2,4-D等植物生长调节剂点花时，在已经配好的2,4-D等稀释液中加入0.1％的50％腐霉利可湿性粉剂或50％异菌脲可湿性粉剂、50％多菌灵可湿性粉剂进行点花，能有效地预防花朵、果实发病（用这种混合药液点花前，还须将已经发病的花朵摘除）。

（7）使用空气消毒片　灰霉病的病原孢子具有强大的繁殖能力，一旦成熟将会产生大量的孢子，遇到气流就会随处飘散，落到地表、立柱表面等，成为导致灰霉病再次发生的根源。因此，建议使用消毒片，消灭空气中的病原孢子，起到空气消毒的作用，连阴天可3d左右使用一次。

（8）生物药剂防治　发病初期，可选用活孢子2亿个/g木霉菌可湿性粉剂500倍液或1000亿个孢子/g枯草芽孢杆菌可湿性粉剂1500倍液进行喷雾防治，5～7d喷施1次，连续喷施3次。

（9）化学药剂防治　将染有灰霉病的病残体清除棚外还不够，因为棚内仍然存在灰霉病病原菌，所以还要进行药剂防治。灰霉病是一种世界性的重要病害，迄今为止，尚未发现对灰霉病具有抗性的作物品种，因此生产上一直依赖于药剂防治。

提倡使用烟雾剂，隔7～8d一次，连续2～3次。如3.3％噻菌灵烟雾剂，用量为每100m³ 50g。每亩用10％腐霉利烟剂200～300g，或20％腐霉·百菌清烟剂200～300g，或15％腐霉·多菌灵烟剂340～400g，或45％百菌清烟剂250g，点燃熏烟。

也可采用喷粉法，每亩用5％百菌清粉尘剂1kg或6.5％乙霉威粉尘剂1kg，施药后闭棚1h以上方可开棚进行农事操作。

药剂喷雾，可在发病后，选用50％腐霉利可湿性粉剂2000～2200倍液或45％噻菌灵悬浮剂3000～4000倍液、50％乙烯菌核利悬浮剂800倍液、40％嘧霉胺可湿性粉剂1500倍液、50％啶酰菌胺水分散粒剂2000倍液、50％嘧菌环胺水分散粒剂1000倍液等喷雾防治，7～10d一次，连续3～4次。在喷药时，几种药剂交替使用或混合使用，如50％异菌脲可湿性粉剂1000～1500倍液加50％甲基硫菌灵可湿性粉剂1000倍液。

❖ 4. 如何防治大棚蔬菜早疫病?

早疫病是番茄、茄子发生的一种主要真菌性病害,在苗期和成株期均可发生,主要为害叶子、茎秆和果实(尤其是对番茄的危害较为严重)。秧苗僵老衰弱、秧苗拥挤、苗床湿润、通风透光不良等容易发生病害。定植过迟,土壤潮湿而黏重、透气不良等均会加速病害的蔓延。

(1)种子和苗床消毒 消毒方法参见猝倒病的防治。

(2)控制苗床和大田内的土壤和空气湿度 在育苗厂及大棚栽培的条件下,土壤和空气湿度一般较高,应注意开沟排水、通风透气,降低湿度。

(3)施用充分腐熟的有机肥 无论是营养土堆制时施用的有机肥,或是苗期追肥、大田基肥中施用的有机肥,均须经过充分发酵腐熟。苗床内追施有机肥必须在晴天的中午前后进行,并用清水喷淋,然后通风降湿,严禁秧苗叶片、茎秆上沾有粪肥。

(4)加强苗期管理,培育壮苗 及时假植,加强通风透光和低温锻炼。在苗床内喷1~2次0.15%~0.2%波尔多液(等量式)或77%氢氧化铜可湿性粉剂700倍液,定植前喷75%百菌清可湿性粉剂600~800倍液,做到带药下田。

(5)加强田间管理 采用地膜覆盖栽培,及时整枝搭架,改善通风透光条件。定植缓苗后,每10~15d用0.2%~0.4%等量式波尔多液或77%氢氧化铜可湿性粉剂500~700倍液喷雾,浓度由低到高。到生长中后期,注意摘除植株基部的叶片,以改善田间通风透光条件。

(6)药剂防治 可选用50%异菌脲可湿性粉剂1000~1500倍液或75%百菌清可湿性粉剂600倍液、64%噁霜灵可湿性粉剂500倍液、58%甲霜·锰锌可湿性粉剂500倍液、65%代森锌可湿性粉剂500~600倍液、70%代森锰锌可湿性粉剂500~600倍液、10%苯醚甲环唑水分散粒剂50~70g/亩、68.75%噁酮·锰锌75~95g/亩等药剂喷雾防治。

此外,最好采用45%百菌清烟剂或10%腐霉利烟剂,于傍晚使用,每亩每次用药200~250g。上述药剂应交替使用(并与波尔多液或77%氢氧化铜可湿性粉剂交替使用)。如果能在发病前或发病初期使用,则效果更好。

也可用5%百菌清粉剂1kg喷雾,隔9d喷1次,连续3~4次。

波尔多液、氢氧化铜不可与其他农药混合使用。同时,在生长前期可用绿芬威2号500~600倍液、开花期到坐果期用绿芬威1号500~600倍液喷雾,对提高植株的抗病性、促进坐果效果显著。

❖ 5. 如何防治大棚蔬菜疫病?

疫病是辣椒及瓜类蔬菜发生的一种主要真菌性病害,苗期、成株期均可发生。

大棚内湿度过大、种植过密、连作、通风不良时发病重。大棚漏雨的地方先发病，形成发病中心，并向四周蔓延。

（1）苗床及大棚土壤处理　每平方米苗床用25％甲霜灵可湿性粉剂8g与土拌匀后撒在苗床上，苗床土也可用97％噁霉灵原药4000～5000倍液喷淋。

大棚于定植前用25％甲霜灵可湿性粉剂750倍液或97％噁霉灵原药4000～5000倍喷淋土表。

（2）土壤高温消毒　温室、大棚在高温季节气温达35℃以上时，每亩施入切碎的麦秸或稻草500kg及有机肥5000kg左右，然后翻地、灌水、覆膜，再盖严棚膜，密闭15～20d。有条件的可采用石灰氮进行土壤消毒。另可采取土壤浸泡消毒，即做畦灌水，浸泡土壤20d以上。

（3）药剂防治　大棚栽培在定植前用75％甲霜灵可湿性粉剂800倍液，5～7d灌一次根。定植后，发病初期，可选用64％噁霜灵可湿性粉剂500倍液或75％百菌清可湿性粉剂800倍液、50％琥胶肥酸铜可湿性粉剂600倍液、72.2％霜霉威盐酸盐水剂600～700倍液、72％霜脲•锰锌可湿性粉剂600～700倍液、78％波尔•锰锌可湿性粉剂500倍液等喷雾防治。每隔7～10d喷一次，连续2～3次，严重时每隔5d喷一次，连续3～4次。不同药剂可交替使用。

此外，还可在发病初期用45％百菌清烟剂熏蒸，每亩每次用200～250g，每7～10d一次，连续2～3次，或者每亩每次用5％百菌清粉尘剂1kg喷粉，每7～10d一次，连续2～3次。发病后也可用97％噁霉灵原药4000～5000倍浇灌根部。

❖ 6. 如何防治大棚蔬菜菌核病？

菌核病是大棚等设施栽培中的一种主要真菌性病害，在番茄、茄子、辣椒、黄瓜、西葫芦、莴苣、菜豆、豇豆等蔬菜作物中非常普遍。该病病原菌对温度要求不严，在0～30℃都能生长，以20℃最为适宜，相对湿度在85％以上即可发病，是一种低温、高湿条件下发生的病害。南方地区发病有两个高峰，分别为3～5月和10～12月。

（1）农业防治　实行水旱轮作。选择地势高燥、排水良好的田块进行育苗或定植；严格轮作；增施磷钾肥。为防止土壤中的病残体传播，应深翻畦土将菌核埋入土层深处，使其不能产生子囊盘，或使子囊盘不能出土，然后灌水并覆盖地膜，经高温水泡，菌核失去萌发能力，覆膜也可减少子囊孢子弹射，降低初侵染率。

加强通风排湿。湿度高是该病害发生的主要原因之一，需要采取措施来降低大棚湿度。冬季早上拉起覆盖物后，先缓一会再通风，待棚温回升后通10min左右的小风，将大棚内的废气及湿气排出，然后关风口升温，等温度上来后再通风。浇水时要遵循小水勤浇的原则，尽可能地降低大棚湿度，以减少病害的发生。同时操作行内可以铺一些稻壳或废秸秆，降低空气湿度，保持土壤湿度，疏松土壤。

早春追施粪水宜选择在晴天上午进行，忌阴天或下午施粪水，避免夜间棚内湿度过大。晴天上午保持较高棚温，让水珠雾化，下午适当延长放风时间，夜间注意覆盖保温，防止叶片结露。

及时剪除病枝、病叶，疏掉病花、烂果，拔除病株。

（2）种子消毒　种子用52℃温水浸种30min，杀死菌核。用种子重量0.3%～0.5%的多菌灵可湿性粉剂或50%腐霉利可湿性粉剂拌种。用哈茨木霉菌或枯草芽孢杆菌进行种子包衣也能明显降低植株的发病率。

（3）药剂防治　每平方米用25%多菌灵可湿性粉剂20g，加干细土0.5～1kg撒施于大棚畦面上，然后播种、假植或定植。

定植后用50%多菌灵可湿性粉剂1000倍液灌根。

出现中心病株后，可选用70%甲基硫菌灵可湿性粉剂800倍液或50%多菌灵可湿性粉剂500倍液、40%菌核净可湿性粉剂1500倍液、50%咪鲜胺可湿性粉剂1500倍液、50%福·异菌可湿性粉剂500～1000倍液、50%多·腐可湿性粉剂1000倍液、50%腐霉利可湿性粉剂2000倍液、50%异菌脲可湿性粉剂1500倍液、50%乙烯菌核利可湿性粉剂1000倍液等喷雾防治，每5～7d喷一次，连续2～3次。

在发病初期，可将70%甲基硫菌灵可湿性粉剂或50%多菌灵可湿性粉剂调成糊状，直接涂于患处（主要用于枝条发病），效果甚佳。

当病害较为严重时，可选用复配配方：菌核净＋啶酰菌胺，或氟啶胺＋丙森锌、异菌脲＋丙森锌等喷药，喷药时注意要全面、均匀。

连续阴雨天发病，每亩用10%腐霉利烟剂或45%百菌清烟剂250～300g，于傍晚均匀布点，闭棚熏1夜，每隔7～10d熏一次，连续熏2次。

❖ 7. 如何防治大棚蔬菜霜霉病？

霜霉病危害的蔬菜作物很多，如瓜类蔬菜的黄瓜、西葫芦、南瓜、丝瓜等，绿叶蔬菜的菠菜、莴苣、茼蒿等，白菜类蔬菜的结球白菜、普通白菜，甘蓝类蔬菜等。霜霉病有两个发病高峰，第一个高峰在上半年，始发期在4月中下旬，并以5月中下旬至6月上旬危害最重；第二个高峰在下半年，始发于9月下旬，并于10月至11月上中旬最为严重。苗期和成株期均能发病，并以成株期为主。受害部位主要是叶片。

（1）农业防治　合理增施有机肥和磷、钾肥，并采取叶面追肥，定期喷施0.1%尿素和0.3%磷酸二氢钾的混合水溶液，或喷施甲壳素类、海藻酸类叶面肥，提高叶片的抗逆性，防止病原菌的侵染。

采用地膜覆盖栽培。苗期应尽量少浇水，浇水时要根据土壤墒情浇小水，且浇水后要及时通风排湿。采用膜下滴灌的浇水方式，降湿的同时也避免冬天浇水时降低地温。

选用透光率高、无滴效果好的塑料膜。

及时将下部染病的老叶、病叶清除掉，可减少病原菌的寄主，降低病害的发病和传播概率，减少不必要的养分消耗。

（2）生态防治　即实行变温处理，通过控制通风换气的时间来控制温、湿度。上午棚温控制在25～30℃，最高不超过33℃，把棚内空气湿度降到75％以下；下午温度降到20～25℃，棚内空气湿度在70％左右；夜间温度控制在20℃左右，下半夜最好控制在12～13℃。

（3）药剂防治　发病初期，可选用69％烯酰·锰锌可湿性粉剂800倍液或75％百菌清可湿性粉剂800倍液、80％代森锰锌可湿性粉剂700倍液、50％锰锌·氟吗啉可湿性粉剂4～5g/亩、68％精甲霜·锰锌水分散粒剂或70％代森联干悬浮剂100～120g/亩、10％氰霜唑悬浮剂50～60mL/亩、18％霜脲·百菌清悬浮剂150～155mL/亩等喷雾防治，药剂应交替防治，每7～10d喷一次，连续2～3次，喷药时要注意均匀周到，叶片正面、背面均要喷洒，尤其是叶背霉层，保证用药效果。

此外，还可用72％霜脲·锰锌可湿性粉剂600～750倍液或68.75％氟菌·霜霉威悬浮剂800～1200倍液、72.2％霜霉威盐酸盐水剂650倍液、57％烯酰·丙森锌可湿性粉剂18g/亩、18.7％烯酰·吡唑酯水分散粒剂25g/亩、25％双炔酰菌胺悬浮剂15g/亩、20％二氯异氰尿酸钠可溶性粉剂300～400倍液等喷雾防治，效果较好。

在病害较为严重时，可选用50％锰锌·氟吗啉可湿性粉剂＋乙蒜素，或50％氟醚菌酰胺水分散粒剂＋66.5％霜霉威盐酸盐，或687.5g/L氟菌·霜霉威悬浮剂＋有机铜（喹啉铜等），5～7d喷施一次，连喷2～3次。

在霜霉病与白粉病混发时，可选用40％乙磷铝可湿性粉剂200倍液＋15％三唑酮可湿性粉剂2000倍液喷雾。

保护地栽培，应尽量用烟剂熏蒸法或者粉尘法防治，每亩用45％百菌清烟剂250g，分别均匀放在垄沟内，然后将棚密闭，点燃烟熏。

❖ 8. 如何防治大棚蔬菜白粉病？

白粉病主要为害西葫芦、黄瓜、南瓜、甜瓜、茄子、豇豆等，受害部位以叶片为主，叶柄、茎蔓次之，果实受害较少。在高温干旱与高温高湿交替出现又有大量病原菌时很容易流行。如果施肥、灌水不适，植株徒长，通风不畅，光照不足，植株生长势弱，则该病也容易发生。上半年一般在5～6月发病，下半年进行秋季栽培时，则在10月间容易发病。

（1）农业防治　实行轮作，加强通风透光。一般应实行2年以上的轮作，在田间管理上应加强通风透光，降低大棚内的空气湿度。切忌大水漫灌，可以采用膜下软管滴灌、管道暗浇、渗灌等灌溉技术。定植后，要尽量少浇水，防止幼苗徒长。大棚内要注意通风、透光，降低湿度，遇有少量病株或病叶时，要及时清除。

平衡施肥，着重补充钙、硅肥。由于白粉病病原菌是直接或借助气孔、皮孔侵入寄主植物器官表皮的。因此，寄主植物的器官表皮性状会直接影响到病害的发生概率和被害程度。见光少、氮素营养大、生长速度快的植株，器官表皮薄嫩，白粉病的发生概率就高。叶面补充钙、硅肥，如每周喷洒一次石原金牛悬浮钙、融地美单硅酸等，对提高植物的抗病能力有明显的效果。

（2）物理防治　发病初期，可叶面喷洒27%高脂膜乳剂80倍液，在叶面形成一层薄膜，不仅可防止病菌侵入，还能造成缺氧条件，使白粉病病原菌死亡。一般隔5～6d喷一次，连喷3～4次。

（3）生物防治　发病初期，用2%嘧啶核苷类抗菌素水剂或2%武夷菌素水剂200倍液或3%多抗霉素水剂600倍液、100亿活芽孢/g枯草芽孢杆菌可湿性粉剂300～600倍液、0.5%蛇床子素可溶性液剂450～750倍液、2%春雷霉素水剂400倍液、6%井冈·蛇床子素可湿性粉剂40～60g/亩、45%硫黄胶悬剂300～400倍液、1.5亿活孢子/g木霉菌可湿性粉剂300倍液、0.5%大黄素甲醚水剂1000～2000倍液等喷雾防治，隔6～7d一次，连喷2次，防效90%以上。

（4）熏烟　大棚栽培在定植前，可每100m³用硫黄粉150g、锯末500g掺匀后，分别装入塑料袋放入棚内，晚上密闭大棚，点燃熏蒸8～10h，也可以利用硫黄蒸发器防治。定植后，将要发病时，用30%或45%百菌清烟剂，前者每亩300g，后者250g，密闭大棚熏一夜，7d一次，连熏4～5次。

（5）喷粉　大棚栽培，发病初期，可喷雾5%百菌清粉尘剂或5%春雷·王铜粉尘剂或10%多·百粉尘剂，每亩每次1kg，7d喷一次，连喷3～4次。

（6）喷雾　发病初期，可选用15%三唑酮可湿性粉剂1500倍液或50%多菌灵可湿性粉剂600倍液、40%氟硅唑乳油4000～6000倍液、45%噻菌灵悬浮剂1000倍液、30%氟菌唑可湿性粉剂3500～5000倍液、62.25%锰锌·腈菌唑可湿性粉剂600倍液、25%嘧菌酯悬浮剂1500倍液、43%氟菌·肟菌酯悬浮剂7.5～10mL/亩、60%唑醚·代森联水分散粒剂1500倍液、56%嘧菌·百菌清悬浮剂1500倍液、30%醚菌·啶酰胺悬浮剂2000倍液、75%肟菌·戊唑醇水分散粒剂3000倍液、12.5%腈菌唑乳油2000倍液、40%多·硫悬浮剂500～600倍液、10%苯醚甲环唑水分散粒剂750倍液等喷雾防治。

❖ 9. 如何防治大棚蔬菜煤霉病？

煤霉病是发生于豇豆、菜豆、豌豆、蚕豆等豆类蔬菜的主要病害，又叫叶斑病、叶霉病、煤污病等，为真菌病害。主要危害叶片，有时也危害茎蔓和豆荚。苗期基本上不发病或发病很少，一般到了开花结荚期才发病。个别地区发生较普遍，危害也比较严重。

（1）农业防治　与非豆科蔬菜实行轮作 2～3 年。选用抗病高产品种。地膜覆盖栽培。施足腐熟的有机肥料，增施磷钾肥。合理密植和搭架，改善株间通透性，应于抽蔓上架时病害发生前开始进行喷药预防控病，最迟在初见病症时喷药控病。浇水不宜过多、过勤，田间不能积水，雨后及时排水。发现病叶、病残体时，及时清除，带出田外深埋或烧毁。

（2）设施灭菌　对旧架杆，应在插架前用 75%百菌清可湿性粉剂 600 倍液喷淋灭菌。

（3）无公害防治　对下部、中部叶子及时喷施由磷酸二氢钾 150g＋糖 500g＋水 50kg 配制的混合药液，早上喷，喷在叶背面，隔 5d 喷 1 次，连喷 4～5 次。

（4）喷粉　保护地种植的还可喷 6.5%硫菌·霉威粉尘，每亩每次喷 1kg，早上或傍晚喷，隔 7d 喷 1 次，连续喷 3～4 次。

（5）化学防治　发病初期，可选用 50%多菌灵可湿性粉剂 500～600 倍液或 50%混杀硫悬浮剂 500 倍液、50%甲基硫菌灵可湿性粉剂 500～1000 倍液、47%春雷·王铜可湿性粉剂 800 倍液、78%波尔·锰锌可湿性粉剂 500～600 倍液、50%腐霉利可湿性粉剂 1000 倍液、77%氢氧化铜可湿性粉剂 1000 倍液、14%络氨铜水剂 600 倍液、66.8%丙森·缬霉威可湿性粉剂 700～1000 倍液、70%丙森锌可湿性粉剂 600～800 倍液等喷雾防治，隔 7～10d 一次，连喷 3～4 次。前密后疏，药剂交替使用，一种农药在一种作物上只用一次。

也可选用复配剂，如 50%多·福·乙可湿性粉剂 800～1000 倍液＋70%代森联干悬浮剂 600～800 倍液、70%甲基硫菌灵可湿性粉剂 800～1000 倍液＋70%代森锰锌可湿性粉剂 700 倍液、75%百菌清可湿性粉剂＋70%甲基硫菌灵可湿性粉剂（1∶1）1000～1500 倍液、30%氢氧化铜悬浮剂＋70%代森锰锌可湿性粉剂（1∶1）1000 倍液等喷雾防治。隔 7～10d 1 次，连喷 2～3 次。

❖ 10. 如何防治大棚蔬菜炭疽病？

炭疽病在黄瓜、冬瓜、西瓜、甜瓜、丝瓜、瓠瓜、番茄、茄子、辣椒、菜豆、豇豆等蔬菜上均有发生，特别在西瓜、瓠瓜、辣椒上危害更是严重。一般发生在 6 月中下旬至 7 月。高温多雨天气、田间排水不良、种植过密、通风不良、施肥不足或氮肥过多，都会加重此病的发生。成熟果和患日烧病的果实及老叶更易严重发生该病。该病主要为害茎蔓、叶片和果实。

（1）选用无病果留种或种子、床土消毒　种子消毒方法见猝倒病的防治。还可用 50%多菌灵 500 倍液浸种 1～2h，或 80%乙蒜素乳油 2000 倍液浸种 2h；床土可用 80%乙蒜素乳油 200 倍液消毒。

（2）实行轮作　与不同科属的蔬菜进行轮作，并增施磷钾肥，促使植株健壮生长，以提高其抗病力。

（3）加强田间管理　及时中耕、追肥、浇水、治虫，清除病株、病果，并深埋。采用营养钵培育壮苗，适时定植，合理密植，采用高畦地膜覆盖栽培。雨后及时清沟排水，降低田间湿度，并预防果实日灼。推广配方施肥，适当增施磷、钾肥，增强植株抗性。

（4）药剂防治　发病初期立即喷药，可选用 0.5％波尔多液（或 77％氢氧化铜可湿性粉剂 500 倍液）或 80％代森锌可湿性粉剂 800 倍液、50％甲基硫菌灵可湿性粉剂 1000 倍液、75％百菌清可湿性粉剂 600～800 倍液、50％异菌脲可湿性粉剂 1000 倍液、25％嘧菌酯悬浮剂 1500 倍液、80％炭疽福美可湿性粉剂 800 倍液、50％苯菌灵可湿性粉剂 1000～1500 倍液、40％氟硅唑乳油 5000～6000 倍液、10％苯醚甲环唑水分散粒剂 800～1000 倍液等喷雾防治，每隔 10d 左右喷一次，连喷 2～3 次。

❖ 11. 如何防治大棚茄果类蔬菜叶霉病？

叶霉病，又叫黑霉病，俗称黑毛、黑毛叶斑病等，是番茄、辣椒、茄子上的一种普遍发生的病害，属高温高湿病害。主要为害叶片，该病从苗期至成株期均可危害作物，特别是在早春季节，随着气温降低，大棚通风时间减少，棚内湿度增大，茄果类蔬菜上叶霉病有高发的趋势，严重时可减产 20％～30％。长江中下游地区番茄叶霉病的主要发病盛期，春季在 3～7 月，秋季在 9～11 月，一般春季发病重于秋季。

（1）养根护叶，增强叶片的抗病性　留果偏多，加重了根系及叶片的负担，导致叶片发育不良，抗病能力大大降低。应在合理留果的同时，加强根系及叶片的养护，提高叶片的抗病能力。在追肥时可将养根、护根的肥料，如甲壳素、海藻酸、生物菌肥等肥料与全水溶性速效肥轮换施用。同时注意养护叶片，可喷施氨基酸类、甲壳素类叶面肥，每 7～10d 喷一次，缓解叶片黄化的情况，提高叶片的抗病能力。

（2）加强环境调控，抑制病菌繁殖　叶霉病在棚温 20～25℃、相对湿度 85％以上时发病快，早晚叶面有结露时发病更重，可根据该病的发病特点采取防治措施。及时通风，适当控制浇水，浇水后及时通风降湿；采用膜下灌水的栽培方式，可以明显降低大棚内的空气湿度，从而抑制叶霉病的发生与再侵染；根据天气情况，合理放风，尽可能降低大棚内的湿度，减少叶面结露，对病害有一定的控制作用；及时整枝打杈，摘除植株下部的老叶、黄叶，增加通风透光，减少病害发生。利用晴天中午的高温来抑制病菌繁殖、蔓延。在晴天浇水后，在中午高温时段，闭棚升温，可将温度升高到 38℃，维持 1～2h 再通风降温，这样能有效抑制病菌繁殖、减轻病害。

（3）种子处理　选用抗病品种，选用无病种子。种子消毒可用 55℃温水浸种 30min，种子晾干后播种或放入冷水中浸 3～4h 后催芽播种。也可用 1‰高锰酸钾溶液浸种 30min，或用种子重量 0.4％的 75％百菌清可湿性粉剂拌种。

（4）床土处理　育苗床要换用无病新土。使用旧苗床，要在播种前用50%多菌灵可湿性粉剂500倍液喷洒土壤消毒。

（5）大棚消毒　发生过重病的温室、大棚，在定植前要进行环境消毒，即密闭后按每100m² 用硫黄250g、锯末500g，混匀后分几堆点燃熏蒸一夜，再栽苗。也可用45%百菌清烟剂按每100m² 用250g熏一夜。也可选择在晴天中午密闭大棚使其升温至30～36℃，持续2h，然后及时通风降温，对病菌有明显的抑制作用。

（6）生物药剂防治　发病初期，可选用1∶1∶200波尔多液或47%春雷·王铜可湿性粉剂500倍液、2%武夷菌素水剂100～150倍液、48%碱式硫酸铜悬浮剂800倍液、12.5%松脂酸铜乳油600倍液等喷雾防治。

每亩用"5406"菌种粉2.5kg，与碾碎的饼肥10～15kg混合均匀施于定植沟内，或叶面用"5406"3号剂600倍液喷雾，可减少发病。

（7）烟熏　发病初期，用45%百菌清烟剂，每亩每次250～300g，熏一夜，连续防治3～4次。

（8）喷粉　于傍晚选用5%春雷·王铜粉尘剂或5%百菌清粉尘剂、10%敌托粉尘剂等喷撒，每亩每次1kg，隔8～10d一次，连续或轮换施用。

（9）化学药剂喷雾　发病前期，可选用60%咪鲜胺可湿性粉剂800倍液或60%噻菌灵可湿性粉剂700～800倍液、50%异菌脲可湿性粉剂1000倍液、70%丙森锌可湿性粉剂500～600倍液、25%嘧菌酯悬浮剂1000～2000倍液、75%百菌清可湿性粉剂600～800倍液、70%代森联干悬浮剂500～600倍液、70%甲基硫菌灵可湿性粉剂800～1000倍液、65%乙霉威可湿性粉剂600倍液、50%腐霉利可湿性粉剂1000倍液、50%醚菌酯干悬浮剂3000倍液等进行预防。

发病初期，可选用65%硫菌·霉威可湿性粉剂600倍液或50%多·霉威可湿性粉剂800倍液、10%苯醚甲环唑水分散颗粒剂1000倍液、47.2%抑霉唑乳油2500～3000倍液、30%苯甲·丙环唑乳油3000倍液、32.5%苯甲·嘧菌酯悬浮剂1500倍液、66%二氰蒽醌水分散粒剂1500倍液、35%氟菌·戊唑醇悬浮剂1500～2500倍液、42.4%唑醚·氟酰胺悬浮剂3000～6000倍液、400g/L克菌·戊唑醇悬浮剂800～1000倍液、40%氟硅唑乳油10000倍液等喷雾，防治时每亩用药液量50～65L，隔7～10d一次，连续防治2～3次。

❖ 12. 如何防治十字花科蔬菜根肿病？

大白菜根肿病与大白菜根结线虫病表现出部分相同的症状，即植株在烈日下呈萎蔫状，且根部有不同形状的大小肿瘤。

（1）农业防治　严格检疫，由于大白菜根肿病休眠孢子囊的抗逆性很强，能在土壤中保持侵染力长达10年之久甚至更长的时间，且此病只在局部地区发生，故应严禁从病区调运种苗和蔬菜，以保护无病区。

实施轮作。与非十字花科作物如玉米、豆类等轮作3年以上。发病严重的地块，进行 5~6 年轮作。在规定轮作的年限内不种大白菜等十字花科蔬菜。

选用抗病品种及种子处理。十字花科蔬菜根肿病的抗性存在着品种差异，各地要注意选择适合本地区的抗病品种。种子处理可采用以下 4 种方法进行：一是55℃温汤浸种 20min，同时不停搅动种子；二是 0.4％高锰酸钾溶液浸种 15min；三是用 1∶150 的生石灰水浸种 15min；四是用 70％百菌清可湿性粉剂 600 倍液浸种 20min。其中以百菌清处理的效果最好，石灰水次之。

（2）苗床消毒　严格选择无病地或新垦地育苗，在移栽定植时注意淘汰病苗。受病菌侵染的苗床，须进行土壤消毒。

方法一：湿土用 1∶50 的甲醛溶液每平方米淋药液 18g，干土则用 1∶100 的甲醛溶液每平方米淋药液 36g，然后用塑料布或草帘覆盖 48h 后，除去覆盖物，待土壤中的药物充分散发后方可播种育苗。移栽时要严格挑选健苗定植。

方法二：取 10％氰霜唑悬浮剂 12mL，兑水 6kg 后，对 300L 育苗土进行喷雾处理，喷雾后将育苗土充分搅拌均匀，将拌好药的育苗土密封 2d 后开始装钵育苗，培育无病壮苗。

（3）加强苗期管理　有条件的采用育苗移栽技术，更利于加强苗期管理，减轻根肿病的危害。定植前，要做好土壤处理工作，减少土壤中致病菌的数量，降低病菌侵染、发病的概率。定植时，可穴施生物菌肥，如枯草芽孢杆菌、放线菌、木霉菌等，对根肿病有较好的预防效果。

若当地根肿病发生较为严重，为确保使用效果，可从浇缓苗水开始，持续冲施发酵好的生物菌肥，对抑制根肿病病菌萌发、侵染有一定的效果。

（4）加强田间管理　翻晒土壤，深沟窄厢高畦，雨季及时排除积水。选择晴天进行定植。如定植时下雨或定植后不久下雨，淋施 2％石灰水，可减轻发病。施用充分腐熟的有机肥，在莲座期前以施清水粪为主，采取氮、磷、钾配方施肥。

改良土壤酸碱度，每亩施生石灰 80~100kg，将土壤 pH 值调至微碱性。施用方法：可在定植前 7~10d 将石灰均匀撒施在土面后做畦，也可定植时穴施。一般在移苗时，每穴约施消石灰 50g，防病效果好，也可用 15％石灰乳于植株移栽时逐株浇施。病害发生后，可用 2％石灰水充分淋施畦面，以后隔 7d 再淋一次，可大大减轻此病危害。田间发现零星病株立即拔除，带出地外烧毁，并在病穴四周撒生石灰消毒，以防病菌扩展。

（5）生态防治　草木灰拌土盖种。将草木灰与田土按体积比 1∶3 的比例混拌均匀后，用混拌好的土覆盖种子，然后用喷雾器在上面浇足水。

重施草木灰。施用充足的干草木灰和腐熟的农家肥。每亩施干草木灰 250kg，根肿病严重的地块每亩施 300~400kg，沟施，在施好充分腐熟的农家肥之后，将草木灰施在农家肥之上。

合理测土配方施肥。氮、磷、钾配方合理，补充充足的钙、硅、镁及微量元素。一般每亩施过磷酸钙 50~75kg、硅酸钠 20kg、氯化钾 14kg，作基肥一次性施入。

喷施 EM 原液。在施完基肥后，在垄沟内喷施 300 倍的 EM 原液，然后合垄。播种后在播种穴内喷施 300 倍的 EM 原液，使大白菜种子一萌发即在有益菌的影响范围内，出苗后，待苗长到 3 叶 1 心时，用 300 倍液喷施第三次，重点向根中喷施。

叶面喷施美林高效钙。从大白菜结球期开始，用高效钙 50g，兑水 15kg，叶面喷施 2 次，间隔 15d。

（6）定植处理　将 50％氟啶胺悬浮剂用洁净育苗土稀释 1000 倍（即将 25mL 药液与 25kg 育苗土充分混合均匀）。药土混合采用梯度稀释法进行，确保药剂与育苗土充分混合均匀。为避免降雨积水过多导致大白菜根部湿度过大，从而引起根肿病的严重发生，最好采用起垄栽培方式，可单行或双行种植，垄高不低于 15cm，垄面覆盖地膜。

采用楔形打孔器在垄上打取定植穴，直径和深度根据当地选用的育苗钵的尺寸来确定。将上述药土撒施至定植穴内，每穴施用量为 10g，确保药土均匀附着在定植穴四周。将用含药育苗土培育的大白菜苗直接定植到已施过药土的定植穴内，土壤墒情不足时需要浇足量的缓苗水。

也可在移栽时用 10％氰霜唑悬浮剂 800 倍液浸菜根 20min，或选用 50％多菌灵可湿性粉剂或 70％甲基硫菌灵可湿性粉剂、50％苯菌灵可湿性粉剂、50％克菌丹可湿性粉剂等药剂 500 倍液穴施、沟施，或药液蘸根以及药泥浆蘸根后移栽至大田。

（7）药剂灌根　发病初期，选用 53％精甲霜·锰锌水分散粒剂 500 倍液或 72.2％霜霉威盐酸盐水剂混掺 50％福美双可湿性粉剂 600 倍液、50％多菌灵可湿性粉剂 500 倍液、15％噁霜灵水剂 500 倍液、96％噁霉灵粉剂 3000 倍液、75％百菌清可湿性粉剂 500 倍液、60％唑醚·代森联水分散粒剂 1000 倍液、10％氰霜唑悬浮剂 1500～2000 倍液、50％氯溴异氰尿酸可溶性粉剂 1200 倍液灌根，每株 400～500mL，间隔 10d 一次，连灌 3 次。

也可用复配剂，如 25％甲霜灵可湿性粉剂 600～800 倍液＋70％五氯硝基苯可湿性粉剂 600～800 倍液、72.2％霜霉威盐酸盐水剂 600～800 倍液＋70％敌磺钠可溶性粉剂 400～600 倍液等，视病情间隔 7～10d 防治一次，每穴灌药 250～500mL。

❖ 13. 如何防治十字花科蔬菜黑斑病？

黑斑病为十字花科蔬菜的普通病害，分布较广，发生亦较普遍，连续阴雨天气或暴风雨天气较多时，病害发生较重。管理粗放，植株后期脱肥早衰，有利于发病。病情严重时，可造成一定程度的产量损失。此病可为害小白菜、菜心、菜薹、紫菜薹、青花菜、紫甘蓝、抱子甘蓝、皱叶甘蓝、芥蓝、球茎甘蓝、乌塌菜等。

（1）农业防治　与非十字花科蔬菜隔年轮作。种植地块要求排水通畅，土壤要进行深耕翻晒，深沟高畦栽培，沟深 30cm，在秋季雨水多时可起到排渍的作用。施足有机肥，配合增施磷钾肥，生长期适时追肥和浇水，避免植株脱肥早衰，增强寄主抗病能力。搞好田园清洁，收获后彻底清除病残组织及落叶，生长期及时清除病叶，减少菌源。保护地栽培，当早春定植时昼夜温差大，白天 20～25℃，夜间 12～15℃，相对湿度高达 80％以上，利于此病的发生和蔓延，应重点调整好棚内温、湿度，尤其是定植初期，闷棚时间不宜过长，防止棚内湿度过大。

（2）种子消毒　可选用 50℃温水浸种 20～30min 后立即移入冷水中降温，晾干后播种。或用种子重量 0.4％的 50％异菌脲可湿性粉剂或 80％代森锰锌可湿性粉剂拌种。

（3）发病初期，可选用 50％异菌脲可湿性粉剂 1200 倍液或 50％乙烯菌核利可湿性粉剂 1500 倍液、50％敌菌灵可湿性粉剂 500 倍液、2％抗霉菌素水剂 200 倍液、50％克菌丹可湿性粉剂 400 倍液、10％苯醚甲环唑水分散粒剂 1500 倍液、3％多抗霉素水剂 700～800 倍液、50％福•异菌可湿性粉剂 700 倍液、70％丙森锌可湿性粉剂 700 倍液、80％代森锰锌可湿性粉剂 800 倍液等喷雾防治，结合防治细菌性病害，还可选用 47％春雷•王铜可湿性粉剂 600～800 倍液喷雾防治，10～15d 防治 1 次，根据病情防治 1～3 次。

保护地栽培在发病初期每亩喷撒 5％百菌清粉剂 1kg，隔 7～9d 喷 1 次，连续防治 3～4 次；也可用 45％百菌清烟剂或 15％腐霉利烟剂，每亩 200～250g 熏 1 夜，次日清晨及时放风排烟。

❖ 14. 如何防治大棚蔬菜病毒病？

病毒病几乎能为害所有的蔬菜，其中番茄、辣椒（特别是秋季辣椒）、茄子、黄瓜、甜瓜、西葫芦、豇豆、菜豆、白菜、甘蓝、萝卜等是受病毒病为害较严重的蔬菜作物。病毒病不仅在成株期发生，而且在苗期也能发生。蔬菜作物及病毒种类不同，其发病症状不完全相同。病毒病的防治应采用预防为主，针对病毒病的发病规律和传播途径，采取综合防治措施。

（1）选用抗病品种　引起蔬菜病毒病的病毒种类较多，而且季节间以及地区间存在差异。因此，要根据地区及栽培季节选用抗病品种。由于病毒病种类非常多，而当前的抗病品种多是抗某一种病毒病或是某一种病毒病的一个病毒株系，所以选择抗病品种时要有针对性。

（2）培育无病毒种苗　种子消毒是避免种子带毒造成病毒病暴发的基础措施。种子消毒常用的方法有以下五种：

一是温汤浸种。用 55℃温水浸种。不同的蔬菜种子其浸泡的时间是不同的，如辣椒种子浸种 5～6h，茄子浸种 6～7h，番茄浸种 4～5h，黄瓜浸种 3～4h，最后洗干净种子催芽或播种即可。

二是药剂浸种。用 10％磷酸三钠浸种 30min，或 1％高锰酸钾或 40％甲醛 100 倍液浸种 10min，洗净后催芽或播种。

三是热水烫种。此法一般用于难以吸水的种子，水温为 70～75℃，甚至更高一些，如冬瓜种子有时可用 100℃沸水烫种。

四是干热处理。将干种子放在 75℃以上的高温下处理，钝化病毒。适用于较耐热的蔬菜种子，如瓜类和茄果类的蔬菜种子。在 70℃的高温下处理 2d，可使黄瓜绿斑花叶病毒完全丧失活力而死亡。干热处理还可提高种子的活力。但应注意，接受处理的种子必须是干燥的（一般含水量低于 4％），并且处理时间要严格控制，否则热量会透过种皮而杀死胚芽，使种子丧失发芽能力。

五是增强幼苗的抗病、抗逆能力。种子处理时采用碧护 5000 倍液浸种，此法可解决因种子二次处理可能造成的发芽率低的问题，并能促根壮苗，增强幼苗抗病、抗高温、抗干旱的能力。

除了进行种子消毒外，在嫁接时还要注意选择脱毒和无病毒苗木。嫁接时要先用酒精洗手和清洗刀片，发现病苗及时拔除。

（3）壮根促棵　壮根，关键在于促进根系深扎，这样不但可以扩大根系吸收养分的范围，还可以增强植株抵御水涝、低温等恶劣环境的能力。

第一，基肥中施用粪肥一定要充分腐熟。如果基肥未充分腐熟，蔬菜定植后迟迟不扎根，虽然说病毒病一般不会在定植后立即发生，但是一旦出现很容易导致蔬菜很长一段时间内无法恢复长势，降低作物对病毒病的抗性，导致病毒病发生。

第二，定植前，幼苗用激抗菌 968 蘸根宝等蘸盘。进行蘸盘处理后，能够使作物根系生长加快，一是促进缓苗，二是健壮的根系为培育壮棵打好基础。同时，使用生物菌剂蘸盘还可以抑制病原菌，预防根部病害的发生。也可以在移栽前 2d，用碧护 10000 倍液喷淋苗床，或定植时用碧护 15000 倍液＋杀菌剂灌根，可促进发根，加速缓苗，增强植株抗逆性（高温、干旱），调节生长，预防僵苗、黄苗等。

第三，定植后及时蹲苗，适当控水控肥，中耕划锄，合理追肥，拉大昼夜温差，促进根系深扎，培育壮棵。中耕划锄可切断土壤毛细管，减少土壤水分蒸发，提高土壤的透气性，促进根系向深层土壤扩展。进入结果期，合理留果，保持植株长势平衡，追肥时注意随水冲施腐植酸、海藻酸、甲壳素等促根性肥料，同时叶面喷施氨基酸类叶面肥，如甲壳素 1000 倍液混加爱多收 6000 倍液提高其抗性，做到养根护叶，这样才能保证植株健壮生长，提高其抗病能力。

第四养护叶片。对于茄果类蔬菜来说，从苗期开始，经常喷施 0.2％～0.5％的波尔多液（浓度由低到高）或 77％氢氧化铜可湿性粉剂 500～700 倍液，并可施用一些叶面肥，以增强植株的抗性。

（4）调整植株长势　植株一旦出现旺长，其抗病性就会下降，容易发生病毒病。因此，蔬菜定植后应调整植株长势。

第一，适时控水。高温季节土壤蒸发量大，若在定植后为了促进缓苗，浇水过勤，蔬菜容易徒长，抗逆能力大大下降，而适时采取控水措施，能起到控旺的作用，但也不可过度，应根据土壤、植株情况合理调控，确保蔬菜正常生长。

第二，合理整枝。通过合理的整枝来抑制植株的顶端优势，也能起到很好的控旺效果，如瓜类蔬菜可适当晚吊蔓、番茄可以采取前期压枝的措施、茄子可以采取摘心换头的方法，通过科学整枝，能够促进茎秆粗壮，培育出壮棵。

第三，化学调控。温度偏高的时期，往往蔬菜长势通过物理调控手段很难控制，这时可以通过化学调控，可以叶面喷施甲哌鎓、矮壮素、叶绿素等化学药剂进行调控。建议喷施这类药剂时注意掌握合理的浓度喷施中上部叶片，两次喷药的时间间隔不要少于 7d。

（5）切断传毒途径　对于病毒病而言，切断传播途径是预防的关键所在，在进行农事操作时，一定要避开已经发生病毒病的植株。对于传毒害虫的防治，可以从物理防虫＋化学防治两个方面入手。

农事操作，可以通过将带毒汁液稀释的方法来切断传播途径，即用流水洗手。进行农事操作时要分批进行，长势正常健壮的可以先进行，对于那些已经确定是带毒植株的应该直接清除，对于那些疑似发生病毒病的植株，数量不多的话可以处理完一棵用流水洗一次手。

另外，表面张力小的肥皂、洗衣粉等能使绝大多数病毒被钝化而失去侵染蔬菜的能力，所以在进行农事操作时，多使用肥皂洗手，可降低人工传播这些病毒的可能性。

在通风口处安装百目以上的防虫网。在大棚内一定要悬挂粘虫板，让更多的烟粉虱未为害就被粘杀。另外，硅肥特殊的气味可以趋避蚜虫、烟粉虱等害虫，对防止病毒病的传播也有良好的效果。

（6）药剂治虫　注意防治蚜虫、粉虱、螨虫、蓟马等，防治方法和药剂参见本书相关部分。

（7）钝化病毒　目前防治病毒病并无特效药，但用药防治是控制病毒病发展必不可少的方法。发病时，可选用 8％嘧肽霉素水剂 800 倍液或 6％宁南霉素水剂 600 倍液＋植物生理平衡剂 1000 倍液，轮换交替使用，4～5d 喷 1 次，可使病情得到有效控制。

或用 2％寡糖·链蛋白可湿性粉剂 15g＋40％烯·羟·吗啉胍可湿性粉剂 25g，兑水 15kg，间隔 7～10d 喷一次，连续喷 2～3 次，可预防病毒病的发生。若已经发生病毒病，则按上述浓度，间隔 3d 喷一次，连续喷 2～3 次，可有效提高蔬菜的抗病性，抑制病毒扩散。该配方不可与无机铜制剂混用。

或用 0.5％几丁聚糖水剂 500 倍液预防病毒病，可与常规杀菌剂等混用一起喷，间隔 7～10d 喷一次，连续喷 2～3 次。若已发生病毒病，需加大浓度，用 0.5％几丁聚糖水剂 300 倍液喷雾，3～5d 喷一次，连续喷 3 次，即可有效控制病毒病的发生。

或用吗啉胍·乙铜、菇类蛋白多糖、含锌叶面肥、香菇多糖等药剂配合施用，对于防治花叶、条斑病毒病的效果较好。如盐酸吗啉胍·铜配合菇类蛋白多糖、香菇多糖，再配合含氨基酸、硼、镁、锌等的叶面肥及生命1号（含氨基酸的水溶性肥料）即可。

或用40%烯·羟·吗啉胍可湿性粉剂400倍液＋8%宁南霉素水剂750倍液＋0.5%氨基寡糖素水剂500倍液，5d喷一次，连续喷3~4次。

❖ 15. 如何防治大棚蔬菜枯萎病？

枯萎病是一种真菌性病害，在番茄、茄子、辣椒、黄瓜、冬瓜、丝瓜、西葫芦、苦瓜、西瓜等作物上均有可能发生，其中以黄瓜、西瓜发生较为严重。一般田间5~6月份为枯萎病的盛发期。

（1）苗床和种子消毒 用50%多菌灵可湿性粉剂拌细土撒于苗床内，进行苗床消毒，每平方米苗床用药5~6g；育苗用的营养土在堆制时用100倍液的甲醛喷淋，并密封堆放，营养土使用前可用97%噁霉灵原药3000~4000倍液喷淋。种子消毒用50%多菌灵可湿性粉剂拌种（干籽），药粉用量不得超过种子重量的0.4%，拌种后即播种。

（2）土壤处理 枯萎病属土传病害，病菌可以以菌丝体或厚垣孢子随病残体在土壤中越冬，成为翌年的初侵染源。所以，应将出现萎蔫的植株及时拔除，带出棚外进行深埋处理。病株周围的土壤要注意做好消毒工作。可用多菌灵、琥胶肥酸铜等化学药剂或者枯草芽孢杆菌等生物制剂处理土壤。病株周围的植株，虽然尚未出现萎蔫，但很可能已经被病菌侵染，要注意及时灌根防病，一般可用氰烯菌酯、多菌灵等，杀灭病原菌，抑制病害扩展。使用化学药剂灌根后7d，可以再用枯草芽孢杆菌等生物菌剂灌根一次，补充土壤有益菌，持续保护根系。

（3）注意浇水管理 枯萎病病菌可通过水流或灌溉水传播、蔓延，当棚中出现枯萎病病株后，若在浇水时不注意，依然全棚漫灌，会导致病菌随水流蔓延到全棚。应在拔除病株后，将病株周围的土壤培高，以防浇水时水漫过定植穴导致病菌随水传播。

（4）歇棚期要进行土壤消毒 枯萎病属土传病害，重茬地块易导致连年发病。已经发生枯萎病的大棚，如不处理土壤，下茬蔬菜必将受害。枯萎病发生严重的大棚，建议在蔬菜罢园后，立即将棚内的病株清理干净并做好土壤消毒工作。建议利用夏季歇棚期进行高温闷棚，可将土壤尤其是浅层土壤中的病菌杀死。冬季换茬时，无法进行高温闷棚，也要做好土壤处理工作，减少病原菌数量。可按照1.5kg植物疫苗＋10kg麸皮＋1kg红糖的用量，整地调畦，全棚撒施，防控死棵。定植前后，还要加强生物菌剂的使用，增加土壤有益菌，养护根系，避免病害再次发生，可随水冲施"菌旺地"活性菌剂，以菌抑菌，防控死棵。

（5）嫁接换根　嫁接苗在采用地膜覆盖栽培或大棚栽培时一般不会发病，该方法特别适用于黄瓜。

（6）药剂防治　定植前用10％双效灵500倍液灌穴，每穴500mL，然后定植、覆土。发病初期，可选用50％多菌灵可湿性粉剂500倍液或40％抗枯宁800～1000倍液、47％春雷·王铜可湿性粉剂600～800倍液、12.5％增效多菌灵可湿性粉剂200倍液、97％噁霉灵原药4000～5000倍液、50％苯菌灵可湿性粉剂800～1000倍液、10％双效灵水剂200倍液、32％乙蒜酮乳油600倍液、40％混铜·多菌灵（枯萎必克）可湿性粉剂800倍液等喷雾或浇根。

❖ 16. 如何防治大棚蔬菜根结线虫病？

根结线虫病在一些地区的大棚蔬菜栽培中非常普遍，而且发病也十分严重，甚至已成为影响某些蔬菜生产的主要因素。根结线虫病主要为害番茄、茄子、芹菜、黄瓜、西瓜、豇豆等蔬菜。

（1）高温闷棚杀灭　当前，化学药剂熏棚是防治根结线虫的首要措施，不但可以防治根结线虫，还可以杀灭病原菌，减少其他根部病害。但是，这些化学药剂多属于灭生性药剂，不但根结线虫、病原菌被杀灭，有益菌、天敌生物等也被消灭干净，使得棚内的生态平衡完全被打破，一旦再次发生病虫害，往往速度更快，危害程度更重。因此，除非棚内根结线虫的发生已经极为严重，上茬蔬菜全棚发生，满地根瘤，否则不推荐采用化学药剂熏棚。

经试验，大棚歇茬期利用生物菌进行高温闷棚，同样可以起到很好的杀灭线虫的效果。高温闷棚可以分为两个阶段：

第一阶段：在上茬蔬菜拉秧后或准备拉秧时，先直接关闭通风口，修补棚膜漏洞，确保大棚完全密闭，干闷7d左右，目的是将10cm以内浅层土壤中的大量根结线虫杀灭。

第二阶段：将基肥全部撒入棚内，一般每亩施用粪肥10～15m³、作物秸秆2000～3000kg、生石灰100kg、发酵菌剂（如激抗菌968肥力高或木美土里发粪宝）5kg，以及适量中微量元素肥料，选择傍晚或阴天光照较弱时撒施或喷洒腐熟的粪肥和杀灭线虫的生物菌剂，然后立即用深翻机翻地25～30cm，浇透水，覆盖地膜，关闭大棚通风口，扣严棚膜，开始进行第二阶段闷棚。该次闷棚应持续15d以上，确保中间连续7d晴天，使棚温达到70～80℃，15～20cm土壤温度升高到60℃。通过高温和生物菌的共同作用，可将土壤中的线虫、病菌等杀灭，这样对土壤的破坏更小，且成本更低，综合效益更好。最后揭膜通风，去掉地膜，旋地1遍，晾晒7d。

（2）底施杀线有机肥　当前，具有杀线作用的有机肥品种较多，但效果差别很大。阿维甲壳有机肥，利用阿维菌素发酵基质作为主料，添加部分甲壳素原料，可以起到抑制根结线虫繁殖、促进根系发育等作用，也可以起到较好的辅助作用。

（3）火焰土壤消毒 如果茬口紧，没有时间进行闷棚，可采用火焰土壤消毒机进行杀线，翻地、杀线一次完成，成本不高，使用方便，耗时短，无需专门留出处理时间，只需要在翻地过程中，通过火焰直接进行高温灼烤即可。线虫对高温的耐受能力较差，瞬时致死高温为55℃左右。在夏季地温较高时，处理后的土壤温度能达到70℃以上，可以确保线虫全部被杀灭。该技术最适宜夏季使用，冬季地温低时效果较差。

（4）定植前药剂灭杀 定植前对有根结线虫病的大棚可选用以下药剂处理土壤：

a.石灰氮（氰氨化钙） 石灰氮施入土壤后，生成的单氰胺和双氰胺对线虫、真菌、细菌等有害生物有广谱性的杀灭作用。

前茬蔬菜拉秧后前3～5d浇1次水，以利于将线虫清出大棚。亩施未腐熟粪肥10～15m³，或铡成4～6cm长小段的秸秆、稻草等3000kg，均匀撒在土壤表面。亩施石灰氮80～100kg，均匀撒于粪肥表面。用旋耕犁翻1遍，使石灰氮、粪肥与土壤混合均匀，然后深翻25～30cm，增大石灰氮与土壤的接触面积。南北向做畦，畦面宽60～80cm，垄沟面宽20～30cm、深30cm，耙平畦面。覆盖薄膜，东西向覆膜，目的是做到棚内密闭。膜下灌水，以水流到畦端为止，不可大水漫灌，避免田间积水。全棚密闭，熏蒸15d左右，再揭膜通风或晾晒7～10d后即可定植。

注意：该法一般在夏季6～8月份处理最好，与高温闷棚结合进行，效果更好。石灰氮对人体有害，施用时须穿戴防护衣物，以免与皮肤接触，一旦接触，用清水仔细冲洗。如误入眼睛，立即用清水冲洗，严重者需要去医院就医。施用前后24h内不得饮用任何含酒精的饮料。覆膜建议采用EVOH膜，这类薄膜为土壤熏蒸专用膜，密闭性强，可更好地防止熏蒸气体的散失，从而达到更好的熏蒸效果。浇水必须要适宜，以土壤相对湿度70%为宜，水量过大和过小都会影响石灰氮的分解速度。通风晾晒时间要充足，先将大棚通风口打开通风6h以上，再进棚内揭膜。

b.威百亩 此药剂主要是在土壤中降解成异氰酸甲酯发挥熏蒸作用，为溴甲烷（目前已禁用）的替代产品，主要用于防治白菜软腐病、番茄枯萎病等。其使用方法有两种：

一是开沟施药法。翻地前3d浇1遍水，既要使土壤充分湿润，又要保证能够旋耕操作，手握土壤能攥成团即可（土壤相对湿度50%～60%），不可过湿。可结合施入有机肥一起，使用旋耕机进行翻地，然后开沟，沟深15～20cm，沟间距25～30cm。每亩用35%威百亩水剂3～4kg，兑水300～400kg稀释后，均匀浇施于沟内，随即覆土盖膜，边覆土边盖膜，可选用EVOH膜，一定要盖实严，不能有裸露的地表，密闭大棚，熏蒸15d。然后揭开地膜散气1～2d，用铁锨或深耕机翻土壤25～30cm，晾晒7d左右，再播种或定植。

二是膜下冲药法。翻地后南北向做畦，东西向覆膜，压严地膜，包括膜与膜的交接处，仅留入水口。将兑好的药液均匀地冲入土壤，用量同上，并及时压严入水口，密闭大棚，熏蒸15d左右，再揭膜散气7～10d，然后翻地、播种或定植。

在施药过程中，需要注意的是，威百亩要现配现用，不能与波尔多液、石硫合剂、石灰、草木灰、过磷酸钙及其他含钙农药混用，也不能用金属容器配药；地温15℃以上时使用效果良好；施药量和施药方式要正确（否则易产生药害）；施药者须做好安全防护，应穿长衣、长裤、戴手套、眼镜、口罩等，禁止吸烟、饮食等，施药后清洗手、脸等暴露部位。

c.棉隆　此药剂在土壤中分解成有毒的异硫氰酸甲酯、甲醛和硫化氢等，杀灭土壤中的各种线虫、病原菌、地下害虫及萌发的杂草种子（主要向上运动，杀死所接触的生物有机体）。防治保护地蔬菜根结线虫病，每立方米土用98％棉隆微粒剂150g，拌均匀后覆盖地膜密封7d，再揭膜翻土1～2次，过7d后使用。

使用棉隆熏蒸时，不能同时施用生物药肥。施药过程中，应注意安全防护，如戴橡胶手套和穿胶鞋等，避免皮肤直接接触药剂。药剂施入土壤后，受土壤温、湿度以及土壤结构影响较大，使用时土壤温度应高于6℃，以12～30℃较适宜，土壤含水量保持在40％，过24d药气散尽后，方能播种或移苗。

此外，熏蒸消毒后的土壤有害生物菌和有益生物菌均被杀死，应注意补充有益微生物，活化土壤，同时注意不可与杀菌剂同时施用。

d.噻唑膦　此药剂的主要作用方式是抑制根结线虫的乙酰胆碱酯酶的合成，影响幼虫的形态。在生长期较长的大棚黄瓜、苦瓜、番茄、茄子、西（甜）瓜、丝瓜、萝卜、马铃薯、大蒜等作物上，可以在相当长的时间内杀灭线虫或控制线虫的危害。一般每亩用10％噻唑膦颗粒剂1.5～2.0kg，均匀撒于土壤表面，将药剂和土壤充分混合，深度20cm。也可畦面施药及开沟施药。持效期可达4个月。为确保药效，应在施药后当日进行定植。

用噻唑膦防治根结线虫要谨慎，否则容易出现药害，导致植株出现生长缓慢、根系发育不良、叶片发黄等情况。首先，噻唑膦不能直接与根系接触，可以拌土穴施；其次，不要过量使用，10％噻唑膦颗粒剂一般穴施每亩地用量为1.0～1.5kg，沟施用量为1.0～2.0kg，不能超量使用。

（5）定植前后药剂处理

a.待定植幼苗采用药剂蘸盘　穴盘苗定植前，将穴盘浸入由杀菌剂（预防根部病害）、杀虫剂（吡虫啉、阿维菌素等）、微生物菌剂（激抗菌968等）、生根剂（甲壳素、生根粉等）或硅制剂等配成的药液或菌液中，使根系和基质充分湿润后，再进行定植。如预防根结线虫，可选用激抗菌968蘸根宝，每200g兑水15kg，可蘸苗1200～1600株；或用每克含10.0亿活菌的淡紫紫孢菌粉剂200倍液，移栽前蘸根。这些配方虽然无明显的防线目标，但对线虫均有一定的杀灭和预防效果。

b.定植后药剂灌蔸　定植后，可选用5％淡紫拟青霉颗粒3000～4000倍液或 1.5％菌线威可湿性粉剂 3500～5000 倍液灌蔸，每株灌药液 100mL 左右；或用 0.5％阿维菌素颗粒剂 18～20g 拌土撒施或 15.0～17.5g 拌土沟施或穴施；或用 3％阿维·辛硫磷颗粒剂 0.4～0.5kg 拌土撒施或 0.3～0.4kg 拌土沟施或穴施；或用 2.5 亿个孢子/g 厚孢轮枝菌微粒剂 2～3kg 拌土均匀撒施或 2.5kg 拌土沟施或穴施。

注意：淡紫拟青霉、厚孢轮枝菌等生物菌剂为活体生物，要发挥作用，首先要确保其存活并能大量繁殖。因此，生物菌剂使用时要注意避免与化学农药混用，减少阳光照射，还要创造适宜微生物存活的环境条件，确保较高的湿度、丰富的土壤有机质、土壤透气性良好等，如此提前使用后，才能充分发挥生物菌剂的作用，增强其稳定性。生物菌剂的使用效果受环境条件影响较大，要想确保效果良好，还应注意连续施用。在蔬菜定植后半个月左右，可随水冲施 1 次生物菌剂，增强其效果。

（6）发病后药剂防治　当发现大棚中有线虫危害时，应立即采取灌根与全棚冲药相结合的措施，可以用 1.8％阿维菌素颗粒剂 1000 倍液混加甲壳素肥料进行灌根，针对性地防治根系上的线虫。灌根后 3d 左右，每亩随水冲施 1.8％阿维菌素颗粒剂 2kg。

然后再通过冲施生物菌剂，防止线虫继续侵染。生物菌剂在防治根结线虫方面具有先天优势，化学药剂灌根或冲施后，往往对根系造成伤害，尤其是线虫发生严重的大棚，不灌根防治根结线虫还好，用药灌根或者冲施一次，线虫死了，植株根系也随着腐烂、死亡。生物菌剂就不存在这方面的问题，因为菌剂发挥作用是通过不断侵染抑制虫卵孵化或杀死线虫。

对于丝瓜、苦瓜、黄瓜等结瓜能力强的蔬菜，发现根结线虫后，可以将植株上的瓜条全部摘除，减轻植株负担，提供充足的营养，促进根系再生恢复，等根系形成较为强大的根群以后再正常留果。番茄等结果后，挂果数量多，无法在短期内摘除，植株负担重，用药防治效果往往不如瓜类蔬菜明显。

此外，由于根结线虫病容易传播且难以完全杀灭，因此发生根结线虫的大棚需要经常进行消毒处理，一旦疏忽，短时间内就会暴发。建议从细处着手，加强预防，避免其再次传入棚内：一是进棚后换鞋，避免大棚外土壤传播线虫；二是定植前对秧苗进行蘸盘灭虫；三是农机具翻地前进行消毒处理；四是采用滴灌浇水，避免线虫随水大面积传播。如此层层设防，可以将线虫的发生控制在较低程度、特定范围，便于后续针对性防治。

❖ 17. 如何防治大棚蔬菜细菌性角斑病？

细菌性角斑病是黄瓜、西瓜等瓜类蔬菜的主要病害，主要为害叶片、叶柄、卷须和果实，有时病菌也侵染茎。早春大棚内的低温高湿有利于发病，昼夜温差大，结露重且持续时间长，则发病重。苗期至成株期均可为害。但黄瓜和西瓜的发病症状有所不同。

（1）种子消毒处理　种子可用 70℃ 恒温干热灭菌 72h，或用 50℃ 温水浸种 20min，捞出晾干后催芽播种；也可用次氯酸钙 300 倍液浸种 30～60min，或用 40％ 甲醛 150 倍液浸种 1.5h，用清水冲洗干净后催芽播种。

（2）无病育苗，实行轮作　选用前 2 年未种过黄瓜、西瓜的土壤作苗床地，并进行土壤消毒。不可与瓜类蔬菜连作。

（3）加强田间管理　根据病害的发生条件和发病规律，应采用无滴膜覆盖大棚，并注意通风透光，降低大棚内的空气和土壤湿度。同时，在肥水管理上，应多施磷钾肥和有机肥。推广使用高垄、覆膜、暗浇水的栽培技术。避免在早晨叶片湿度大、露水多时进行整枝打杈、果实采摘等农事操作，防止病原菌随操作人员或操作工具进行传播。及时摘除病株下部的老叶、黄叶、病叶等，清洁田园，及时拔除病株和附近的植株，将病残体集中焚烧或深埋。

（4）药剂防治　发病前期或初期喷施 3％ 中生菌素可湿性粉剂 800～1000 倍液或 2％ 春雷霉素水剂 500 倍液，每隔 5～7d 喷 1 次，连续使用 3～4 次，可以明显抑制病害的发生和发展。重病田根据病情，必要时还要增加喷药次数。

病害发生初期，也可选用 41％ 乙蒜素乳油 28.7～32.7g/亩，每隔 7～10d 喷药 1 次，共喷 3 次。乙蒜素对植物生长具有刺激作用，喷施后作物生长健壮，为防止病菌对乙蒜素产生抗性，建议与保护性杀菌剂或作用机制不同的杀菌剂交替使用。

此外，发病初期还可选用 30％ 琥胶肥酸铜可湿性粉剂 600～800 倍液或 60％ 琥珀酸铜·乙膦铝可湿性粉剂 500 倍液、72％ 霜脲·锰锌可湿性粉剂 600～750 倍液、14％ 络氨铜水剂 300 倍液、3％ 克菌康可湿性粉剂 800～1000 倍液、77％ 氢氧化铜可湿性粉剂 500 倍液、50％ 甲霜铜可湿性粉剂 600 倍液、47％ 春雷·王铜可湿性粉剂 1000 倍液、20％ 噻菌铜悬浮剂 700 倍液等喷雾防治。频繁使用铜制剂很容易造成植株产生抗药性，因此在田间施药时铜制剂最好与其他药剂轮换使用。

保护地喷撒 10％ 乙滴粉尘剂或 5％ 百菌清粉尘剂、10％ 脂铜粉尘剂，每次用量为每亩 1kg。

❖ 18. 如何防治大棚蔬菜青枯病？

青枯病为细菌性土传病害，是茄果类蔬菜（特别是番茄）及马铃薯生产上的一种毁灭性病害。虽然茄果类蔬菜在苗期也能感染这种病害，但通常并不表现出病状，直到株高 30cm 左右时，青枯病的症状才开始显露。青枯病通常在 5 月下旬以后，特别是久雨或大雨后的晴天大量发生。

（1）农业防治

① 严格轮作　实行与十字花科或禾本科作物 4 年以上的轮作，最好与水稻等禾本科作物实行水旱轮作，以杀灭或减少土壤中的青枯病病菌。

② 选用抗病品种或嫁接育苗　选育、应用抗病品种是防治青枯病最根本的方

法。嫁接育苗可避免青枯病的发生。

③ 调节土壤酸碱度　对于偏酸的土壤，可施入适量的生石灰，一般为每亩100～150kg，以提高土壤的pH。如果发现病株，则在清除病株后，在病株的周围撒一些生石灰，以抑制病菌的生长、繁殖。同时，在土壤中应多施经过充分腐熟的有机肥或草木灰等，以改良土壤结构，促进植株的健壮生长。

（2）药剂防治　到目前为止，青枯病是可防而不可治的。因此，药剂防治实际上是防病，有时（在病害发生后）是控制病害的蔓延。可在发病期，选用25%络氨铜水剂500倍液或86.2%氧化亚铜可湿性粉剂1000倍液、20%松脂酸铜乳油500倍液、20%咪鲜·松脂铜乳油750倍液、77%氢氧化铜可湿性粉剂400～500倍液、50%琥胶肥酸铜可湿性粉剂400倍液、50%敌枯双可湿性粉剂800～1000倍液、0.6%波尔多液（等量式）、20亿孢子/g蜡质芽孢杆菌可湿性粉剂800倍液灌根，每株灌兑好的药液0.3～0.5L，隔10d使用一次，连续灌2～3次。此外，可用97%噁霉灵原药进行土壤处理，苗床用3000～4000倍液喷淋，定植后开始发病时用4000～5000倍液浇根。

❖ 19. 如何防治大棚蔬菜软腐病？

软腐病在番茄、芹菜、白菜类蔬菜（尤其是大白菜，以及作为小白菜栽培的大白菜）、甘蓝、榨菜、萝卜等蔬菜上发生，其中夏秋季节大白菜软腐病发生比较普遍而且严重。在南方，特别在大棚等设施中无明显的越冬现象，周年都能发生。

（1）农业防治

① 实行轮作　与非十字花科蔬菜、菊科蔬菜、伞形花科蔬菜轮作，降低田间病菌密度，能有效减少软腐病的发生。

② 加强田间管理　深沟高畦，多施磷钾肥，及时松土，避免大水漫灌等对控制软腐病的发生均有一定的效果。此外，大棚栽培中及时通风透光，降低空气和土壤湿度对避免软腐病的发生十分重要。

清除病果、减少伤口。发现病果后要及时摘除，并将病果全部带出棚外深埋，以减少病原菌的数量，防止其再次进行传播。避免阴雨天气摘果和整枝打杈，减少人为伤口。晴天时及时喷洒杀虫剂，减少病虫为害造成的伤口，切断病菌的侵染途径。要设法降低棚内湿度，创造不利于发病的环境条件。冬季在保证棚温的基础上，通过适当加大通风口宽度、延长放风时间来降湿，采取在操作行内铺设稻壳或稻草等有机物进行吸湿等措施来降低棚内湿度。

（2）药物防治　发病初期，用生石灰和硫黄（50∶1）混合粉150g/m²，土壤消毒；发病前或发病初期，可喷洒2%～5%茶籽饼浸出液，用量为每亩75kg，或2%～3%浸出液75kg兑水250～300kg浇灌；撒施生石灰，或每3～4d用阴阳灰（3份草木灰＋2份生石灰混合而成）撒一次，每亩30～50kg；选用47%春雷·王铜可湿性粉剂700～750倍液、70%敌磺钠500～1000倍液等药剂处理轻病株及周围株，注意施在接近地表的叶柄和茎基部。

发病严重时，可选用氯溴异氰尿酸＋喹啉铜，或醚菌酯＋苯醚甲环唑＋百菌清＋琥胶肥酸铜等喷雾防治。

❖ 20. 如何防治瓜类蔬菜细菌性果斑病?

细菌性果斑病又称细菌性斑点病、果实腐斑病等，是近年由国外传入的毁灭性病害。该病对瓜类果实影响最大，不仅危害西瓜，也危害甜瓜、哈密瓜、黄瓜、西葫芦等，常导致果蔬严重减产，甚至绝产。

细菌性果斑病苗期即可发病，防治难度大，为害重，一定要注意提前预防。

（1）农业防治 由于该病为检疫性病害，未发生区应实行种子检疫，避免其大面积传播。

嫁接苗场要清洁消毒，选用无病砧木和健康接穗种子、不带菌种子。注意嫁接操作工具和手的消毒，可用73％酒精消毒。

使用充分腐熟的有机肥作苗基肥，营养钵一次浇透水，嫁接前浇足底水，尽量不在苗顶喷水，发现病株及时拔除，同时将病苗周围的苗全部弃用，并集中进行处理。

加强苗床管理，当覆膜出现凝露时及时在晴天的中午进行通风排湿。

加强田间管理，定植时小心操作，避免产生伤口，避免种植过密，合理整枝，提高植株的抗病性。及时清除病株及疑似病株，减少病菌传播、侵染的机会。

农事操作应尽量在植株上露水已干时进行，减少人为传播。

细菌性果斑病对果实为害重，苗期发病治疗后，还要加强后期防护，降低病菌再次侵染使植株发病的概率，尤其是在病菌侵染高峰的幼瓜期，更要加强预防。

（2）种子处理 对无籽和有籽西瓜种子进行消毒，可选用2％春雷霉素水剂100倍液浸种3～8h，清洗后催芽；或2％春雷霉素水剂200倍液＋50％氯溴异氰尿酸可溶性粉剂400倍液浸种3～8h，清洗后催芽；或2％春雷霉素水剂200倍液＋30％多·福可湿性粉剂400倍液浸种3～8h，清洗后催芽。

（3）定植时药剂蘸根 先把250g/L嘧菌酯悬浮剂1500倍液配好，取出15kg放在长方形容器中，再把育好苗的穴盘整个浸入药液中把根部蘸湿，可防止该病病菌侵入或延迟发病。

（4）化学防治 在连续阴雨天气后，或在发病初期用47％春雷·王铜可湿性粉剂800倍液或20％噻菌铜悬浮剂600倍液、77％氢氧化铜可湿性粉剂1500倍液、20％叶枯唑可湿性粉剂600～800倍液、50％琥胶肥酸铜可湿性粉剂500～700倍液、30％碱式硫酸铜悬浮剂400～500倍液、20％噻菌茂可湿性粉剂600倍液、20％噻唑锌悬浮剂400倍液、80％乙蒜素乳油1000倍液、2％宁南霉素水剂260倍液、1％中生菌素水剂300倍液、14％络氨铜水剂300倍液、0.5％氨基寡糖素水剂600倍液、20％松脂酸铜乳油1000倍液、56％氧化亚铜水分散粒剂600～800倍液、20％乙酸铜水分散粒剂 800 倍液、30％硝基腐植酸铜可湿性粉剂 600 倍液等均匀喷雾，隔 10d 左右喷 1 次，防治 2～3 次。采收前 7d 停止用药。

也可选用配方药：32.5％苯甲·嘧菌酯悬浮剂 1500 倍液＋27.12％碱式硫酸铜悬浮剂 500 倍液，喷雾防治。

此外，在防治苗期细菌性病害的同时，还应注意真菌性病害、病毒病及虫害的及时防治，确保苗全、苗壮、无病虫害。

❖ 21. 如何防治大棚蔬菜黑腐病？

甘蓝类蔬菜和白菜类蔬菜均有黑腐病发生。一般高温高湿、连作或氮肥偏多时容易发生，主要为害叶片（包括叶球），幼苗期和成株期均有发生。

（1）农业防治

① 实行轮作　一般发病严重的田块，应与非十字花科蔬菜实行 2 年以上的轮作，以降低土壤中的病菌密度。

② 种子消毒　可采用温水浸种法消毒，即将种子在 50℃温水中浸泡 20min；或用漂白粉消毒，每 100g 种子用 1.5g 漂白粉（有效成分）并加少量水拌匀后在容器中闷 16h 后播种。

③ 加强田间管理　包括深沟高畦，合理施肥，通风透光，降低大棚内的空气和土壤湿度，提高植株的抗病能力；除去病苗、弱苗。收获后及时清洁田园，清除土中植株病残体及周围十字花科杂草；施足有机肥，增施磷钾肥；生长期及时浇水，做好开沟排水工作，不留积水；拔出病、残、弱、密的植株。

（2）药剂防治　发病初期除了拔除病株外，可选用 77％氢氧化铜可湿性粉剂 500 倍液或 20％噻菌铜悬浮剂 500 倍液、10％苯醚甲环唑水分散粒剂 2000 倍液、30％硝基腐植酸铜可湿性粉剂 800 倍液、47％春雷·王铜可湿性粉剂 700 倍液、27％碱式硫酸铜悬浮剂 100mL/亩、28％消菌灵粉剂 120g/亩等喷雾，每 7～10d 使用一次，连续 2～3 次。

❖ 22. 如何防治大棚蔬菜脐腐病？

脐腐病又称蒂腐病、顶腐病。初期在幼果花器残余部及附近出现暗绿色水浸状斑点，后病斑迅速扩大直径为 1～3cm，严重的扩大到近半个果实。至脐（蒂）部组织皱缩，表面凹陷，变为褐色。常伴随弱寄生霉菌侵染而呈黑褐色至黑色，内部果肉也变黑色，但仍较坚实。如若遭受软腐细菌侵染，则引起软腐。病果提早变红，且多发生于底部果实上，同一花序上的番茄果，或同一株上的对椒果，往往同时发生此病。俗称黑膏药病。综合防治措施如下：

在施用有机肥作基肥时，按每亩掺施 16％过磷酸钙 80～100kg。增加土壤中钙素的含量，使土壤含钙量达 0.2％以上。

在栽培上要起垄定植，覆盖地膜，浇沟洇垄，勤浇、轻浇水，保持水分供应适宜、稳定。同时实行高吊架栽培，改善光照条件。

根外追肥。于开花结果期，叶面喷施高效钙母液 300～400 倍液，也可喷洒 0.1%氯化钙或 0.1%过磷酸钙和 0.1%硼砂溶液。而在冲施水溶性肥时，每亩每次冲施硝酸钙和硫酸钾各 4～6kg，在结果盛期，每月冲施 2～3 次。

第二节　大棚蔬菜主要虫害防治

❖ 1. 小菜蛾的防治方法有哪些？

小菜蛾又称菜蛾、方块蛾，其幼虫称为小青虫、两头尖、扭腰虫。露地、保护地都有发生，以白菜、结球甘蓝、青花菜、花椰菜、菜心、萝卜、乌塌菜、芝麻菜、京水菜、芥蓝、豆瓣菜等蔬菜为寄主。在南方地区一年有两个发生高峰，即 4～6 月和 8～10 月，一般秋季为害重于春季。

（1）应用杀虫灯、黄板复合植物源诱剂诱杀成虫　应用频振式杀虫灯和植物源诱剂黄色诱虫黏胶板诱杀成虫，减少田间虫卵量。

（2）性诱剂迷向法防治　在春季平均温度回升到 15℃时起，在田间应用迷向型小菜蛾诱芯，干扰小菜蛾成虫交配，减少田间有效虫卵量，控制其危害。每 60m² 左右投 1 个诱芯。诱芯的放置高度略高于作物叶面，每 60～80d 换 1 次诱芯，防治效果可达 45%～60%。

（3）性诱剂诱捕法防治　利用性诱剂诱杀，可挂性诱器诱捕，或用铁丝穿吊诱芯（含人工合成性诱素 50mg/个）悬挂在水盆水面上方 1cm 处，水中加适量洗衣粉，或悬挂自制诱捕罩，每只诱芯诱蛾半径可达 100m，有效诱蛾期 1 个月以上。

（4）微生物农药防治

① 印楝素　于 1～2 龄幼虫盛发期时施药，用 0.3%印楝素乳油 800～1000 倍液或 1%苦参·印楝乳油 800～1000 倍液喷雾。根据虫情约 7d 后可再防治一次，也可使用其他药剂。

② 除虫菊素　在小菜蛾低龄幼虫期用 5%除虫菊素乳油 1000 倍液喷雾。

③ 苦参碱　用 0.5%苦参碱水剂 600 倍液喷雾。

④ 烟碱及其复配剂　每亩每次可用 10%烟碱乳油 800～1200 倍液或 2%烟碱水乳剂 800～1200 倍液、27.5%油酸·烟碱乳油 500～1000 倍液、27%皂素·烟碱可溶剂 300 倍液、6%烟·百·素乳油 1000～1500 倍液等喷雾防治。把烟叶、烟筋、烟茎等下脚料直接用清水浸泡，烟草和清水的质量比为烟草下脚料：水 = 1：（6～8），浸泡 12～14h，浸泡时揉搓烟草 1 次，换水 4 次，1kg 烟草下脚料可揉出 24～32kg 液体，用纱布过滤后田间喷雾。

⑤ 茴蒿素　在幼虫 3 龄之前，用 0.65％茴蒿素水剂 250～400 倍液或 0.88％双素・碱水剂 300～400 倍液喷雾。

⑥ 川楝素　成虫产卵高峰后 7d 左右或幼虫 2～3 龄期为施药适期，用 0.5％川楝素乳油 800～1000 倍液，或每亩 1.1％烟・百・素乳油 85～110mL 兑水稀释后，均匀喷雾 1 次。

⑦ 闹羊花素Ⅲ　用 0.1％闹羊花素Ⅲ乳油 800～1000 倍液喷雾，持效期 14d。

⑧ 瑞香狼毒素　每亩用 1.6％瑞香狼毒素水乳剂 60～80mL，兑水 50kg 喷雾，或用 0.3％瑞香狼毒素水剂 1500 倍液喷雾防治。

⑨ 绿僵菌　用绿僵菌菌粉兑水稀释成每毫升含孢子 0.05 亿～0.1 亿个的菌液喷雾。

⑩ 苏云金杆菌　幼虫 3 龄前，每亩用 8000 IU/mg 苏云金杆菌可湿性粉剂 100～300g 或 16000 IU/mg 可湿性粉剂 100～150g、32000 IU/mg 可湿性粉剂 50～80g、2000 IU/μL 悬浮剂 200～300mL、4000 IU/μL 悬浮剂 100～150mL、8000 IU/μL 悬浮剂 50～75mL、100 亿活芽孢/g 可湿性粉剂 100～150g，兑水 30～45kg 均匀喷雾。

⑪ 杀螟杆菌　每亩用每克含活孢子 100 亿个以上的杀螟杆菌菌粉 100～150g，兑水 40～50kg 喷雾。

⑫ 青虫菌　每亩用 100 亿个以上活孢子/g 青虫菌粉剂 200～250g，兑水稀释成 500～1000 倍液喷雾，防治小菜蛾幼虫。撒施菌土，每亩用 100 亿个以上活孢子/g 青虫菌粉剂 250g 与 20～25kg 细土拌匀，制成菌土，均匀撒施，可防治小菜蛾幼虫。

⑬ 蛇床子素　用 0.4％蛇床子素乳油，每亩用 110mL 兑水喷雾。

（5）应用颗粒体病毒制剂防治

a.小菜蛾颗粒体病毒用 40 亿 PIB/g 可湿性粉剂 150～200g/亩，加水稀释成 250～300 倍液喷雾，遇雨补喷。或每亩 300 亿 PIB/mL 悬浮剂 25～30mL 喷雾，根据作物大小可以适当调整用量。除使用杀菌剂农药外还可与苏云金杆菌混合使用，具有增效作用；不可与强碱性物质混用。

b.棉铃虫核型多角体病毒　用 20 亿 PIB/mL 棉铃虫核型多角体病毒按使用说明上的要求进行喷雾，喷药后 3d，能有效杀灭萝卜小菜蛾。对于对菊酯类、苏云金杆菌等农药抗性强的小菜蛾，防治率高，是目前防治抗性小菜蛾的较佳药物之一。

c.菜青虫颗粒体病毒　在孵卵高峰期、幼虫 3 龄前用药。每亩用 1 万 PIB/mg 菜青虫颗粒体病毒可湿性粉剂 40～60g 兑水稀释 750 倍，于阴天或晴天下午 4 点后喷雾，持效期 10～15d。死亡的虫尸，可收集起来捣烂，过滤后将滤液兑水喷于田间仍可杀死害虫，每亩用 5 龄死虫 20～30 头即可。

（6）化学仿生物农药防治　在卵孵盛期至一、二龄幼虫高峰期施药。可选用

5％氯虫苯甲酰胺悬浮剂 1000 倍液或 20％氟虫双酰胺水分散粒剂 3000 倍液、240g/L 氰氟虫腙悬浮剂 500～600 倍液、25g/L 多杀霉素悬浮剂 1000 倍液、10％虫螨腈悬浮剂 1000～1500 倍液、240g/L 甲氧虫酰肼悬浮剂 2000 倍液、150g/L 茚虫威悬浮剂 3000 倍液、10％三氟甲吡醚乳油 1500～2000 倍液、2.5％阿维•氟铃脲乳油 2000～3000 倍液、2.4％阿维•高氯微乳剂 1000 倍液、5％多杀霉素悬浮剂 3000～4000 倍液、25％丁醚脲乳油 800～1000 倍液、2％甲维•茚棟素 2500～3000 倍液、0.5％甲维盐乳油 3000 倍液、20％氟苯虫酰胺水分散粒剂 2500～3000 倍液等喷雾防治。

❖ 2. 斜纹夜蛾的防治方法有哪些?

斜纹夜蛾又名莲纹夜蛾、莲纹夜盗蛾、五花虫、花虫等,是一种食性很杂的暴食性害虫。寄主作物有 290 种以上,在蔬菜中主要有甘蓝、花椰菜、白菜、萝卜等十字花科蔬菜,茄科蔬菜,葫芦科蔬菜,豆科蔬菜以及葱、韭菜、菠菜等。斜纹夜蛾发育最快的温度为 29～30℃,每年的 7～10 月为害最为严重,故称为高温害虫。

(1) 性诱剂诱杀成虫　使用斜纹夜蛾性诱剂诱杀成虫,效果较好。6～9 月为斜纹夜蛾盛发期,7～8 月为害最重,因此适宜于 6～10 月进行性诱剂诱杀。

(2) 灯光诱杀成虫　从斜纹夜蛾年度发生始盛期开始至年度发生盛末期止,应用频振式杀虫灯,每天晚上开灯诱杀成虫。

(3) 生物药剂防治幼虫　应用斜纹夜蛾核型多角体病毒制剂:斜纹夜蛾对核型多角体病毒极为敏感,在多阴雨天气,1 次用药可在 1 个月内连续不断感染斜纹夜蛾幼虫,并造成大量害虫死亡。从年度发生始盛期开始,掌握在卵孵高峰期使用 300 亿 PIB/g 斜纹夜蛾核型多角体病毒水分散粒剂 10000 倍液,每亩用量 8～10g,每代次用药 1 次。喷药要避开强光,最好在傍晚喷施,防止紫外线杀伤病毒。

还可选用 2％甲维盐乳油 6000 倍液或 5％氟虫脲乳油 800～1200 倍液、5％氟啶脲乳油 800～1200 倍液、20％除虫脲胶悬剂 750～1000 倍液、2.5％多杀霉素悬浮剂 1200 倍液、0.6％印棟素乳油 100～200mL/亩、400 亿个孢子/g 白僵菌 25～30g/亩、100 亿个孢子/mL 短稳杆菌悬浮剂 800～1000 倍液等喷雾防治,10～14d 喷一次,共喷 2～3 次。

(4) 仿生物农药制剂防治幼虫　掌握在幼虫卵孵盛期至一、二龄幼虫高峰期施药,防治间隔期 7～10d,1 个代次根据虫口密度防治 1～2 次。该虫抗药性强,白天潜伏在植株根基或表土层内,晴天傍晚 6 点以后逐步向植株上部迁移,针对这种习性,在防治上实行傍晚喷药。一般在晚上 6～7 点以后,最好在晚上 8～9 点(太阳下山以后 2h 左右),待害虫全部上叶取食时施药,使药剂能直接喷到虫体和食物上,触杀、胃毒并进,增强毒杀效果。

药剂可选用 5％氯虫苯甲酰胺悬浮剂 1000 倍液或 10％虫螨腈悬浮剂 1000～

1500 倍液、240g/L 甲氧虫酰肼悬浮剂 2000 倍液、150g/L 茚虫威悬浮剂 3000 倍液、50g/L 虱螨脲乳油 1000 倍液、10％氯溴虫腈悬浮剂 3500～5000 倍液、18％鱼藤酮·辛硫磷乳油 375～750 倍液、22％氰氟虫腙悬浮剂 500～600 倍液、30％虫酰肼悬浮剂 1500 倍液等喷雾防治。

◆ 3. 甜菜夜蛾的防治方法有哪些？

甜菜夜蛾又称贪夜蛾、白菜褐夜蛾、玉米夜蛾、橡皮虫，主要为害甘蓝、花椰菜、白菜、萝卜、莴苣、番茄、青椒、茄子、马铃薯、黄瓜、西葫芦、豇豆、菜豆、芹菜、菠菜、大葱、韭菜等。甜菜夜蛾是一种间歇性发生的害虫，不同年份发生量相差很大。高温有利于其发生，若高温来得早，且持续时间长、雨量偏少，就有可能大发生，一般 7～9 月份为害较重。

（1）性诱成虫　在每年发生初期，应用甜菜夜蛾性诱剂。

（2）灯光诱杀　利用甜菜夜蛾的趋光性，可在田间用黑光灯、高压汞灯及频振式杀虫灯诱杀成虫，降低虫口密度。

（3）生物防治　在甜菜夜蛾发生初期虫龄较低且较为一致时，特别是在 8～9 月作物移栽后的生长前期，充分利用病毒及其生物天敌进行防治。在甜菜夜蛾二至三龄幼虫盛发期，每亩用 20 亿 PIB/mL 甜菜夜蛾核型多角体病毒悬浮剂 75～100mL 或 300 亿 PIB/g 甜菜夜蛾核型多角体病毒水分散粒剂 4～5g，兑水 30～45L 喷雾，用药间隔期 5～7d，每代次连续喷施 2 次。喷药要避开强光，最好在傍晚喷施，防止紫外线杀伤病毒。也可用 10 亿 PIB/mL 苜蓿银纹夜蛾核型多角体病毒悬浮剂 800～1000 倍液或 16000IU/mg 苏云金杆菌水分散粒剂 600～800 倍液、0.7％印楝素乳油 400～600 倍液等喷雾，10～14d 喷一次，共喷 2～3 次。

（4）仿生物农药制剂　甜菜夜蛾低龄幼虫在网内为害，很难接触到药液；3 龄以后抗药性增强，因此药剂防治难度大，应掌握在其卵孵盛期至 2 龄幼虫盛期开始喷药防治，防治间隔期 7～10d，1 个代次根据虫口密度防治 1～2 次。

用药可选 5％氯虫苯甲酰胺悬浮剂 1000 倍液或 10％虫螨腈悬浮剂 1000～1500 倍液、240g/L 甲氧虫酰肼悬浮剂 2000 倍液、150g/L 茚虫威悬浮剂 3000 倍液、50g/L 虱螨脲乳油 1000 倍液、1％甲维盐乳油 2000～3000 倍液、10.5％甲维·虫酰肼乳油 1500～2000 倍液、25％甲维·丁醚脲微乳剂 3000～3500 倍液、3.6％苏云·虫酰肼可湿性粉剂 2000～3000 倍液、2.5％阿维·氟铃脲乳油 2000～3000 倍液、6％阿维·氯苯酰悬浮剂 800～1300 倍液、240g/L 氰氟虫腙悬浮剂 1500～2000 倍液、1.8％阿维菌素乳油 2000～3000 倍液、20％氟虫双酰胺水分散粒剂 2000～3000 倍液、2.5％多杀霉素胶悬剂 500～1000 倍液、5％氯虫苯甲酰胺悬浮剂 1000 倍液、20％氯苯虫酰胺水分散粒剂 2500～3000 倍液、100g/L 三氟甲吡醚乳油 800～1000 倍液、30％氯虫·噻虫嗪悬浮剂 6.6g/亩等喷雾防治。

❖ 4. 菜粉蝶的防治方法有哪些?

菜粉蝶, 别名菜白蝶、白粉蝶, 菜粉蝶的幼虫称为菜青虫。主要为害甘蓝、白菜、萝卜等十字花科蔬菜, 尤其是含有芥子苷、叶表面光滑无毛的甘蓝和花椰菜的主要害虫。具有春、秋两个发生高峰。

(1) 生物防治　注意天敌的自然控制作用, 保护好赤眼蜂、微红绒茧蜂、凤蝶金小蜂等天敌。

(2) 物理防治　用防虫网全程覆盖栽培。在塑料大棚、中棚或小棚骨架上覆盖防虫网, 整地时一次性施足基肥, 然后播种或移栽, 再将网底四周用土压实, 浇水时中、小棚可直接从网上浇入, 大棚可由门进入操作, 注意进、出后随手关门。无论大、中、小棚, 栽培空间均以所栽植株长成后不与防虫网接触为宜。适宜栽培速生叶类蔬菜或作育苗之用。

利用菜粉蝶的趋光性, 大面积安装太阳能杀虫灯诱杀成虫。

大面积利用性诱剂诱杀菜粉蝶雄虫, 使菜粉蝶雌虫产下无效卵。

(3) 有机蔬菜药剂防治

① 印楝素　于1~2龄幼虫盛发期时施药, 用0.3%印楝素乳油800~1000倍液或1%苦参·印楝乳油800~1000倍液喷雾。根据虫情约7d后可再防治一次, 也可使用其他药剂。

② 除虫菊素　每亩喷0.5%除虫菊素粉剂2~4kg, 在无风的晴天喷撒。在低龄幼虫期用5%除虫菊素乳油1500~2000倍液喷雾。根据害虫的发生情况, 隔5~7d后再喷1次。

③ 鱼藤酮　在发生危害初期, 用2.5%鱼藤酮乳油400~500倍液或7.5%鱼藤酮乳油1500倍液, 均匀喷雾一次。再交替使用其他相同作用的杀虫剂, 对该药持久高效有利。

④ 苦参碱　在成虫产卵高峰后7d左右, 幼虫处于2~3龄时施药防治, 每亩用0.3%苦参碱水剂62~150mL, 加水40~50kg, 或1%苦参碱醇溶液60~110mL, 加水40~50kg均匀喷雾, 或用3.2%苦参碱乳油1000~2000倍液喷雾。对低龄幼虫的防治效果好, 对4~5龄幼虫的防治效果差。持续期7d左右。

⑤ 烟碱　每亩每次可用10%烟碱乳油800~1200倍液或2%烟碱水乳剂800~1200倍液、27.5%油酸·烟碱乳油500~1000倍液、27%皂素·烟碱可溶剂300倍液、6%烟·百·素乳油1000~1500倍液等喷雾防治。将烟叶、烟筋、烟茎等下脚料直接用清水浸泡, 烟草和清水的重量比例为烟草下脚料∶水=1∶(6~8), 浸泡12~14h, 浸泡时揉搓烟草1次, 换水4次, 1kg烟草下脚料可揉出24~32kg液体, 用纱布过滤后在田间喷雾。

⑥ 马钱子碱　用于防治十字花科蔬菜上的蚜虫、菜青虫, 每亩每次用0.84%马钱子碱水剂50~80mL, 兑水40~60kg, 搅匀后均匀喷雾。

⑦藜芦碱　甘蓝处在莲座期或菜青虫处于低龄幼虫阶段为施药适期，可用 0.5％藜芦碱醇溶液 500～800 倍液均匀喷雾 1 次，持效期可达 2 周。

⑧苗蒿素　应掌握在幼虫 3 龄发生之前，用 0.65％苗蒿素水剂 250～400 倍液，或 0.88％双素·碱水剂 300～400 倍液喷雾。

⑨川楝素　成虫产卵高峰后 7d 左右或幼虫 2～3 龄期为施药适期，用 0.5％川楝素乳油 800～1000 倍液，或每亩 1.1％烟·百·素乳油 85～110mL 兑水稀释后，均匀喷雾 1 次。

⑩闹羊花素Ⅲ　0.1％闹羊花素Ⅲ乳油 800～1000 倍液喷雾，持效期 14d。

⑪瑞香狼毒素　每亩用 1.6％瑞香狼毒素水乳剂 60～80mL，兑水 50kg 喷雾，或 0.3％瑞香狼毒素水剂 1500 倍液喷雾防治。

⑫血根碱　每亩用 1％血根碱可湿性粉剂 30～50g，兑水 40～50kg 喷雾。

⑬蛇床子素　每亩用 0.4％蛇床子素乳油 80～120mL 兑水 50～75L 均匀喷雾，持效期 7d 左右。

⑭辣椒碱　每亩用 0.7％辣椒碱乳油 75mL 兑水 800～1000 倍均匀喷雾。用 95％天然辣椒素粉，加 50 倍水搅拌，放置一夜，用纱布过滤后喷在作物上，或将辣椒研成细粉，加水、加肥皂片或液体肥皂，充分搅拌，洒在作物上。

⑮绿僵菌　用绿僵菌菌粉兑水稀释成每毫升含孢子 0.05 亿～0.1 亿个的菌液喷雾。

⑯苏云金杆菌　幼虫 3 龄前，每亩用 8000 IU/mg 苏云金杆菌可湿性粉剂 100～300g 或 16000 IU/mg 可湿性粉剂 100～150g、32000 IU/mg 可湿性粉剂 50～80g，兑水 30～45kg 均匀喷雾。

⑰杀螟杆菌　每亩用每克含活孢子 100 亿个以上的杀螟杆菌菌粉 50～100g，兑水 40～50kg 喷雾。

⑱青虫菌　每亩用 100 亿个以上活孢子/g 青虫菌粉剂 200～250g，兑水稀释成 500～1000 倍液喷雾。或每亩用 100 亿个以上活孢子/g 青虫菌粉剂 250g 与 20～25kg 细土拌匀，制成菌土，均匀撒施，可防治幼虫。

⑲甜菜夜蛾核型多角体病毒　于产卵盛期每亩用 300 亿 PIB/g 甜菜夜蛾核型多角体病毒水分散粒剂 2g，先用少量水将药剂稀释，然后再加水至 20～30kg（10000～15000 倍液），均匀喷雾。

⑳菜青虫颗粒体病毒　在孵卵高峰期、幼虫 3 龄前用药。每亩用 10000PIB/mg 菜青虫颗粒体病毒可湿性粉剂 40～60g 兑水稀释 750 倍，于阴天或晴天下午 4 点后喷雾，持效期 10～15d。死亡的虫尸，可收集起来捣烂，过滤后将滤液兑水喷于田间仍可杀死害虫，每亩用 5 龄死虫 20～30 头即可。

（4）昆虫生长调节剂防治　在菜粉蝶幼虫初发生期和幼龄期，选用 5％氟啶脲乳油 1500～2000 倍液或 5％氟虫脲乳油 1500～2000 倍液、20％除虫脲悬浮剂 600～1000 倍液、20％灭幼脲 1 号悬浮剂 600～1000 倍液、25％灭幼脲 3 号悬浮剂

600～1000 倍液、20％杀铃脲悬浮剂 6000～8000 倍液等昆虫生长调节剂进行喷雾防治。

（5）化学防治　在常规栽培的条件下，应每隔 3～5d 检查一次虫情，苗期发现百株有卵 20 粒或幼虫 15 条以上，或在旺长期百株有卵或幼虫 200 条以上，需在 1～3 龄幼虫居多时施药防治。因其发生不整齐，要连续用药 2～3 次。可选用 10％氯氰菊酯乳油 1000 倍液或 10％醚菊酯悬浮剂 1000～1500 倍液、5％定虫隆乳油 2000 倍液、20％杀灭菊酯乳油 300 倍液、5.7％高效氟氯氰菊酯乳油 2000 倍液等喷雾防治。

虫口密度大、虫情危急时，可选用 2.5％溴氰菊酯乳油 2000～3000 倍液、20％氰戊菊酯乳油 1500～3000 倍液、10％高效氯氰菊酯乳油 1500 倍液、50％辛硫磷乳油 1000 倍液、90％敌百虫晶体 1000 倍液、1.7％阿维·高氯氟氰可溶性液剂 2000～3000 倍液、2％阿维·苏云菌可湿性粉剂 2000～3000 倍液、18％阿维·烟碱水剂 1000 倍液、20％氟虫双酰胺水分散粒剂 3000 倍液、15％唑虫酰胺乳油 1000～1500 倍液、3％多杀霉素悬浮剂 1500 倍液等喷雾，7～10d 喷一次，共喷 2～3 次。

❖ 5. 蚜虫的防治方法有哪些？

蚜虫的种类非常多，有桃蚜、棉蚜、瓜蚜、萝卜蚜等 40 多种。几乎能以所有的蔬菜作物为宿主植物，但主要是瓜类、茄果类、十字花科蔬菜。此外，许多杂草也是蚜虫的主要宿主植物。从上半年 3 月份起，随着气温的回升，蚜虫开始为害作物，并于 4 月中旬至 6 月上中旬达到高峰，下半年蚜虫的为害高峰为 8 月下旬至 11 月上旬。

（1）黄板诱杀　利用蚜虫的趋黄性，在大田或大棚内挂黄板诱杀。

（2）银灰膜避蚜　蚜虫对不同颜色的趋性差异很大，银灰色对传毒蚜虫有较好的忌避作用。可在棚内悬挂银灰色塑料条（5～15cm 宽），也可用银灰色地膜覆盖蔬菜防治蚜虫。

（3）安装防虫网　保护地的通风口可以安装 25 目左右的防虫网阻隔蚜虫。

（4）天敌治蚜　充分利用和保护天敌以消灭蚜虫。蚜虫的天敌种类很多，主要分为捕食性和寄生性两类。捕食性的天敌主要有瓢虫、食蚜蝇、草蛉、小花蝽等；寄生性的天敌有蚜茧蜂、蚜小蜂等寄生性昆虫，还有蚜霉菌等微生物。

（5）有机蔬菜药剂防治　除虫菊素。在发生初期用 5％除虫菊素乳油 2000～2500 倍液，或 3％除虫菊素乳油 800～1200 倍液，或 3％除虫菊素微胶囊悬浮剂 800～1500 倍液，均匀喷雾。

① 烟碱　每亩每次可用 10％烟碱乳油 800～1200 倍液，或 2％烟碱水乳剂 800～1200 倍液，或 27.5％油酸·烟碱乳油 500～1000 倍液，或 27％皂素·烟碱可溶剂 300 倍液，或 6％烟·百·素乳油 1000～1500 倍液等喷雾防治。或将烟叶、

烟筋、烟茎等烟草下脚料直接用清水浸泡，烟草下脚料和清水的重量比例为烟草下脚料∶水＝1∶（6～8），浸泡12～14h，浸泡时揉搓烟草1次，换水4次，1kg烟草下脚料可揉出24～32kg液体，用纱布过滤后在田间喷雾。

② 苦参碱　防治茄果类、叶菜类蚜虫，前期预防用0.3％苦参碱水剂600～800倍液喷雾；虫害初发期用0.3％苦参碱水剂400～600倍液喷雾，5～7d喷洒一次；虫害发生盛期可适当增加药量，3～5d喷洒一次，连续2～3次，喷药时应叶背、叶面均匀喷雾，尤其是叶背。

③ 氧化苦参碱　在蚜虫发生期施药，每亩用0.6％氧苦补骨内酯水剂60～100mL，兑水40～50kg，搅匀后，对叶背、叶面均匀喷雾；或0.1％氧化苦参碱水剂1000～1500倍液喷雾。

④ 鱼藤酮　在发生危害初期，用2.5％鱼藤酮乳油400～500倍液或7.5％鱼藤酮乳油1500倍液，均匀喷雾一次，再交替使用其他相同作用的杀虫剂，对该药持久高效有利。

⑤ 马钱子碱　每亩每次用0.84％马钱子碱水剂50～80mL，兑水40～60kg，搅匀后均匀喷雾。

⑥ 藜芦碱　在不同蔬菜发生蚜虫危害初期，用0.5％藜芦碱醇溶液400～600倍液喷雾1次，持效期可达2周以上。

⑦ 茼蒿素　应在蚜虫盛发期之前，用0.65％茼蒿素水剂300～400倍液或0.88％双素·碱水剂300～400倍液喷雾。

⑧ 川楝素　在蚜虫初发期，每亩用0.5％川楝素乳油40～60g，兑水40～60L喷雾；或用1.1％川楝素乳油600～800倍液喷雾，注意喷洒叶片背面和心叶。

⑨ 瑞香狼毒素　防治烟蚜、棉蚜，用1.6％瑞香狼毒素水乳剂1000～1500倍液喷雾。

⑩ 血根碱　每亩用1％血根碱可湿性粉剂30～50g，兑水40～50kg喷雾。

⑪ 蛇床子素　用1％蛇床子素水乳剂400倍液喷雾。

⑫ 百部碱　用于防治白菜蚜虫，每亩用0.88％百部碱水剂100～150mL兑水稀释成300～400倍液，均匀喷雾，每7d喷施一次，根据虫情，一般连喷2～3次。

⑬ 皂素·烟碱　把27％皂素·烟碱可溶性粉剂稀释300倍，在虫害发生初期喷雾。根据虫害发生程度，隔5～7d喷1次，连喷2～3次。30％茶皂素·烟碱水剂防治蔬菜上的菜青虫和蚜虫，每亩用量为7.5～10g，兑水均匀喷雾。

⑭ 辣椒碱　每亩用0.7％辣椒碱乳油75mL兑水800～1000倍均匀喷雾。

⑮ 蜡蚧轮枝菌　把蜡蚧轮枝菌粉剂稀释成0.1亿孢子/mL的孢子悬浮液喷雾。

⑯ 松脂酸钠　在蚜虫发生期施药，用30％松脂酸钠乳剂150～300倍液喷雾防治。

注意提早防治，蚜虫数量多时，可添加200倍竹醋液，效果更好。

（6）化学药剂防治

① 熏蒸　选在傍晚棚温 25℃ 以上时闭棚熏蒸，保护地可用 22% 敌敌畏烟剂 500g/亩密闭熏烟，农药残留少时也可混用 80% 敌敌畏乳油 250mL/亩＋2.5% 溴氰菊酯乳油 20mL/亩熏蒸。

② 喷雾　由于蚜虫世代周期短、繁殖快、蔓延迅速，多聚集在蔬菜心叶或叶背皱缩隐蔽处，喷药要求细致周到，施药时应注意着重喷洒叶片背面、嫩茎等部位，从上至下逐步喷洒，尽可能选择兼具触杀、内吸、熏蒸三重作用的药剂。

早期可选用 25% 噻虫嗪水分散粒剂 1000～1500 倍液对幼苗进行喷淋。

后期可选用 24.7% 高效氯氟氰菊酯＋噻虫嗪微囊悬浮剂 1500 倍液，或 10% 醚菊酯悬浮剂 1500～2000 倍液、2.5% 高效氟氯氰菊酯水剂 1500 倍液、10% 氯氰菊酯乳油 2000 倍液、3% 啶虫脒乳油 2000 倍液、50% 抗蚜威可湿性粉剂 2000 倍液、10% 吡虫啉可湿性粉剂 1000 倍液、40g/L 螺虫乙酯悬浮剂 4000～5000 倍液、10% 烯啶虫胺水剂 3000～5000 倍液、10% 氟啶虫酰胺水分散粒剂 3000～4000 倍液、25% 吡虫・仲丁威乳油 2000～3000 倍液、4% 氯氰・烟碱水乳剂 2000～3000 倍液、5% 氯氰・吡虫啉乳油 2000～3000 倍液、50% 吡蚜酮水分散粒剂 3000～4500 倍液、25% 噻虫啉悬浮剂 2000～4000 倍液、10% 溴氰虫酰胺可分散油悬浮剂 2500～3000 倍液等喷雾防治，这些农药应交替使用。对桃蚜一类本身披有蜡粉的蚜虫，施用任何药剂时，均应加 0.1% 中性肥皂水或洗衣粉。

❖ 6. 白粉虱和烟粉虱的防治方法有哪些?

白粉虱俗称小白蛾子。烟粉虱又称棉粉虱、甘薯粉虱，是一种食性杂、分布广的具有小型刺吸式口器的害虫，为害茄科、十字花科、葫芦科、豆科、锦葵科等蔬菜作物。烟粉虱虫口密度起初增长较慢，春末夏初数量上升，9 月下旬秋季上升迅速达到高峰，10 月下旬以后随着气温的下降，虫口数量逐渐减少。

（1）黄板诱杀　白粉虱具有强烈的趋黄性，采用黄板诱杀的方式可以有效控制白粉虱的危害，并且安全、无污染，不给蔬菜生产造成农药残留。

（2）利用银灰色膜驱避　用银灰色塑料膜作地膜覆盖，可驱避白粉虱，有效减少温室白粉虱的数量。

（3）温度控制　温度对温室白粉虱种群的生长发育有很大的影响。18～24℃ 为温室白粉虱最适生长和繁殖的温度，39～39.5℃ 为温室白粉虱成虫的致死高温区。研究表明，0℃ 以下低温冷冻 5d，可以冻死温室内白粉虱的成虫和幼虫。所以，可以利用高温消毒和延秋、寒冬倒茬时的低温对白粉虱的成虫和幼虫进行灭杀。

（4）有机蔬菜药剂防治

① 苦参碱　前期预防用 0.3% 苦参碱水剂 600～800 倍液喷雾；虫害初发期用 0.3% 苦参碱水剂 400～600 倍液喷雾，5～7d 喷洒一次；虫害发生盛期可适当增加药量，3～5d 喷洒一次，连续 2～3 次，喷药时应在叶背、叶面均匀喷雾，尤其是

叶背。

② 印楝素　0.3％印楝素乳油 1000～1300 倍液喷雾。

③ 烟碱　每亩每次可用 10％烟碱乳油 800～1200 倍液，或 2％烟碱水乳剂 800～1200 倍液，或 27.5％油酸·烟碱乳油 500～1000 倍液，或 27％皂素·烟碱可溶剂 300 倍液，或 6％烟·百·素乳油 1000～1500 倍液，或 1.1％烟·百·素乳油 800～1000 倍液等喷雾防治；每亩用烟草粉末 3～4kg 直接喷粉，或 1kg 烟草粉末拌细土 4～5kg，在清晨露水较多时撒施。

④ 辣椒素　用 95％天然辣椒素粉，加 50 倍水搅拌，放置一夜，用纱布过滤后喷在作物上；或将辣椒研成细粉，加水、加肥皂片或液体肥皂，充分搅拌，洒在作物上。

（5）化学防治

① 熏杀　扣棚后将棚的门、窗全部密闭，每亩用 35％吡虫啉烟雾剂或 17％敌敌畏烟雾剂 340～400g，或 3％高效氯氰菊酯烟雾剂 250～350g，或用 20％异丙威烟雾剂 200～300g，熏蒸大棚，消灭迁入温棚内越冬的成虫。

② 喷雾　在定植前，趁秧苗集中时，喷药杀灭秧苗上带有的烟粉虱和白粉虱。定植后注意勤检查虫情，在大棚内，只要发现有这种害虫，别管发现了几头，甚至 1 头都要立即喷药防治。可选用 99％矿物油乳油 200～300 倍液或 3％啶虫脒乳油 1500～2000 倍液、25％吡蚜酮悬浮剂 2500～4000 倍液、25％噻嗪酮可湿性粉剂 2500 倍液、10％吡虫啉可湿性粉剂 1000 倍液、1.8％阿维菌素乳油 2000 倍液、1％甲维盐乳油 2000 倍液、0.3％印楝素乳油 1000 倍液、25％噻虫嗪水分散粒剂 3000～4000 倍液、25％噻虫嗪水分散粒剂 3000 倍液＋2.5％高效氯氟氰菊酯水乳剂 1500 倍液混匀，在叶片正反两面均匀喷雾。

由于白粉虱世代重叠，在同一时间同一作物上存在各种虫态，而当前还没有对所有虫态皆有效的药剂种类，所以采用药剂防治法，必须连续几次用药。白粉虱繁殖迅速易于传播，应在一个地区范围内采取联防联治，以提高防治效果。

不要长期使用某一种或某一类的药剂防治同一种病虫害，在防治粉虱时要轮换用药。

大棚内粉虱多是卵、蛹、成虫混合发生，如果只杀了虫，卵、蛹就会继续孵化为成虫，进而继续为害蔬菜。

另外，在大棚蔬菜定植后或栽培中期要安装防虫网时，必须先把大棚内潜藏的害虫消灭干净，这样覆盖防虫网防虫才能取得良好的效果。这是因为烟粉虱、白粉虱、蚜虫等体型小而又繁殖力很强，靠喷药剂是难以把棚内的这些害虫消灭干净的。最好的防治方法是：在覆盖防虫网时，要配合使用烟雾剂熏烟，将棚内的烟粉虱、白粉虱、蚜虫等熏杀掉，为熏杀得彻底、干净，应在 10d 内连续熏杀两次。

❖ 7. 茶黄螨的防治方法有哪些?

茶黄螨又称黄茶螨、茶嫩叶螨、茶半跗线螨、侧多食跗线螨,以茄果类、瓜类、豆类及马铃薯等多种蔬菜为宿主。由于其虫体小,加上为害特点颇似叶螨、蓟马及生理性病害,故常未引起人们重视。茶黄螨在大棚等栽培设施中全年均可发生,但最适合繁殖、为害的温度为 16～23℃、相对湿度为 80%～90%。大棚内一般在 4 月中旬前后开始发生危害,6 月达到盛发期,之后随着气温升高,为害程度有所下降,到 9 月份再次盛发,10 月中旬后,气温逐渐下降,虫口密度也随之下降,但大棚内仍会有一定数量的越冬虫。

(1) 硫黄粉熏蒸大棚　冬季茶黄螨虽然也可以在温室内生存,但种群数量少、繁殖慢、抗性低,应抓住这一有利时机,及时根治,以防扩散。方法是在棚菜前茬拉秧后、下茬育苗前,认真清除残枝落叶,拔除杂草,封闭好温室,每 100m² 温室用 0.5kg 硫黄粉拌入一倍量的干锯末,在无风夜晚(最好是阴、雨、雪天)分放 2～3 堆点燃,熏 2h 后开口放风,5～7d 后就可育苗或定植菜苗。但必须注意,在用硫黄粉熏蒸时,棚内严禁有生长的蔬菜和人畜存在,防止发生意外,当然在生长期的蔬菜则不准用此法灭虫。此外该法对防治黑星病、疫病及其他害虫都有很好的效果。

(2) 生物防治或生物、矿物制剂防治　尼氏钝绥螨、德氏钝绥螨、具瘤长须螨、冲蝇钝绥螨、畸螨对茶黄螨有明显的抑制作用。此外,蜘蛛、捕食性蓟马、小花蝽、蚂蚁等天敌也对茶黄螨具有一定的控制作用,应加以保护、利用。

还可选用生物制剂如 0.3%印楝素乳油 800～1000 倍液、2.5%羊金花生物碱水剂 500 倍液、1%苦参碱 2 号可溶性液剂 1200 倍液、1.2%烟碱·苦参碱乳油 1000～1200 倍液、10%浏阳霉素乳油 1000～2000 倍液等,矿物制剂如 45%硫黄胶悬剂 300 倍液、99%机油(矿物油)乳剂 200～300 倍液等喷雾防治。

(3) 化学药剂防治　茶黄螨生活周期较短、繁殖力强,应注意及早发现、及时防治。各作物第一次用药时间:青椒为 5 月底或 6 月初,晚春早夏茄子为 6 月底或 7 月初,夏播茄子为 7 月底或 8 月,或在初花期打第一剂药,以后每隔 10 天一次,连续防治 3 次,可控制茶黄螨危害。

可选用 1.8%阿维菌素乳油 2000～3000 倍液或 10%阿维·哒螨灵可湿性粉剂 2000 倍液、3.3%阿维·联苯菊酯乳油 1000～1500 倍液、15%浏阳霉素乳油 1500 倍液、5%唑螨酯悬浮剂 2000 倍液、15%唑虫酰胺乳油 600～1000 倍液、20%甲氰菊酯乳油 1200 倍液、2.5%联苯菊酯乳油 2000 倍液、5%氯氟氰菊酯乳油 1500～2000 倍液、20%哒嗪·硫磷乳油 1000 倍液、1%甲维盐乳油 3000～5000 倍液、100g/L 虫螨腈悬浮剂 800～1000 倍液、24%螺螨酯悬浮剂 4000～6000 倍液、5%噻螨酮乳油 2000 倍液、20%哒螨灵乳油 1500 倍液、73%炔螨特乳油 2000 倍液、25%三唑锡可湿性粉剂 1000～1500 倍液、30%嘧螨酯乳油 2000～3000 倍液、25%

吡·辛乳油 1500 倍液、99％机油乳剂 200～300 倍液、2.5％羊金花生物碱水剂 500 倍液等喷雾防治。每隔 7～10d 喷洒 1 次，连喷 2～3 次。

螨虫严重时，世代重叠，卵、若虫、成虫同时存在，所以在防治中要做到虫卵兼杀。杀螨剂中杀卵效果较好的主要有螺螨酯、乙螨唑等，杀成螨效果较好的有阿维菌素、炔螨特、哒螨灵等。要想保证效果可将这两类药剂混用。

因螨类害虫怕光，故常在叶背取食，喷药时应注意多喷在植株上部的嫩叶背面、嫩茎、花器和嫩果上。喷施药剂时喷头应朝上，重点喷施叶片背面。螨虫常在叶端群居成团，滚落地面，所以喷药时还要着重喷施地面。为提高防治效果，可在药液中混加增效剂或洗衣粉等，并采用淋洗式喷药。

生产上也有人使用上述农药进行"涮头"，即在傍晚将有茶黄螨的植株生长点在药液中浸蘸一下，也可得到良好的防治效果。

保护地可用 10％哒螨灵烟剂 400～600g/亩，熏烟。

❖ 8. 叶螨的防治方法有哪些?

叶螨俗称"红蜘蛛""蛐虱子"，属多食性害螨，以茄果类、瓜类和豆类蔬菜为主要宿主。在长江中下游地区一年发生 18～20 代，各代常重叠发生。4 月中下旬开始为害大棚内的茄果类、瓜类蔬菜，初发生时有一个点片阶段，后向四周扩散。同一作物上，叶片越老，受害越重，即先侵害老叶，再向上蔓延侵害新叶。成、若螨借助爬行或吐丝下垂扩散为害，高温低湿有利其发生。

（1）生物防治 利用捕食螨防治。

（2）物理防治

① 色板诱杀 三色板特别是蓝板对防治叶螨有一定的效果。选取 20cm× 30cm 的废旧纤维板或硬纸板正反面都用油漆涂成蓝色，待漆晾干后，再涂上粘虫剂，可用 10 号机油混合一定量的凡士林或黄油，置于行间，与植株高度相同，诱杀叶螨，每亩设置 30 块以上。每 10～15d 更换一次蓝板或清除虫子后重涂一次粘虫剂。

② 毒饵诱杀 炒熟的菜籽饼或花生饼具有浓郁的香味，在大棚内铺上若干块湿布，湿布上面放纱布，把刚炒好的菜籽饼或花生饼粉撒在纱布上，待螨虫聚集到纱布上后取下纱布用开水烫死，连续诱杀几次，可取得理想的效果。也可用 1kg 醋掺 1kg 水，加 50g 蔗糖，滴入 3～5 滴芝麻油，搅匀，把纱布放在配好的糖醋液中浸泡一下再铺在棚内，待螨聚集到纱布上，取下纱布用开水烫死。重复以上操作，直到无螨为止。

（3）药剂防治 朱砂叶螨生活周期较短，5～6d 就完成 1 代，繁殖力强，应尽早防治，控制虫源数量，避免移栽传播。及时进行检查，当点片发生时即进行挑治。

① 生物药剂防治 可选用 0.5％藜芦碱醇溶液 800 倍液或 0.3％印楝素乳油

1000 倍液、1％苦参碱 6 号可溶性液剂 1200 倍液等喷雾防治。

② 化学药剂防治　可选用 5％氟虫脲乳油 1000～2000 倍液或 50％丁醚脲悬浮剂 1000～1500 倍液、20％四螨嗪悬浮剂 2000～2500 倍液、100g/L 虫螨腈悬浮剂 600～800 倍液、73％炔螨特乳油 2000～2500 倍液、15％哒螨灵乳油 1500～2000 倍液、1％阿维菌素乳油 2500～3000 倍液、15％辛·阿维菌素乳油 1000～1200 倍液、3.3％阿维·联苯乳油 1000～1500 倍液、10％浏阳霉素乳油 1000～1500 倍液、5％噻螨酮乳油 1500～2500 倍液、20％甲氰菊酯乳油 2000 倍液、5％唑螨酯悬浮剂 2000～3000 倍液、2.5％氯氟氰菊酯乳油 4000 倍液、2.5％联苯菊酯乳油 3000 倍液、10％吡虫啉可湿性粉剂 1500 倍液、240g/L 螺螨酯悬浮剂 4000 倍液、3％甲维盐乳油 5500 倍液等喷雾防治，7～10d 喷一次，共喷 2～3 次，但要确保在采收前半个月停止使用。

初期发现中心虫株时要重点防治，重点喷洒植株上部嫩叶背面、嫩茎、花器、生长点及幼果等部位，并需经常更换农药品种，以防产生抗药性。

❖ 9. 棉铃虫和烟青虫的防治方法有哪些?

棉铃虫又名棉铃实夜蛾，烟青虫又称烟夜蛾、烟实夜蛾，为害樱桃番茄、黄秋葵、结球莴苣、皱叶甘蓝、抱子甘蓝、甜瓜、扁豆、荷兰豆、甜豌豆、甜玉米、菜用大豆等多种蔬菜及其他蔬菜。

（1）物理防治

① 人工捕杀幼虫　在幼虫为害期，到田间检查新叶、嫩叶，如发现有新鲜虫孔或虫粪，找出幼虫并将其杀死。

② 频振式杀虫灯诱杀　频振式杀虫灯每 60 亩安装一盏，接口处离地面 1.2～1.5m，每隔 2～3d 清理一次接虫袋，但在诱杀高峰期，必须每天清理一次。

③ 性诱剂诱杀　成虫性诱剂每个控制面积为 1 亩，每个诱芯使用时间为 20d 左右。

④ 糖酒醋液诱杀　糖酒醋液配制比例为酒 1 份、水 2 份、糖 3 份、醋 4 份，采用诱集器进行诱杀，每亩设立 5～6 个。放置糖酒醋液的器皿，离地面的高度为 1.5m 左右。

⑤ 杨柳枝诱杀　剪取 60～70cm 长的杨柳带叶枝条，每 10 根 1 把，扎紧基部，再捆在小木桩上，插于田间，插的高度应稍高于蔬菜顶部，于黄昏插把，早晨露水未干时捕捉成虫。每亩插 10～15 把，5～10d 换 1 次，每代诱虫 15～20d。

⑥ 黑光灯诱虫　每 45 亩左右安装 40W 黑光灯 1 盏。

设置防虫网是春季、秋季以及越夏大棚种植蔬菜的基本要求。

（2）生物药剂防治　在卵孵化盛期，喷施苏云金芽孢杆菌乳剂等生物制剂 200g/亩对棉铃虫有一定的防治效果，也可用 16000IU/mg 苏云金芽孢杆菌可湿性粉剂每亩 100～150g、20×10^8 PIB/mL 棉铃虫核型多角体病毒悬浮剂每亩 50～

60mL、100 亿活孢子/g 杀螟杆菌粉剂每亩 80～100g、1×10⁴PIB/mg 菜青虫颗粒体病毒·16000IU/mg 苏云金杆菌可湿性粉剂 600～800 倍液、0.5％苦参碱水剂每亩 75～90g、10％烟碱乳油每亩 50～75g，或 0.3％印棟素乳油 800～1000 倍液、0.5％藜芦碱可溶性液剂 1000～2000 倍液、1.2％烟碱·苦参碱乳油 1000～1500 倍液等喷雾防治，每 7～10d 喷雾一次，连续喷 2～4 次。

（3）化学药剂防治　虫卵高峰期 3～4d 后，可选用 5％S-氰戊菊酯可湿性粉剂 3000 倍液或 1.8％阿维菌素乳油 1000 倍液、2.5％高效氯氟氰菊酯乳油 2000～3000 倍液、5％氟啶脲或氟虫脲乳油 1000 倍液、2.5％联苯菊酯乳油 3000 倍液、25％氯虫·氯氟氰微囊悬浮剂 1500 倍液、30％氯虫·噻虫嗪悬浮剂 3000 倍液、20％氟虫双酰胺水分散粒剂 3000～4000 倍液、5％氯虫苯甲酰胺悬浮剂 800～1500 倍液、20％虫酰肼悬浮剂 800～1500 倍液、5％虱螨脲乳油 1000～1500 倍液、5％多杀菌素乳油 1000 倍液、10％溴虫腈悬浮剂 1000～1500 倍液、1％甲维盐乳油 3000 倍液、2.5％高效氟氯氰菊酯水剂 1000 倍液、10％醚菊酯悬浮剂 2000～3000 倍液、10％溴氰虫酰胺可分散油悬浮剂 2500～3000 倍液、100g/L 三氟甲吡醚乳油 700～1000 倍液、22％氰氟虫腙悬浮剂 600～800 倍液等喷雾防治。钻蛀后宜在早晨或傍晚幼虫钻出活动时喷药。

❖ 10. 蓟马的防治方法有哪些？

为害蔬菜的蓟马主要有棕榈蓟马和葱蓟马两种。棕榈蓟马又称瓜蓟马、棕黄蓟马，主要为害黄瓜、冬瓜、丝瓜、西瓜、苦瓜、茄子、辣椒、豆类以及十字花科蔬菜；葱蓟马又称烟蓟马，主要为害葱蒜类、马铃薯等蔬菜。蓟马在设施栽培的环境条件下几乎周年发生、终年繁殖，但以夏、秋季为害最重。成虫活跃、善飞、怕光，一般在早、晚或阴天取食，多数在蔬菜的嫩梢或幼瓜的毛丛中取食，叶片各部位均能受害，但以叶背为主。

（1）物理防治　在蓟马迁飞的季节，使用致密防虫网可阻挡蓟马进棚。利用成虫趋蓝色、黄色的习性，在棚内设置蓝板、黄板诱杀成虫。

（2）生物防治　蓟马的天敌主要有小花蝽、猎蝽、捕食螨、寄生蜂等，可引进天敌来防治蓟马。在大棚内使用捕食螨、寄生蜂等生物防治方法时需要注意化学药剂的影响。此外，还可选用 0.3％印棟素乳油 800 倍液、0.36％苦参碱水剂 400 倍液、2.5％鱼藤酮乳油 500 倍液等生物药剂喷雾防治。

（3）化学药剂防治

① 土壤处理　幼苗移栽前对土壤用辛硫磷颗粒剂进行处理，按每亩用 5％辛硫磷颗粒剂 1.5kg 兑细土 50kg 制成毒土均匀施入土壤中，结合栽苗实施地膜覆盖，可防治土壤中越冬成虫并兼治其他地下害虫。

② 药剂灌根　作物移栽前对苗床进行药剂喷淋处理，或移栽后对幼苗进行灌根处理，对于苗期蓟马类、粉虱类以及叶螨等刺吸为害的害虫有较好的防治效果，

综合防治效果可达 90％以上，且省工省力。选用具有内吸活性的药剂，如新烟碱类的杀虫剂吡虫啉、噻虫嗪等。灌根的时间可选在定植前 1～2d 或移栽缓苗后进行，在育苗盘中直接灌根处理后再移栽，如用内吸杀虫剂 25％噻虫嗪水分散粒剂或 20％吡虫啉乳油 3000～4000 倍液，每株用 30～50mL 灌根；或将喷雾器的喷嘴去掉，直接喷淋育苗盘中幼苗的根部，以淋透苗盘中的土为宜。灌根的防治效果优于喷雾，持效期长达 1 个月，在维管束发达的作物上防治效果更好。

③ 生长点浸泡　当每株虫口达 3～5 头时，提倡采用生长点浸泡法，即用99.1％敌死虫乳油 300 倍液，置于小瓷盆等容器中，然后于晴天把瓜类蔬菜的生长点浸入药液中，即可杀灭蓟马，既省药又保护天敌。

④ 苗期喷药　蓟马初发期一般在作物定植以后到第一批花盛开这段时间内，应在育苗棚室内的蔬菜幼苗定植前和定植后的蓟马发生危害期，选用 2.5％多杀霉素悬浮剂 500 倍液＋5％虱螨脲乳油 1000 倍液进行喷雾防治，7～10d 喷一次，共喷 2～3 次，可减少后期的危害。

⑤ 生长期喷雾　在幼苗期、花芽分化期，发现蓟马危害时，防治要特别细致，地上、地下同时进行，地上部分重点喷药部位是花器、叶背、嫩叶和幼芽等。可选用 10％噻虫嗪水分散粒剂 5000～6000 倍液或 24％螺虫乙酯悬浮剂 3500 倍液、15％唑虫酰胺乳油 1100 倍液、40％啶虫脒水分散粒剂 4000～6000 倍液、6％乙基多杀霉素悬浮剂 1000 倍液、24.5％高效氯氟菊酯·噻虫嗪混剂 2000 倍液、4.5％高效氯氰菊酯乳油 2000 倍液、1.8％阿维菌素乳油 2500～3000 倍液、2％甲氨基阿维菌素苯甲酸盐乳油 2000 倍液、10％烯啶虫胺水剂 1500～2000 倍液、2.5％联苯菊酯乳油 2500 倍液、5％高效氟氯氰菊酯乳油 3000 倍液、10％吡虫啉可湿性粉剂 1000 倍液、10％氟啶虫酰胺水分散粒剂 3000～4000 倍液、10％吡丙·吡虫啉悬浮剂 1500～2000 倍液等喷雾防治，每隔 5～7d 喷一次，连续喷施 3～4 次。兑药时适量加入中性洗衣粉或 1％洗涤灵或其他展着剂、渗透剂，可增强药液的展着性。对蓟马已经产生抗药性的杀虫剂要慎用或不用，以避免抗药性继续发展。

此外，防治蓟马要注意方法，因为蓟马怕光，具有昼伏夜出的习性，随着光照强度的增强，在叶片上为害的蓟马就会躲到花中或土壤缝隙中，不会再继续为害蔬菜。可根据蓟马的这一活动习性，首先重点喷施地面，这样不仅减少了蔬菜上的药量，还可以将潜伏在土壤中的蓟马杀死；其次是调整用药时间，到临近傍晚时，蓟马会从藏身处钻出，爬到植株上继续为害，这样就应在傍晚对植株进行喷药。

为喷洒到躲在花朵内的蓟马，还可根据蓟马喜甜食的特性，在杀虫剂中加入白糖，每 15kg 水加 150g，搅拌均匀后喷雾，这样可以引诱蓟马从花朵中爬出来取食，增强药剂的防治效果。

同时，注意时刻预防，通常从作物定植到第一批花盛开这段时间正是蓟马蠢蠢欲动的时候，要定期使用 30％吡虫啉微乳剂 2000 倍液喷雾或灌根防治。而内吸性强的杀虫剂要轮换使用，尤其是烯啶虫胺、吡蚜酮、吡虫啉等，切莫连续使用，注意适当混配，喷雾时要从一边往另一边赶着喷，既喷洒全株，又要喷洒棚边和地缝，每3～5d喷一次，连续喷2～3次。

此外，大棚栽培还可选用吡虫啉等烟剂熏棚。

❖ 11. 美洲斑潜蝇的防治方法有哪些?

美洲斑潜蝇又称蔬菜斑潜蝇、蛇形斑潜蝇、甘蓝斑潜蝇等，是一种严重为害蔬菜生产的害虫，以黄瓜、菜豆、番茄、白菜、油菜、芹菜、茼蒿、生菜等受害最重。

由于美洲斑潜蝇虫体微小，繁殖能力强，成虫飞行，农药防治极易产生抗药性，特别是对有机磷类、菊酯类农药均有较强的抗药性。同时，田间世代重叠明显，蛹粒可掉落在土壤表层。要有效控制美洲斑潜蝇发生与危害，就必须采取综合防治措施。

（1）物理防治

① 低温冷冻　冬季11月份以后到育苗之前，将大棚敞开，或昼夜大通风，使大棚在低温环境中自然冷冻7～10d，可消灭越冬虫源。

② 高温闷棚　用太阳能进行高温消毒杀虫。在夏秋季节，利用设施闲置期，采用密闭大棚、温室的措施，选晴天高温闷棚一星期左右，使设施内最高气温达60～70℃，可杀死害虫，之后再清除棚内残株。菜园内，可采取覆盖塑料薄膜、深翻土，再覆盖塑料薄膜的方式，使其地温超过60℃，从而达到高温杀虫以及深埋斑潜蝇卵的作用。

③ 黄板诱杀成虫　利用斑潜蝇的趋黄性，制作20cm×30cm的黄板。也可利用灭蝇纸诱杀成虫，在成虫的始盛期至盛末期，每亩设置15个诱杀点，每个点设置1张灭蝇纸诱杀成虫，3～4d更换1次。

④ 灯光诱杀　利用其趋光性，使用杀虫灯诱杀。

⑤ 防虫网阻隔　大棚应设置20～25目防虫网，从根本上阻止潜叶蝇的进入。

（2）生物防治　斑潜蝇天敌达17种，其中以幼虫期寄生蜂（如甘蓝潜蝇茧蜂）防治的效果最佳。此外蜻象可食用斑潜蝇的幼虫和卵。因此应适当控制施药次数，选择对天敌无伤害或杀伤性小的药剂，保护寄生蜂的种群数量，这是控制斑潜蝇的最经济、有效的措施。也可选用0.5%苦参碱水剂667倍液或1%苦皮藤素水乳剂850倍液、0.5%楝素杀虫乳油800倍液、0.7%印楝素乳油1000倍液等喷雾防治。在幼龄期喷施1.5%除虫菊素水乳剂600倍液，连续喷2～3次，安全间隔期为喷3～5d。

（3）药剂防治　防治的关键在于"治早"和"治小"，重点抓好苗期防治工作，当受害叶片上幼虫低于5头时，于幼虫2龄前（虫道短于1cm）喷药，最好选择兼具内吸和触杀作用的杀虫剂。

① 烟剂熏杀成虫　在大棚虫量数量大时，每亩用30％敌敌畏烟剂250～300g或10％氰戊菊酯烟剂0.5kg、15％吡·敌敌畏烟剂200～400g熏杀，7d左右用一次，连续用2～3次。

② 叶面喷雾杀幼虫　要在羽化高峰期进行喷药，时间宜在上午8～11点，喷药在露水未干时进行，顺着植株从上往下喷，以防成虫逃跑。尤其要注意叶片正面的着药和药液的均匀分布。每隔7d左右喷药一次，连续喷药2～3次。可选用25％噻虫嗪水分散粒剂3000倍液＋2.5％高效氟氯氰菊酯水剂1500倍液混合喷施，或0.5％甲氨基阿维菌素苯甲酸盐微乳剂2000～3000倍液＋4.5％高效氯氰菊酯乳油2000倍液、50％灭蝇胺可湿性粉剂2000～3000倍液、50％灭蝇胺·杀单可湿性粉剂2000～3000倍液、20％乙基多杀菌素悬浮剂1500倍液、25％噻虫嗪水分散粒剂3000倍液、70％吡虫啉水分散粒剂8000倍液、10％溴氰虫酰胺可分散油悬浮剂3000倍液、25％噻嗪酮悬浮剂2000倍液、10％溴虫腈悬浮剂1000倍液、10％虫螨腈乳油1000倍液、1.8％阿维菌素乳油2500～3000倍液、11％阿维·灭蝇胺悬浮剂3000～4000倍液、20％阿维·杀虫单微乳剂1500倍液、40％阿维·敌畏乳油1000倍液、0.8％阿维·印楝素乳油1200倍液、3.3％阿维·联苯乳油1500～3000倍液、1.8％阿维·啶虫脒微乳剂750～1500倍液、16％高氯·杀单微乳剂1000～3000倍液、50％蝇蛆净乳油2000倍液、4.5％高效氯氰菊酯乳油1000～1500倍液、2.5％高效氯氟氰菊酯乳油2500倍液、5％氟虫脲乳油1000～1500倍液等喷雾防治。

❖ 12. 黄曲条跳甲的防治方法有哪些?

黄曲条跳甲，别名菜蚤子、地蹦子、土跳蚤、黄跳蚤、黄条跳甲等，主要为害甘蓝、花椰菜、白菜、萝卜等十字花科蔬菜，也能为害茄果类、瓜类和豆类蔬菜。翌春气温达10℃以上时开始取食，达20℃时食量大增。全年以春、秋两季发生严重，秋季重于春季，湿度高的菜地为害程度重于湿度低的菜地。

（1）利用黄曲跳甲性诱剂配合黄板进行诱杀。

（2）有机蔬菜药剂防治

① 鱼藤酮　稀释5％鱼藤酮可溶性液剂（成分为5％鱼藤酮和95％食用酒精）400～600倍液喷雾。此类害虫一般性活泼，善跳跃或飞翔，所以要在清晨和傍晚温度较低、害虫不活跃时施药，尽量喷洒到虫体表面。

② 硫黄粉　对跳甲类害虫有驱避作用，田块周边撒施硫黄粉，可减少跳甲类害虫进入为害。

③ 草木灰　跳甲类害虫卵孵化通常需要100％的相对湿度，产卵盛期在田间撒施草木灰，可以吸湿抑制卵孵化。

④ 苦参碱或除虫菊素800～1000倍液　防治成虫叶面喷药，防治幼虫药液灌根。春季越冬成虫开始活动尚未产卵时，防治效果最好。

⑤ 烟草粉末　采用植物源杀虫剂烟草粉末对土壤进行种前处理，每亩用烟草粉末3～4kg直接喷粉；或1kg烟草粉末拌细土4～5kg，在清晨露水较多时撒施。

⑥ 杀螟杆菌　每亩用每克含活孢子100亿个以上的杀螟杆菌菌粉100～150g，兑水40～50kg喷雾。

⑦ 印楝素　于1～2龄幼虫盛发期施药，用0.3%印楝素乳油800～1000倍液或1%苦参·印楝乳油800～1000倍液喷雾。

还可以用0.65%茴蒿素水剂500倍液喷雾防治。

每亩用100亿坚强芽孢杆菌可湿性粉剂400～1200g兑水浇灌根部。根据虫情约7d可再防治一次，也可使用其他药剂。还可用球孢白僵菌、昆虫病原线虫等生物药剂对黄曲条跳甲虫体或虫卵进行防治。

根据成虫的活动规律，有针对性地喷药。温度较高的季节，中午阳光过于强烈，成虫大多数潜回土中，一般喷药较难杀死，可在早上7～8点或下午5～6点（尤以下午为好）喷药，此时成虫出土后活跃性较差，药效好；在冬季，上午10点左右和下午3～4点成虫特别活跃，易受惊扰而四处逃窜，但中午常静伏于叶底"午休"，故冬季可在早上成虫刚出土时，或中午，或下午成虫处于"疲劳"状态时喷药。喷药时应从田块的四周向田块的中心喷雾，防止成虫跳至相邻田块，以提高防效。加大喷药量，务必喷透、喷匀叶片，喷湿土壤。喷药动作宜轻，勿惊扰成虫。配药时加少许优质洗衣粉。施药应严格遵循安全间隔期。

（3）化学药剂防治

① 苗床处理　30%氯虫·噻虫嗪悬浮剂每亩27.8～33.3g，兑水60L喷淋或灌根处理。种子包衣处理能够保护幼苗不受黄曲条跳甲幼虫为害，可选用70%噻虫嗪种子处理可分散粉剂。

② 土壤处理　在整地时，每亩撒施3%辛硫磷颗粒剂1.0～1.5kg，可杀死幼虫和蛹。在幼龄期用50%辛硫磷乳油2000倍液或50%马拉硫磷乳油800倍液等药液灌根，也可每亩撒施3%辛硫磷颗粒剂1.5～2.0kg，杀死幼虫。

③ 喷雾防治　防治成虫时，尽可能做到大面积同一时间进行。药剂可选用80%敌敌畏乳油1000倍液或50%阿维·吡虫啉乳油1000倍液、5%氟虫脲乳油1000～2000倍液、2.5%多杀霉素2000倍液、10%氯氰菊酯乳油2000倍液、2.5%溴氰菊酯乳油3000倍液、25%噻虫嗪水分散粒剂2000倍液、240g/L氰氟虫腙悬浮剂500～600倍液、5%氯虫苯甲酰胺悬浮剂1500倍液、1%甲维盐乳油或微乳剂1500～2000倍液等喷雾防治。

❖ 13. 猿叶甲的防治方法有哪些?

猿叶甲，包括大猿叶甲和小猿叶甲，又称白菜掌叶甲、黑壳虫、呵罗虫、文猿叶甲、乌壳虫、弯腰虫。幼虫俗称癞虫、弯腰虫等。多混合发生危害，主要为害十字花科中薄叶型的蔬菜，以秋季在油菜、萝卜、大白菜、小白菜、红菜薹、芥菜上为害最重，还可为害马铃薯、甘蓝、花椰菜、黄花菜等。严重为害期一般为 3～5 月和 9～11 月。

一般不需专门用药防治。只要控制了菜青虫、小菜蛾和黄曲条跳甲等害虫，就可兼治和控制猿叶甲。

（1）土壤处理　对虫量较多的田间，用 5％辛硫磷颗粒剂每亩 3kg 或 50％辛硫磷乳油 1000 倍液处理土壤，对幼虫和蛹均有很好的防治效果。

（2）药剂喷雾

① 防治成虫　可选用 2.5％鱼藤酮乳油 500 倍液、50％辛硫磷乳油 1500～2000 倍液、90％敌百虫可溶性粉剂 900～1000 倍液等喷雾防治。

② 防治幼虫　掌握在卵孵化盛期，或幼龄期及时喷药，可选用 2％阿维菌素乳油 1000～1500 倍＋1％甲维盐 1000 倍混合液，或 1％甲氨基阿维菌素苯甲酸盐乳油或微乳剂 1500～2000 倍液、240g/L 氰氟虫腙悬浮剂 500～600 倍液、10％氯氰菊酯乳油 2000～3000 倍液、20％氰戊菊酯乳油 2000～3000 倍液、24％甲氧虫酰肼悬浮剂 2000～3000 倍液、5％丁烯•氟虫腈悬浮剂 2000～3000 倍液、5％氟虫脲可湿性粉剂 2000 倍液、5％四氟脲 3000 倍液、20％虫酰肼悬浮剂 1000 倍液、50％丙溴磷乳油 1000～2000 倍液、50％敌敌畏乳油 1000 倍液、10.8％四溴菊酯乳油 10000～20000 倍液等喷雾防治。间隔 7～10d 喷一次，连喷 2～3 次。

❖ 14. 瓜实蝇的防治方法有哪些？

瓜实蝇，别名黄蜂子、针蜂、黄瓜实蝇、瓜小实蝇、瓜蛆等，幼虫被称为瓜蛆。我国发生较多的有两种：瓜实蝇和南亚果实蝇。主要为害瓜类蔬菜及茄果类、豆类蔬菜。

瓜实蝇药剂防治的药效期短，且该虫飞翔能力强，一旦遇到惊扰便逃走，药剂喷完后又飞回来为害。故应采取综合防治措施。

（1）农业防治

① 套袋护花　在幼果期，成虫产卵前对幼瓜进行套袋，丝瓜在开花后 3～5d 花谢前套袋，苦瓜等瓜果在瓜长 2cm 前套袋。否则，瓜袋会影响雌花受粉。或幼瓜用草覆盖，可防止成虫产卵为害。套瓜后要尽量把瓜拉到瓜棚阴凉处，使瓜避免被阳光直射。瓜袋可循环利用。套袋能有效防治瓜实蝇的危害，提高瓜类品质，而且不污染环境。但也存在诸多缺点，如费力费时、成本增加等。果实套袋技术旨在保护瓜果，不能降低瓜实蝇的虫口数量。

② 套网护果　在幼瓜授粉花谢后即用泡沫网套上，一直到采摘时也无需摘下。瓜与泡沫网套一起采下放入包装箱内一起出售。该法除了降低用药成本外，还可降低在采摘、装袋过程中对丝瓜果实造成的机械损伤，可提高丝瓜产品的质量和品相，所以其在市场上销售价格不但高，而且更抢手。

③ 田园卫生　及时摘除被害果并捡拾成熟的烂瓜、落地瓜，把烂瓜和落地瓜

集中倒入装有药液的塑料大桶、大缸或水泥池中，密封盖严沤杀，以减少虫源。或集中深埋（1m深左右）、销毁或沤肥，防止幼虫入土化蛹，将被害果深埋以阻止成虫羽化，降低其种群数量。翻耕土壤，可以杀死大部分在土中过冬的幼虫和蛹。

（2）生物防治　潜蝇茧蜂是瓜实蝇的主要寄生生物。斯氏线虫墨西哥品系对瓜实蝇有抑制作用，每平方厘米土壤中放入500只斯氏线虫的侵染期幼虫，可以有效抑制瓜实蝇。此外，绿僵菌、球孢白僵菌对瓜实蝇也具有致病性。应用不育技术防治野生实蝇，是目前较先进和环保的措施。通过释放不育雄虫，可以避免雌虫刺果产卵。

在成虫盛发期，选择在中午或傍晚喷洒5%天然除虫菊酯云菊乳油1000倍液。

（3）诱杀防治

① 性诱剂诱杀　用性诱剂进行诱捕，使雄性成虫的数量减少，从而降低与雌成虫交配的概率，大幅度降低下一代虫口数量。目前使用的性引诱剂主要是诱蝇酮和甲基丁香酚。将性诱剂滴在棉芯上，放入诱瓶中，能诱捕瓜实蝇。其中整瓶扎针孔诱芯的引诱力、持效期都明显优于棉花球浸吸诱芯，诱捕范围可在15m以内。

② 针蜂雄虫性引诱剂（针蜂净）诱杀　在可乐瓶瓶壁上挖一小圆孔，用棉花制成诱芯滴上2mL引诱剂和数滴敌敌畏挂在瓶内，一个月加一次引诱剂。每亩放1～2个，注意避阳光、防风雨。

③ 蛋白诱剂诱杀　蛋白诱剂能同时引诱瓜实蝇雌虫和雄虫，比性诱剂效果好。目前，一种新型蛋白诱剂——猎蝇饵剂（简称CF-120）广泛用于瓜实蝇的防治。该产品的有效成分多杀霉素是一种源于放线菌的天然杀虫毒素。该产品除对瓜实蝇有效外，还能防治橘小实蝇、地中海实蝇等多种实蝇。

④ 采用性诱剂和蛋白诱剂相结合诱杀　在6～9月成虫盛发期，利用瓜实蝇性诱剂对雄虫进行诱杀，也可利用雌虫对蛋白诱剂的趋性诱杀雌虫。可在诱笼内同时放入性诱剂和蛋白诱剂，并加入少量杀虫剂，每亩放置引诱笼1～2个。

⑤ 设置"粘蝇纸"诱杀　粘绳纸是消灭蝇类害虫的一种简便工具，卫生无毒，不污染果蔬、人体及环境，并对其天敌寄生蜂无引诱作用。因此，在瓜实蝇的危害高峰期使用，能有效地降低虫口密度、减少危害。方法是：把它固定于竹筒（长约20cm、直径7cm）上，然后挂在离地面1.2m高的瓜架上，15～20m² 挂1张，每10d换纸1次，连续换3次，防效显著。

⑥ "稳黏"昆虫物理诱黏剂诱杀　"稳黏"昆虫物理诱黏剂能高效诱杀为害瓜果的各类实蝇的雌虫和雄虫，它是利用实蝇专用天然黏胶及从植物中提取的天然香味来引诱实蝇，使虫体粘于黏胶后自然死亡。将"稳黏"直接喷在空矿泉水瓶表面或任何不吸水的材料上，每150～250m挂1个矿泉水瓶于果园外围阴凉通风处，高度略低于作物，小面积作物种植区每亩挂4个矿泉水瓶，大面积作物种植区

每公顷只需挂 40 个矿泉水瓶。从瓜果幼期、实蝇即将为害时开始施用，每隔 10d 补喷一次，效果良好。

⑦ 毒饵诱杀　如基本诱剂（香蕉、大蕉、甘薯、南瓜或其他杂粮糊粉）30～35 份，辅助诱剂（薄荷、香蕉油、菠萝汁等）1 份或食用糖 1 份，毒剂为 50% 敌百虫 1 份或 90% 敌百虫 0.5 份。将上述饵料和毒剂加水少许，充分调匀，制成糊状毒饵，涂于纸片上或 10～13.2cm 长的毒管中，也可涂在瓜棚的篱竹上，每亩设置 20～30 点，每点放 25g。毒饵应经常更换。

⑧ 挂瓶诱杀　用 90% 敌百虫晶体 20g＋糖 250g＋少量醋＋1000g 水搅拌均匀后挂瓶诱杀，每亩挂 10 瓶，每瓶装毒饵 100mL。或将糖醋毒饵用喷雾器每隔 3～5 株喷 2～3 张叶片的叶背，即可同时诱杀雌、雄成虫。

⑨ 黄板诱杀　每亩设置 30 张黄板，将其固定于竹筒上，然后挂在离地面 1.2m 高的瓜架上，防效显著。

（4）药剂防治　在成虫初盛期，选择在中午或傍晚及时喷药，药剂可选用 90% 晶体敌百虫 1000 倍液或 50% 敌敌畏乳油 1000 倍液、1.8% 阿维菌素乳油 2000 倍液、2.5% 溴氰菊酯乳油等菊酯类农药 3000 倍液、60% 灭蝇胺水分散粒剂 2500 倍液、3% 甲维盐微乳剂 3000～4000 倍液等喷雾防治。药剂内加少许糖，效果更好。3～5d 喷一次，连续喷 2～3 次，注意药剂应轮换使用。

对落瓜附近的土面喷淋 50% 辛硫磷乳油 800 倍液稀释，可以防蛹羽化。

❖ 15. 瓜绢螟的防治方法有哪些？

瓜绢螟，又名瓜螟、瓜野螟、棉螟蛾、瓜绢野螟、印度瓜野螟，是一种适应高温的害虫，8～9 月气温偏高、雨量偏少，发生则重。主要为害黄瓜、丝瓜、苦瓜、冬瓜、西瓜等葫芦科蔬菜，还可为害番茄、茄子、马铃薯等作物的叶、花、果和茎蔓，不仅降低蔬菜的品质，而且会造成大幅度减产。一般损失可达 30%，严重时可达 60% 以上。瓜绢螟喜高温高湿环境，于 4～9 月在葫芦科蔬菜上为害，其中以 6～7 月为害最重，11 月至翌年 2 月发生较轻。在长江以南地区，1 年发生 5～6 代，7～9 月份为幼虫盛期。

（1）物理防治　利用成虫具有趋光性诱杀成虫，可于成虫盛发期间在田间安装频振式杀虫灯或黑光灯诱杀成虫。在瓜绢螟发生前，提倡采用防虫网覆盖防治瓜绢螟兼治黄守瓜。

在瓜菜面积较大的地方，于每年 5～10 月，每亩用 2 个瓜绢螟性诱器，诱杀成虫。

（2）生物防治　可选择应用螟黄赤眼蜂防治瓜绢螟。此外，在幼虫发生初期，及时摘除卷叶，置于天敌保护器中，使寄生蜂等天敌飞回大自然或瓜田中，但害虫留在保护器中，以集中消灭部分幼虫。

选用 1% 印楝素乳油 750 倍液、2.5% 鱼藤酮乳油 750 倍液、3% 苦参碱水剂

800倍液、1.2%烟碱·苦参碱乳油800～1500倍液、1×10⁴PIB/mg菜青虫颗粒体病毒＋16000IU/mg苏云金杆菌可湿性粉剂600～800倍液、0.5%藜芦碱可溶性液剂1000～2000倍液等进行喷雾防治。印楝素对瓜绢螟具有多种生物防治作用，主要表现为幼虫的拒食、成虫产卵的忌避、生长发育的抑制和一定的毒杀作用。

（3）化学防治　药剂防治应掌握在1～3龄幼虫期进行，可选用0.5%阿维菌素乳油2000倍液或50%辛硫磷乳油2000倍液、20%氰戊菊酯乳油4000～5000倍液、2.5%氯氟氰菊酯乳油2000～3000倍液、5%高效氯氰菊酯乳油1000倍液、2.5%高效氯氟氰菊酯乳油2000倍液、5%顺式氰戊菊酯乳油2000倍液、20%甲氰菊酯乳油2000倍液等喷雾防治。

也可选用10%氟虫双酰胺悬浮剂2500倍液、1.8%阿维菌素乳油1500倍液、20%氯虫苯甲酰胺悬浮剂5000倍液、1%甲维盐乳油1500倍液、15%茚虫威悬浮剂1000倍液、2%阿维·苏可湿性粉剂1500倍液、24%甲氧虫酰肼悬浮剂1000倍液、5%虱螨脲乳油1000～1500倍液、2.5%多杀霉素悬浮剂1500倍液、5%丁烯氟虫腈乳油1000～2000倍液、30%杀铃·辛乳油1200倍液、19%溴氰·虫酰胺悬浮剂1000～1500倍液、0.5%甲维盐乳油2000～3000倍液＋4.5%高效顺式氯氰菊酯乳油1000～2000倍液等喷雾防治。注意在安全间隔期前喷雾，交替用药，防止害虫产生抗药性。喷药重点为中部上下的叶片背面。由于瓜类作物都是边开花边采收，因此必须遵循先采收后施药的原则，并严格按照农药安全间隔期施药。

大棚可采用药剂密闭熏杀。利用大棚的密闭性好的特点，在虫害发生高峰用敌敌畏熏棚灭虫。每480m²布药点24个，用药0.5kg，用棉球浸透药液，闭棚48～72h，防效达90%。

❖ 16. 玉米螟的防治方法有哪些？

玉米螟，又称玉米钻心虫，是世界性玉米大害虫。玉米螟是多食性害虫，宿主植物多达200种以上，但主要为害的作物是玉米、高粱、番茄、青椒、彩椒、茄子、豆类、甘蓝、姜、甜菜等，一般可造成玉米减产10%～15%。

（1）性诱剂诱杀

（2）杀虫灯诱杀　开灯时间一般为6月下旬至7月下旬。

（3）杀虫灯加性诱剂诱杀越冬代玉米螟成虫。

（4）高压汞灯防治　于6月下旬至7月上旬的成虫发生期，设置高压汞灯诱杀成虫。

（5）利用白僵菌颗粒剂防治玉米螟　在玉米新叶末期至大喇叭口期，把0.75kg的白僵菌高孢粉和80kg河沙（土沙也可）相拌，于大喇叭口期撒于玉米芯里即可。

（6）喷洒苏云金杆菌防治玉米螟幼虫　当成虫达到高峰期，且田间卵孵化率达到30%的时候，适时喷洒苏云金杆菌等生物制剂。一般在玉米大喇叭口期，每亩用 50000IU/mg 的苏云金杆菌可湿性粉剂 25g 喷雾。

（7）化学防治　在玉米心叶末期用 0.1％氯氟氰菊酯颗粒剂每株 0.16g；或 3％辛硫磷颗粒剂，按 1：15 拌煤渣后，每株用药 2g；或 1.5％辛硫磷颗粒剂，每株用 1g。

防治果穗上的玉米螟时，用 20％氯虫双酰胺水分散粒剂 3000 倍液或 5％氯虫苯甲酰胺悬浮剂 1200 倍液、1.8％阿维菌素乳油 1500 倍液、5％氟虫脲乳油 2500 倍液灌注雌果穗。

◆ 17. 菜螟的防治方法有哪些?

菜螟又名钻心虫、剜心虫、萝卜螟、甘蓝螟、掏心虫、白菜螟、卷心野螟、吃心虫等，是世界性害虫，为害甘蓝、花椰菜、白菜、萝卜、芜菁、菠菜、榨菜、大葱、大蒜、韭菜等。该虫一旦严重发生，其危害程度常超过甜菜夜蛾、斜纹夜蛾、小菜蛾和菜青虫。菜螟幼虫为害期在 5～11 月，但以秋季为害最重。

（1）物理防治　结合间苗、定苗，拔除虫苗进行处理。根据幼虫吐丝结网和群集为害的习性，及时人工捏杀心叶中的幼虫，起到省工、省时、收效大的效果。

安装防虫网。在蔬菜育苗或直播棚上覆盖防虫网，在出口处安装门帘防止菜螟迁入。

（2）生物药剂　用 100 亿活孢子/g 的苏云金杆菌乳剂、杀螟杆菌或青虫菌粉，兑水 800～1000 倍，喷雾防治。在气温 20℃ 以上时使用，可以收到高效。还可选用 1％印楝素乳油 750 倍液或 2.5％鱼藤酮乳油 750 倍液、3％苦参碱水剂 800 倍液等喷雾防治。

（3）化学防治　菜螟对多种杀虫剂都很敏感，但因该虫是钻蛀性害虫，钻后又有丝网保护，因此掌握好打药时间是防治成败的关键。最佳的防治适期在幼虫孵化始盛期，如没有虫情测报，则以生育期（幼苗 3～6 叶期）发现幼苗初见心叶被害为防治适期的参考指标，施药时尽量喷到心叶上。一般喷洒 2～3 次。

可选用 90％晶体敌百虫 800～1500 倍液或 20％除虫脲、25％灭幼脲悬浮剂中任意一种的 500～1000 倍液，或 50％敌敌畏乳油 800 倍液、10％虫螨腈悬浮剂 1000～1500 倍液、50％辛硫磷乳油 2000～3000 倍液、2.5％氯氟氰菊酯乳油 4000 倍液、2.5％溴氰菊酯乳油 3000 倍液等轮换喷雾防治。每隔 5～7d 喷一次，共喷 3～4 次。

如与小菜蛾、菜青虫等混发，以小菜物、菜青虫的防治为主。可选择的兼防农药有 5％氟虫脲乳油 800～1200 倍液、5％氟啶脲乳油 800～1200 倍液、5％氟铃脲乳油 800～1200 倍液、5％虱螨脲乳油 1500 倍液、1.8％阿维菌素乳油 1000 倍液、1％甲氨基阿维菌素乳油 1500 倍液、2.5％多杀菌素乳油 2000 倍液、5％氯虫苯甲酰胺悬浮剂 5000 倍液、15％茚虫威悬浮剂 2000～4000 倍液、10％虫螨腈悬浮剂 1000～2000 倍液、200g/L 氯虫苯甲酰胺悬浮剂 3000 倍液、240g/L 氰氟虫腙悬浮剂 500～600 倍液、20％氟虫双酰胺水分散粒剂 3000 倍液。

❖ **18. 豇豆荚螟的防治方法有哪些?**

豇豆荚螟，又称豇豆螟、豇豆蛀野螟、豆荚野螟、豆野螟、豆螟蛾、豆卷野螟，俗称大豆钻心虫，主要为害豇豆、扁豆、四季豆、菜豆、绿豆、大豆、小豆、刀豆等，以豇豆受害最重。主要为害叶片、花瓣、嫩茎、嫩荚。每年 6～10 月为幼虫为害期。

（1）物理防治

① 灯光诱杀　在菜田设置黑光灯诱杀成虫。

② 使用防虫网　在保护地使用防虫网，对豆荚螟的防治效果明显。

（2）生物防治

① 性信息素诱杀　利用雄蛾性腺粗提物进行虫情预报，根据性腺粗提物进行田间诱捕。采用蓝色水盆式诱捕器，硅橡胶塞诱芯进行诱蛾，以诱芯含 5 头和 7 头雌蛾性信息素当量的诱蛾效果最好。

② 生物药剂防治　用 16000IU/mg 苏云金芽孢杆菌每亩 100～150g 可以引起豆荚螟幼虫很高的死亡率。在幼虫未入荚前喷洒白僵菌菌粉 2～3kg，加细土 4.5kg，控制效果很好。还可选用 0.36％苦参碱可湿性粉剂 1000 倍液或 25％多杀霉素悬浮剂 1000 倍液、1.2％烟碱·苦参碱乳油 800～1500 倍液、1×10⁴PIB/mg 菜青虫颗粒体病毒＋16000IU/mg 苏可湿性粉剂 600～800 倍液等生物制剂喷雾防治。

（3）化学防治　由于幼虫钻入豆荚后，很难防治，必须在蛀入豆荚之前把它们杀灭，即从现蕾后开花期开始喷药（一般在 5 月下旬至 8 月喷药），重点喷蕾喷花。为害严重的地区，在结荚期每隔 7d 左右施药一次，最好只喷顶部的花，不喷底部的荚，喷药时间以早晨 8 点前花瓣未张开时为好，或晚上 7～9 点喷，隔 10d 喷蕾、花一次。

可选用"80％敌敌畏乳油 800 倍液或 2.5％氯氟氰菊酯乳油 2000 倍液或 10％氯氰菊酯乳油 1500 倍液"＋"5％氟啶脲乳油 1500 倍液或 5％氟虫脲乳油 1500 倍液或 5％除虫脲可湿性粉剂 2000 倍液或 25％灭幼脲悬浮剂 1000 倍液"混合喷雾，效果较好。

也可选用 70％吡虫啉水分散粒剂 10000～15000 倍液或 0.2％甲维盐乳油 800 倍液、2.5％甲维·氟啶脲乳油 2000～3000 倍液、0.5％甲维盐微乳剂 2000～3000 倍液＋4.5％高效顺式氯氰菊酯乳油 1000～2000 倍液、2.0％阿维菌素乳油 2000 倍液、2％阿维·苏云菌可湿性粉剂 2000～3000 倍液、240g/L 甲氧虫酰肼悬浮剂 2000 倍液、150g/L 茚虫威悬浮剂 2500 倍液、240g/L 氰氟虫腙悬浮剂 600～800 倍液、5％氯虫苯甲酰胺悬浮剂 1000 倍液等轮换喷雾。

从现蕾开始，每隔 7～10d 喷蕾、花一次，连喷 2～3 次，可控制危害，如需兼治其他害虫，则应全面喷药，药剂应交替使用，以防产生抗药性。喷药至少3d以后才能进行采收。喷药时一定要均匀喷到豆科蔬菜的花蕾、花荚、叶背、叶面和株干以湿润有滴液为度。

19. 茄黄斑螟的防治方法有哪些？

茄黄斑螟，别名茄螟、茄白翅野螟、茄子钻心虫，是南方地区茄子的重要害虫，也能为害马铃薯、龙葵、豆类等作物。在长江中下游一年发生4～5代，5月份开始出现幼虫危害，7～9月为害最重，尤以8月中下旬为害秋茄最烈。

（1）性诱剂诱蛾　利用性诱剂诱集雄虫。5～10月架设黑光灯、频振式杀虫灯诱杀成虫。

（2）药剂防治　幼虫孵化始盛期防治，可选用70％吡虫啉水分散粒剂20000倍液或1％甲氨基阿维菌苯甲酸盐乳油2000～4000倍液、5％氯虫苯甲酰胺悬浮剂2000～3000倍液、15％茚虫威悬浮剂3000～4000倍液、21％增效氰·马乳油1500～3000倍液、10％联苯菊酯乳油2000～3000倍液、0.36％苦参碱水剂1000～2000倍液、20％氰戊菊酯乳油2000倍液、50％辛硫磷乳油1000倍液、80％敌敌畏乳油1000倍液、25g/L多杀霉素悬浮剂1000倍液、240g/L氰氟虫腙悬浮剂550倍液、5％氟啶脲乳油30～50mL/亩、5％氟虫脲乳油50～75mL/亩等喷雾防治，注意药剂轮换使用，严格掌握农药安全间隔期。喷药时一定要均匀喷到植株的花蕾、子房、叶背、叶面和茎秆上。喷药液量以湿润有滴液为度。

20. 茄二十八星瓢虫的防治方法有哪些？

茄二十八星瓢虫，别名酸浆瓢虫、小二十八星瓢虫，主要为害茄子、番茄、马铃薯、辣椒等茄科蔬菜，分布广泛。在夏、秋季发生最多，为害最重。最适发生危害温度25～28℃、相对湿度75％～85％，为害盛期6～8月。

（1）农业防治　清除越冬场所，及时处理收获的马铃薯、茄子等残株。种植茄子的田块最好远离马铃薯田。

人工捕捉成虫。利用成虫的假死性，早晚拍打植株，用盆盛接坠落之虫，收集后杀灭。

人工摘除卵块。雌成虫产卵集中成群、颜色艳丽，易发现，可在成虫产卵季节摘除卵块。

最好在田间扣防虫网，可避免多种害虫的产卵活动，保护菜田免受害虫的为害。也可用频振式杀虫灯诱杀成虫，控制虫源，减少产卵量。

（2）药剂防治　在幼虫分散前及时用药防治，药剂喷在叶背面，对成虫要在清晨露水未干时防治。可选用70％吡虫啉水分散粒剂20000倍液或2.5％氟氯氰菊酯乳油4000倍液、20％氯氰菊酯乳油6000倍液、21％增效氰·马乳油5000倍液、

25％噻虫嗪水分散粒剂 4000 倍液、50％辛硫磷乳油 1000 倍液、90％晶体敌百虫 1000 倍液、1.7％阿维·氯氟氰可溶性液剂 2000～3000 倍液、3.2％甲维盐·氯氰 微乳剂 3000～4000 倍液、0.5％甲维盐乳油 3000 倍液＋4.5％顺式氯氰菊酯乳油 2000 倍液等喷雾防治。重点喷施叶片背面，注意药剂要轮换使用。

◆ 21. 黄守瓜的防治方法有哪些？

黄守瓜有黄足黄守瓜和黑足黄守瓜等，喜食菜瓜、黄瓜、丝瓜、苦瓜、西瓜 等葫芦科作物，也为害十字花科、豆科、茄科蔬菜，是瓜类苗期的毁灭性害虫。 成、幼虫均能为害，成虫以为害瓜叶、花、幼果为主，幼虫以为害瓜根为主。一 年中黄守瓜在 5 月中旬至 8 月的田间数量最多，为害严重。

（1）人工捕捉

（2）网捕成虫

（3）生态防治　可将茶籽饼捣碎，用开水浸泡调成糊状，再掺入粪水浇在瓜 苗根部附近，每亩用茶籽饼 20～25kg。也可用烟草水 30 倍浸出液灌根，杀死土中 的幼虫。

（4）药剂驱虫　可用化学农药驱避成虫，农药不接触幼苗，既不会使瓜苗产 生药害，又能防治黄守瓜的成虫，还能达到保苗的目的。方法是：用一头缠有纱 布或棉球的木棍或竹棍蘸取稀释倍数较低的农药，把蘸有农药的纱布或棉球的一 头朝上，插在瓜苗旁，每苑一根，注意与瓜苗的高度一致或略低。待纱布或棉球 上的药液干后，再蘸取农药，插回原处。农药可选用 4.5％高效氯氰菊酯微乳剂 50 倍液、20％氰戊菊酯乳油 30 倍液或 50％敌敌畏乳油 20 倍液等。蘸取的农药交替 使用，驱虫效果更好。

（5）化学防治

a. 喷雾防治成虫　可选用 40％氰戊菊酯乳油 8000 倍液或 0.5％印楝素乳油 600～800 倍液、2.5％鱼藤酮乳油 500～800 倍液、4.5％高效氯氰菊酯微乳剂 2500 倍液、20％氰戊菊酯乳油 3000 倍液、50％敌敌畏乳油 1000 倍液、5.7％三氟氯氰 菊酯乳油 2000 倍液、2.5％溴氰菊酯乳油 3000 倍液、24％甲氧虫酰肼悬浮剂 2000～3000 倍液、20％虫酰肼悬浮剂 1500～3000 倍液、50％丙溴磷乳油 1000～ 2000 倍液等防治成虫。

b. 灌根防治幼虫　6～7 月是防治幼虫在瓜类蔬菜根部为害的重点时期，此期 要注意经常检查，发现植株地上部分枯萎时，除了考虑瓜类枯萎病外，更要及时 扒开根际土壤，看植株根中是否有黄守瓜的幼虫。低龄幼虫为害细根，3 龄以上幼 虫蛀食主根后，地上部叶子萎缩，严重的导致瓜藤枯萎，甚至全株枯死。如发现 有幼虫钻入根内或咬断植株根部，及时根际灌药，可选用 90％敌百虫晶体 1500～ 2000 倍液、20％氰戊菊酯乳油 3000 倍液、7.5％鱼藤酮乳油 800 倍液、10％高效 氯氰菊酯乳油 1500 倍液、50％辛硫磷乳油 1000～1500 倍液、50％敌敌畏乳油

1000 倍液、5％氯虫苯甲酰胺悬浮剂 1500 倍液、24％氰氟虫腙悬浮剂 900 倍液、10％虫螨腈悬浮剂 1200 倍液等。7～10d 一次，交替使用，效果好。

❖ 22. 小地老虎的防治方法有哪些？

小地老虎又名土蚕、地蚕、黑土蚕、黑地蚕、切根虫。为害所有蔬菜作物的幼苗，以豆类、茄果类、瓜类、十字花科蔬菜为害最重。喜温暖潮湿的环境条件，最适发育温度为 13～15℃，河流、湖泊地区或低洼内涝、雨水充足及常年灌溉的地区，土质疏松、团粒结构好、保水性强的壤土、黏壤土、砂壤土均适合小地老虎的发生。尤其在早春菜田及周缘杂草多，可提供产卵的场所，蜜源植物多，可为成虫提供补充营养的情况下，将会形成较大的虫源，从而出现严重的危害。

（1）物理机械防治　可采用灯光诱杀、性诱剂诱杀、糖醋液诱杀、毒饵诱杀成虫等物理方法。

（2）化学防治　小地老虎 1～3 龄幼虫期抗药性较差，且暴露在宿主植物或地面上，是药剂防治的适宜时期。可选用 2.5％溴氰菊酯乳油 3000 倍液或 90％敌百虫晶体 800 倍液、50％辛硫磷乳油 800 倍液、10％虫螨腈悬浮剂 2000 倍液、20％氰戊菊酯 3000 倍液等喷雾防治。

因其隐蔽性强，药剂喷雾难以防治，可使用毒土法，用菊酯类农药，制成毒土，50％辛硫磷乳油 0.5kg 加水拌细土 50kg，每亩用量为 20kg，顺行撒施于幼苗根际附近。

虫龄较大时，可用 80％敌敌畏乳油、50％辛硫磷乳油 1000～1500 倍液灌根。

❖ 23. 蛴螬的防治方法有哪些？

蛴螬又名白地蚕、白土蚕，是东北大黑鳃金龟的幼虫，几乎为害各种蔬菜作物。蛴螬始终在地下活动，一般当 10cm 深的土温达 5℃时开始上升到土表活动，13～18℃时活动最旺盛，23℃以上则往深土中移动。土壤湿润则活性强，尤其小雨连绵的天气为害严重。

（1）诱杀成虫

① 灯光诱杀　利用成虫的趋光性，在其成虫盛发期，用黑光灯或黑绿单管双光灯（发出一半黑光一半绿光）诱杀成虫。每 30 亩菜田设 40W 黑光灯 1 盏，距地面 30cm 高，灯下挖一土坑（直径约 1m），铺膜后加满水再加微量煤油封闭水面。晚上开灯诱集，清晨捞出死虫，并捕杀未落入水中的活虫。

② 糖醋液诱杀　将盛有糖：醋：水（1：3：6）的诱盆置于田间地头诱杀。

③ 性信息素诱杀　暗黑鳃金龟子成虫的性引诱剂已经研发成功。在成虫发生高峰期，1h 内可引诱到 700 只左右雄性暗黑鳃金龟子，连续使用，可使金龟子种群数量下降 80％。目前已有商品出售，具体使用方法可参考产品使用说明书。

（2）毒谷和毒饵诱杀

方法一：将秕谷 5kg 煮熟晾至半干，或把麦麸、棉籽饼 5kg 炒香，再用 90％ 敌百虫晶体 150g 兑少量水，以拌匀、拌湿为度。每亩用 1.5～2.5kg 饵料，撒在地里。

方法二：每亩用 25％ 辛硫磷胶囊剂 150～200g 拌谷子等饵料 5kg 左右，或 50％ 辛硫磷乳油 50～100g 拌饵料 3～4kg，撒于种沟中，可兼治蝼蛄、金针虫等地下害虫。

（3）药剂浇灌或喷雾　每亩用 50％ 辛硫磷乳油 200～250g 加水 10 倍喷于 25～30kg 细土上拌匀制成毒土，顺垄条施，随即浅锄，或将该毒土撒于种沟或地面，随即耕翻或混入厩肥中施用。

也可选用 30％ 敌百虫乳油 500 倍液或 25％ 增效喹硫磷乳油 1000 倍液、50％ 辛硫磷乳油 1000 倍液、80％ 敌百虫可溶性粉剂 1000 倍液等浇灌或喷洒。

❖ 24. 蝼蛄的防治方法有哪些？

蝼蛄又称土狗、小蝼蛄等。以蔬菜种子和幼苗为宿主。一般在清明前后上升到土表活动，在洞口可顶起一小土堆，并于 5～6 月达到最活跃的时期。温室、温床、大棚和苗圃内由于环境温度较高，蝼蛄的活动时间有所提前，加上一般采用集中育苗，受害更为严重。进入 6 月下旬后，天气炎热，蝼蛄陆续钻入深层土中越冬。此外，土壤潮湿对蝼蛄活动有利，会加重对蔬菜秧苗的危害。土壤干旱，则蝼蛄活动减弱。温暖湿润、腐殖质多的壤土或砂壤土，以及在堆过栏肥或垃圾的地方作苗床地，蝼蛄较多，为害较重。蝼蛄昼伏夜出，以夜间 9～11 时活动最盛。

防治方法同蛴螬。同时，由于蝼蛄常在土表活动，故最好采用毒饵诱杀，方法同小地老虎。此外，还可用 50％ 辛硫磷乳油 1000 倍液浇根。

❖ 25. 韭蛆的防治方法有哪些？

韭蛆又叫韭菜蛆、根蛆，一般指韭菜迟眼蕈蚊，是韭菜生产中最主要、最顽固的防治对象。除为害韭菜外，还为害葱、蒜、花卉和草药等。4 月下旬至 5 月上旬是韭蛆为害的一个高峰期，10 月上旬是另一个为害高峰期。在保护地内，越冬幼虫可继续为害，且为害较重。2 年生以上的植株为害更重。壤土中生长的韭菜，为害偏重。施用未经腐熟的有机肥，为害严重。

（1）糖醋液诱杀成虫　用糖、醋、酒、水按 3∶3∶1∶10 的比例加入 1/10 的 90％ 晶体敌百虫，配制成混合液，分装在瓷制容器内，80m² 面积上放 1 个，诱杀韭蛆成虫，5～7d 更换一次，隔日加一次醋液。

（2）灯光诱杀成虫　在韭菜田设置紫外光杀虫灯诱杀成虫。

（3）药剂防治　在成虫羽化盛期（4 月中下旬、6 月上中旬、7 月中下旬、8

月至 10 月中旬），用 20％溴氰菊酯乳油 2000 倍液或 2.5％高效氯氟氰菊酯乳油 2000～4000 倍液喷雾防治。以上午 9～10 点施药效果最好。

熏杀成虫。保护地韭菜，可用 50％敌敌畏乳油，每亩 0.2kg，加入 15kg 细沙，充分拌匀后，带上塑料手套上午 11 点之前顺垄撒施，撒完后密闭大棚，2h 后放风。

毒杀幼虫。在幼虫为害盛期（5 月上旬、6 月中旬、7 月中下旬、10 月中下旬），发现叶尖变黄、变软，并逐渐向地面倒伏时，每亩用 1.1％苦参碱粉剂 2～4kg，兑水 1000～2000kg，随栽培行灌根。或用 50％辛硫磷乳油 800～1000 倍液，在韭蛆产卵盛期浇灌根部。或用 80％敌敌畏乳油 0.13kg，拌 25kg 麦麸撒于行间防治。或用 90％晶体敌百虫 500 倍液灌根防治韭蛆，也可拌毒土、浸种、配制毒饵等防治。

韭菜移栽时，用 50％辛硫磷乳油 1000 倍液浸根，可杀死韭菜所带的幼虫。

❖ 26. 地蛆的防治方法有哪些？

某年春季，某菜农给编者发来几张照片和一段视频，反映他的早春大棚黄瓜栽下去几天后，大约有 2/3 的苗子萎蔫死掉了，扒开萎蔫苗，肉眼可看到根茎处及营养土坨里有一些黑头幼虫在蠕动，问是不是根结线虫，该怎样防。经仔细询问并辨认，编者认为是地蛆，而不是根结线虫。

根结线虫一般是肉眼难以看清的，需要借助显微镜才能看清。地蛆是地种蝇（如灰地种蝇、萝卜地种蝇、毛尾地种蝇等）的幼虫，又称种蛆、菜蛆、根蛆等，为多食性害虫，可为害瓜、豆、葱、蒜及十字花科蔬菜。

地蛆在根部为害，发生初期很难发现，一旦植株表现出萎蔫症状，再防治就晚了。

（1）粪肥要腐熟发酵　该农户的黄瓜之所以发生地蛆危害，原因在于在育苗时配制的营养土用了未充分腐熟的稻壳粪。粪肥的不合理施用是造成地蛆增多的主要原因，当施用的粪肥没有充分腐熟好就施入土壤，极易引起地蛆滋生，从而影响蔬菜生长。粪肥腐熟发酵后，可以杀灭其中的绝大多数地蛆。

（2）勤灌根　必要时可大水漫灌，能阻止种蝇产卵，抑制地蛆活动及淹死部分幼虫。灌水要与作物生长的需要统一考虑。采收后及时翻耕土地，可杀死部分越冬蛹。

（3）土壤消毒　在播种时用 3％辛硫磷颗粒剂 1.5～3kg/亩均匀撒在地面，将其犁入土中再播种或移栽。

（4）糖醋液诱杀　用红糖 500g、醋 250g、酒 250g、清水 500g 加适量敌百虫，放在田间进行诱杀。

（5）药剂防治

① 药杀成虫　在发生初期开始喷药，可选用 2.5％溴氰菊酯乳油 2000 倍液或

5％高效氯氰菊酯乳油 1500 倍液、5％顺式氰戊菊酯乳油 2000 倍液、80％敌敌畏乳油 800 倍液、80％敌百虫可溶性粉剂 1000 倍液等喷雾防治，7～8d 一次，连续喷 2～3 次，药要喷到根部，以及四周表土，注意轮换用药。还可用 2.5％敌百虫粉剂，每亩 1.5～2kg 喷粉。

②　药杀幼虫　发现地蛆危害后，使用噻虫胺配合菊酯类药剂（如联苯菊酯、氯氰菊酯等）冲施或灌根，可以有效杀灭地蛆。或选用 50％辛硫磷乳油 1200 倍液、90％晶体敌百虫或 80％敌百虫可溶性粉剂 1000 倍液等灌根防治。隔 7～10d 再灌一次，药液量以渗到地下 5cm 为宜，注意轮换用药。棚外发酵腐熟好的粪肥在推进棚前，还可在粪堆上喷洒辛硫磷，杀灭残留地蛆。

❖ 27. 蜗牛和蛞蝓的防治方法有哪些?

蜗牛有灰巴蜗牛和同型巴蜗牛两种。蛞蝓，属蛞蝓科，又称无壳蜒蚰螺、鼻涕虫，为害蔬菜的有黄蛞蝓、野蛞蝓、高突足襞蛞蝓等。主要为害甘蓝、紫甘蓝、花椰菜、青花菜、白菜、萝卜、樱桃萝卜、豆类及马铃薯等。

（1）物理防治

①　人工捕杀

②　放鸭啄食

③　撒生石灰或茶枯粉带　在作物物间或四周撒生石灰或茶枯粉（油茶籽压榨山茶油后留下的粉渣），可显著减轻蜗牛危害，一般用量为每亩 3～5kg，也可增加到 5～10kg。于晴朗天气或多云天气的傍晚在蔬菜行间或苗床、沟边撒若干条宽度为 10cm 左右的生石灰粉带或茶枯粉带，蜗牛爬过生石灰粉带或茶枯粉带后，就会因粘上生石灰粉或茶枯粉而脱水死亡。地面潮湿时效果较差，注意不要将生石灰撒到叶面上，以免叶片受损。此法保苗效果较好。

④　盐水灭杀　在附近农资商店无法购买到灭杀蜗牛的农药时，用较浓的食盐水或工业盐水灭杀蜗牛较为快捷、简单、有效，其灭杀原理是使蜗牛脱水而死。灭杀方法是在傍晚蜗牛出土以后或者清晨蜗牛入土之前，用 1％～2％食盐水或工业盐水对蔬菜作物和地面进行全方位喷雾，每间隔 5～7d 喷雾 1 次，连续 3～5 次。

（2）生物防治　每亩用茶籽饼粉 3～5kg 撒施，或用茶籽饼粉 3kg 加水 50kg 浸泡 24h，以后取其滤液进行喷雾。

用 2％～5％甲酚皂 1000 倍液或硫酸铜 1000 倍液，在下午 4 点以后或清晨蜗牛入土前，全株喷洒。

（3）化学防治

①　毒饵　用多聚乙醛配成含有效成分 4％左右的豆饼粉或玉米粉毒饵，于傍晚撒于田间垄上诱杀。

或每亩用麦麸或大豆饼、菜籽饼、棉籽饼 3～4kg 炒香后，拌 90％敌百虫可湿性粉剂 150～200g、6％蜗牛净（聚醛•甲萘威）颗粒剂 150～200g、50％辛硫磷乳油20倍液150~200g，于晴朗或多云天气的傍晚撒在蜗牛经常活动的地方诱杀。

② 撒施颗粒剂　在沟边、地头或作物间施6％四聚乙醛颗粒剂，每平方米放1堆，每堆10~20粒，每亩用量250~500g；用8％灭螺灵颗粒剂或10％四聚乙醛颗粒剂，每平方米1.5g；用2％灭棱威毒饵，每亩400~500g；6％甲萘·四聚乙醛颗粒剂，每亩560~750g，均匀撒施或间隙性条施。但施药后不要给菜地浇水，也不要踩踏药土处。

③ 喷雾　每亩用80.3％克蜗净可湿性粉剂150~180g或灭螺净可湿性粉剂280g、40％明矾颗粒剂50~60倍液、硫酸铜晶体900~1000倍液、70％贝螺杀颗粒剂900~1000倍液，在傍晚蜗牛出土以后或者早晨蜗牛入土之前喷雾灭杀，防治效果较好。

也可选用80％敌敌畏乳油800~1000倍液、90％敌百虫可湿性粉剂800~1000倍液、50％辛硫磷乳油800~1000倍液，在傍晚蜗牛出土以后或者早晨蜗牛入土之前喷雾灭杀，也有一定的防治效果。喷药灭杀要求每间隔5~7d进行1次，连续喷3~5次。

参 考 文 献

[1] 浙江农业大学. 蔬菜栽培学各论 [M]. 北京：农业出版社，1980.

[2] 汪兴汉. 蔬菜设施栽培技术 [M]. 北京：中国农业出版社，2004.

[3] 刘志敏，等. 大棚蔬菜反季高产栽培技术 [M]. 湖南：湖南科学技术出版社，1999.

[4] 范双喜. 现代蔬菜生产技术全书 [M]. 北京：中国农业出版社，2004.

[5] 黄顺苍，等. 地膜覆盖栽培常见问题解答 [M]. 辽宁：辽宁科学技术出版社，1988.

[6] 朱志方. 蔬菜地膜覆盖栽培技术 [M] 第二版. 北京：金盾出版社，2008.

[7] 李援农，等. 保护地节水灌溉技术 [M]. 北京：中国农业出版社，2000.

[8] 夏春森，陈重明，等. 南方塑棚蔬菜生产技术 [M]. 北京：中国农业出版社，2000.

[9] 郭书普. 新版蔬菜病虫害防治彩色图鉴 [M]. 北京：中国农业大学出版社，2010.

[10] 王绍辉，孔云，孙奂明. 保护地蔬菜栽培技术问答 [M]. 北京：中国农业大学出版社，2008.

[11] 郑建秋. 现代蔬菜病虫鉴别与防治手册 [M]. 北京：中国农业出版社，2004.

[12] 何永梅，等. 大棚蔬菜栽培技术问答 [M]. 北京：化学工业出版社，2010.

[13] 王迪轩. 大棚蔬菜栽培技术问题 [M] 第2版. 北京：化学工业出版社，2013.

[14] 何永梅，王迪轩. 大棚蔬菜栽培实用技术 [M]. 北京：化学工业出版社，2015.

[15] 王迪轩，王雅琴，何永梅. 图说大棚蔬菜栽培关键技术 [M]. 北京：化学工业出版社，2018.

[16] 魏林，等. 低温寡照天气蔬菜育苗棚主要农事操作 [J]. 长江蔬菜，2016(5)：37-38.

[17] 邹红，等. 蔬菜生产应对暴雨灾害"六抢"措施 [J]. 长江蔬菜，2016(15)：46-47.

[18] 张兰芳. 辣椒漂浮育苗的优点及应用前景 [J]. 长江蔬菜，2017(2)：17-19.

[19] 廖顺平，刘霞. 辣椒漂浮育苗技术 [J]. 长江蔬菜，2017(10)：15-17.

[20] 陈胜文，孔志强，何永梅. 蔬菜地膜覆盖栽培的几个"不宜" [J]. 科学种养，2019(1)：31-32.

[21] 蔡勤，徐克兰，何永梅，等. 大棚蔬菜根结线虫病的识别与防治措施 [J]. 科学种养，2019(3)：38-41.

[22] 肖建强，徐克兰，蔡勤，等. 大棚蔬菜定植容易出现的问题及其对策（上）[J]. 科学种养，2019(4)：31-33.

[23] 肖建强，徐克兰，蔡勤，等. 大棚蔬菜定植容易出现的问题及其对策（下）[J]. 科学种养，2019(5)：31-34.

[24] 何永梅，肖建强，徐克兰，等. 大棚蔬菜冷害的预防措施 [J]. 农家致富顾问，2019(3)：32-33.

[25] 张静，等. 设施蔬菜灰霉病的发生与防治技术 [J]. 长江蔬菜，2019(6)：25-28.